myBook+

Ihr Portal für alle Online-Materialien zum Buch!

Arbeitshilfen, die über ein normales Buch hinaus eine digitale Dimension eröffnen. Je nach Thema Vorlagen, Informationsgrafiken, Tutorials, Videos oder speziell entwickelte Rechner – all das bietet Ihnen die Plattform myBook+.

Ein neues Leseerlebnis

Lesen Sie Ihr Buch online im Browser – geräteunabhängig und ohne Download!

Und so einfach geht's:

- Gehen Sie auf **https://mybookplus.de**, registrieren Sie sich und geben Sie Ihren Buchcode ein, um auf die Online-Materialien Ihres Buches zu gelangen
- **Ihren individuellen Buchcode finden Sie am Buchende**

Wir wünschen Ihnen viel Spaß mit myBook+!

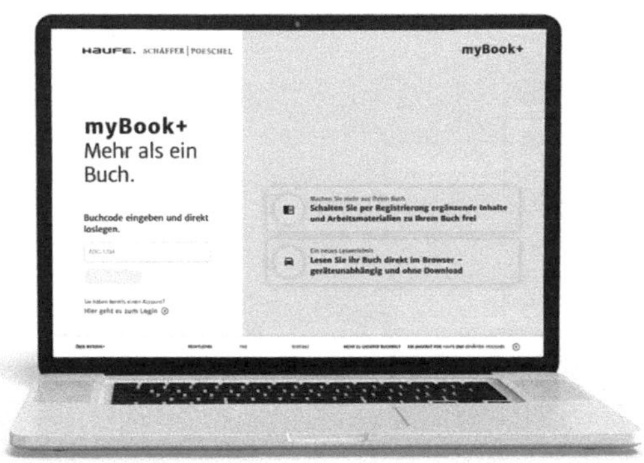

Investieren in Photovoltaik

Thomas Oebbecke

Investieren in Photovoltaik

Ausgereifte Lösungen für Wohnungsunternehmen und Immobilieneigentümer

1. Auflage 2024

Haufe Group
Freiburg · München · Stuttgart

Bibliografische Information der Deutschen Nationalbibliothek

Die Deutsche Nationalbibliothek verzeichnet diese Publikation in der Deutschen Nationalbibliografie; detaillierte bibliografische Daten sind im Internet über http://dnb.dnb.de/ abrufbar.

Print:	ISBN 978-3-648-16754-0	Bestell-Nr. 16094-0001
ePub:	ISBN 978-3-648-16755-7	Bestell-Nr. 16094-0100
ePDF:	ISBN 978-3-648-16756-4	Bestell-Nr. 16094-0150

Thomas Oebbecke
Investieren in Photovoltaik
1. Auflage 2024,

www.haufe.de
info@haufe.de

Bildnachweis (Cover): © Tsvetan Ivanov, iStock

Produktmanagement: Jasmin Jallad
Lektorat: Ursula Thum, Text+Design Jutta Cram, Augsburg

Inhaltsverzeichnis

Verzeichnis der Abkürzungen

A	Ampere, Einheit der Stromstärke
BGB	Bürgerliches Gesetzbuch
BMWK	Bundesministerium für Wirtschaft und Klimaschutz
EnSiG	Energiesicherungsgesetz
EnWG	Energiewirtschaftsgesetz
EStG	Einkommensteuergesetz
GEG	Gebäudeenergiegesetz
GWp	Gigawatt (peak) (Einheit für die Nennleistung einer Anlage unter bestmöglichen Bedingungen)
I	Stromstärke
kWh	Kilowatt-Stunde (Einheit der Arbeit, auch auf Strom angewendet)
MsbG	Messstellenbetriebsgesetz
MWp	Megawatt (peak) (Einheit für die Nennleistung einer Anlage unter bestmöglichen Bedingungen)
NAV	Niederspannungsanschlussverordnung
Ω	Ohm, Einheit des Widerstandes
P	Leistung
PV	Photovoltaik
R	Widerstand
SE	Solarenergie
StromGVV	Stromgrundversorgungsverordnung
U	Spannung
V	Volt, Einheit der Spannung
W	Watt, Einheit der Leistung
UBA	Umweltbundesamt
UStG	Umsatzsteuergesetz
WEG	Wohnungseigentumsgesetz

Hinweise

1. Ein Buch ersetzt wohlgemerkt keine rechtliche, steuerliche, fachliche oder sonstige Beratung im Rahmen eines Bauvorhabens. Die Zahlenwerte stammen, sofern nicht anders angegeben, aus dem Jahr 2023.
2. Das Buch richtet sich vorrangig an alle, die neue Anlagen erwerben und betreiben wollen.
3. Es gibt mehrere Fachverbände und Forschungseinrichtungen, die frei verfügbare Veröffentlichungen anbieten und gegebenenfalls auch Anfragen zu Einzelvorhaben beantworten; eine Übersicht ist am Ende des Buches aufgeführt. Auch auf der Website der Haufe-Gruppe sind wertvolle Hinweise und Pressemitteilungen zu finden (www.haufe.de). Der Umfang der baulichen und steuerlichen Meldepflichten ist stets bei den zuständigen Bundes-, Landes- oder Gemeindebehörden zu erfragen. Verbände und Unternehmen haben nicht immer die neueste Fassung.

Vorwort

»Sofern wir in die Natur eingreifen, haben wir strengstens auf die Wiederherstellung ihres Gleichgewichts zu achten.«
Heraklit ca. 550–480 v. Chr.

Mit dem Zitat oben habe ich das Geleitwort in meinem ersten Fachbuch »Nachhaltigkeit in der Wohnungs- und Immobilienwirtschaft. Von der Unternehmerverantwortung zur praktischen Anwendung« eingeleitet. Ich habe dort als oberstes Ziel formuliert, weltweit die Reduktion aller klimaschädlichen Gase, vor allem von CO_2, in den Fokus unseres generellen Handelns zu stellen. Um Ursache und Wirkung der durch uns und von uns produzierten klimaschädigenden Gase zu illustrieren, habe ich dort ein sehr einfaches und plakatives Beispiel verwendet. Dieses Beispiel greife ich hier noch einmal auf: Stellen Sie sich einen alten Elektroherd mit vier Platten vor. Wie der alte Elektroherd Zeit benötigt, um die gewünschte Temperatur zu erreichen, haben auch die Auswirkungen des Klimawandels eine fatale Trägheit. Die Treibhausgase, die in der Atmosphäre freigesetzt werden, führen nicht sofort zu einer spürbaren Erwärmung. Deswegen tun wir als Kollektiv offensichtlich, wider besseres Wissen, noch nicht genügend dagegen. Es dauert Jahre, sogar Jahrzehnte, bis sich die Erde aufheizt und die Auswirkungen des Klimawandels in vollem Umfang spürbar werden. Und wie die Herdplatten nach dem Abschalten immer noch Wärme abgeben, wird die Erderwärmung von epochaler Dauer sein. Selbst wenn wir die Emissionen von Treibhausgasen drastisch reduzieren, werden die bereits in der Atmosphäre vorhandenen Gase weiterhin Wärme speichern und den Klimawandel vorantreiben.

Ziel dieser einfachen und plakativen Analogie war es zu verdeutlichen, dass unsere Handlungen heute weitreichende und langfristige Konsequenzen haben. Der Klimawandel erfordert drastische Maßnahmen, um die Emissionen zu reduzieren und die Erderwärmung einzudämmen, um zukünftige Generationen vor schwerwiegenden Folgen und Auswirkungen zu schützen. Denn genauso wie sich Kinder an den heißen Herdplatten verbrennen können, wenn sie nicht vorsichtig sind, werden die langfristigen Auswirkungen des Klimawandels verheerend sein. Die steigenden Temperaturen, der Anstieg des Meeresspiegels und die häufigeren Extremwetterereignisse werden erhebliche Schäden für die Umwelt und die menschliche Gesellschaft verursachen. Wir brauchen dringend ein kollektives Bewusstsein für die Eskalation des Klimawandels und die Notwendigkeit, drastische Maßnahmen zu ergreifen, um die globale Erwärmung zu begrenzen. **Und das schnell!**

Tatsächlich befinden wir uns in einer entscheidenden Phase, in der die weltweiten Bemühungen zur Reduzierung der Emissionen von Treibhausgasen von alles entscheidender Bedeutung sind, da fast alle »Kipppunkte« nicht nur in Sichtweite, sondern in unmittelbarer zeitlicher Nähe sind. Bis 2030 könnten vier Kipppunkte für das Weltklima erreicht werden. Zu diesem Ergebnis kommt die Analyse einer internationalen Gruppe von Klimaforschenden. Zwei dieser Kipppunkte betreffen den grönländischen Eisschild beziehungsweise den westantarktischen Eisschild. Die Überschreitung der Schwelle wird zu einer Dynamik führen, die die Eisschilde auch dann weiter abschmelzen lässt, wenn sich die Temperatur auf der Erde nicht weiter erhöht.[1]

Die Wissenschaft zeigt: Je länger wir warten, um die Hitze der Herdplatten zu reduzieren, desto schwerwiegender werden die Auswirkungen des Klimawandels sein. Die Schadensbegrenzung ist zweifellos das wichtigste globale Ziel und es geht final darum, Maßnahmen zu ergreifen, um die Emissionen zu reduzieren und den globalen Temperaturanstieg auf ein erträgliches Maß zu begrenzen. Dies erfordert kollektive Anstrengungen auf internationaler Ebene, die Zusammenarbeit von Regierungen, Unternehmen und Einzelpersonen sowie die Förderung von erneuerbaren Energien, Energieeffizienz, nachhaltiger Landwirtschaft und anderen nachhaltigen Praktiken. Die Zeit drängt und die Menschheit muss entschlossen handeln, um die schlimmsten Auswirkungen des Klimawandels zu verhindern. Die aktuellen Bemühungen, Maßnahmen zu ergreifen, gehen eher schleppend voran und Störungen durch Katastrophen wie die Coronapandemie, den Ukrainekrieg und den neuerlich ausgebrochen Nahostkonflikt im Gazastreifen tun ihr übriges zerstörerisches Werk. So verzeichnen wir munter Jahr für Jahr weiterhin ungebremst neue Rekordwerte, was die globale Emission an klimaschädlichen Gasen angeht.

Es wird dauerhaft heiß werden in der Zukunft. Sehr heiß.

In diesem Buch möchte ich den Fokus nicht auf den Erwärmungsgegenstand »Erde« und ihre spezifischen durch den Menschen negativ forcierten Eigenschaften richten, die zu einer immer schnelleren Aufheizung mit allen negativen Folgen für Flora und Fauna führen. Vielmehr möchte ich den Fokus auf die Ursache der Erhitzung, auf die Flamme, den Ursprung des Feuers legen: **Die Sonne.** Und wie die Sonne und ihre Kraft final die langfristige Lösung sein kann.

Es geht nicht nur darum, dieser Kraft eine entscheidende Bedeutung zuzuerkennen. Es geht vor allem darum, die bereits zu sehr hoher Effizienz entwickelten Solartechnologien in großem Stil ein- und umzusetzen. Dafür braucht es Motivation und Sensibilisierung. Es geht um die Sonne und die Vision der ganzheitlichen globalen Nutzung ihrer Kraft für möglichst alle auf Nachhaltigkeit beruhenden Prozesse, Initiativen und Entwicklungen. Eine auf den solaren Aspekt von Nachhaltigkeit ausgerichtete Vision

---

1 Dr. David Armstrong McKay und Professor Timothy Lenton von der University of Exeter (Großbritannien) in der Fachzeitschrift »Science«, 09.09.2022

erfordert ein umfassendes Umdenken und die Integration von Nachhaltigkeitsprinzipien in alle Bereiche einer Gesellschaft. Und es bedarf der eigenen Fortbildung in diesen Themen, damit man als mündige Hausbesitzende die richtigen Entscheidungen treffen kann. Daher schon einmal gleich als Intro die ersten Ratschläge:

1. Das Ziel: Dekarbonisierung durch erneuerbare Energien
Liebe Leserschaft, setzen Sie sich das Ziel, Ihre gesamte Energieversorgung auf erneuerbare Energien mit dem Schwerpunkt solare Energie bzw. solare Wärmeproduktion umzustellen. Investieren Sie primär in Solar- und ergänzend in andere erneuerbare Energiequellen, um Ihre Emissionen zu reduzieren.

2. Gute Planung
Arbeiten Sie eng mit allen Fachleuten zusammen, um sicherzustellen, dass Sie nicht nur nachhaltige Praktiken anwenden, sondern auch das für Sie maßgeschneiderte und beste Ergebnis erzielen.

3. Achten Sie auf Wiederverwendbarkeit
Wählen Sie Produkte und Dienstleistungen, die umweltfreundlich sind und Ihre Bedürfnisse nachhaltig erfüllen. Das beinhaltet die Reduzierung von Ressourcenverbrauch, Wiederverwendbarkeit oder Recyclingfähigkeit.

4. Vermeiden Sie Abfall
Implementieren Sie Strategien zur Abfallreduzierung und fördern Sie die Kreislaufwirtschaft. Dies kann die Wiederverwertung von Materialien, die Nutzung von Reparaturdiensten oder das Upcycling von Produkten umfassen.

5. Eigenexpertise
Investieren Sie in gute Beratung und Programme zur Sensibilisierung, um die eigene Expertise zu erweitern, nicht nur im Bereich Solarthemen, sondern generell beim Thema Nachhaltigkeit. Analysieren Sie mögliche Umweltauswirkungen und Risiken.

6. Transparenz
Informieren Sie sich über Ihre Berater, Fachfirmen, Produkte und Dienstleister. Verlangen Sie Referenzen und Informationen zu deren ökologischem Fußabdruck, deren Produkten und Dienstleistungen.

7. Gesellschaftliches Engagement
Engagieren Sie sich in sozialen und Umweltinitiativen in Ihrer Gemeinschaft. Tragen Sie aktiv dazu bei, soziale und ökologische Probleme gemeinschaftlich zu lösen.

8. Netzwerkbildung
Suchen Sie nach Möglichkeiten, sich mit anderen Immobilienbesitzenden auszutauschen, um gemeinsam Ihre solaren Nachhaltigkeitsziele zu erreichen und Best-Practice-Beispiele bekannt zu machen.

Ich wünsche Ihnen viel Freude beim Lesen und gewinnbringende Erkenntnisse!

1 Die Sonne – Dreh- und Angelpunkt unserer Zukunft

»Die Sonne hat einen Körper, eine Form, eine Bewegung, ein Strahlen, eine Wärme und eine Zeugungskraft, und diese Dinge fließen von der Sonne aus, ohne sie zu vermindern.«
Leonardo da Vinci

Man könnte sehr schnell der Versuchung erliegen und die Sonne zu unserem Feind erklären. Dabei würde man aber sträflich außer Acht lassen, dass die Sonne selbst nicht die Verursacherin unserer Probleme ist, sondern dass das Problem wir Menschen sind und unser irrsinniger Umgang mit den Ressourcen der Erde. Die Sonne scheint. Rund um die Uhr. Und das schon seit ca. 4,6 Milliarden Jahren. Und sie wird dies gemäß den neuesten wissenschaftlichen Erkenntnissen auch noch für mindestens weitere 5 Milliarden Jahre tun, da sie ein mittelgroßer Stern ist, der Wasserstoff durch Kernfusion in Helium umwandelt. Dadurch wird Energie freigesetzt.

Dieser Prozess hat die Sonne seit ihrer Entstehung am Leben erhalten. Irgendwann wird jedoch der Wasserstoff im Kern erschöpft sein. In der Folge wird die Sonne ihre äußeren Schichten aufblähen und sich zu einem Roten Riesen ausdehnen, bevor sie schließlich in einigen Milliarden Jahren zu einem Weißen Zwerg kollabiert. Während dieses Prozesses wird die Leuchtkraft der Sonne zunächst zunehmen. In dieser Phase wird sie so groß werden, dass sie sehr wahrscheinlich die inneren Planeten unseres Sonnensystems, einschließlich Merkur und Venus, und vielleicht sogar auch die Erde verschluckt.

Die Erde wird also unweigerlich unbewohnbar werden, da die Oberflächentemperaturen drastisch ansteigen. Dieser faszinierende kosmische Prozess zeigt, dass Sterne wie die Sonne im Laufe der Zeit ihre Eigenschaften ändern und dass erdähnliche Planeten von diesen Veränderungen in ihren Umlaufbahnen beeinflusst werden. Es ist ein Beispiel für die endlichen Lebenszyklen von Sternen und die Auswirkungen auf die Planeten, die sie umkreisen. Wir befinden uns also hier und heute noch nicht einmal in der Halbzeit dieses Prozesses, was uns die Möglichkeit gibt, noch sehr lange von der Kraft der Sonne zu profitieren.

»Feuer ist das Element der Macht.« Das ist kein Spruch aus »Star Wars«, auch wenn ich ein großer Fan bin. Das ist die Weisheit der Feuerbändiger aus »Avatar«. Das Konzept des Feuerbändigens, bei dem die Kräfte aus der Sonne bezogen werden, nutzt die Kraft, die gegen einen gerichtet wird, und wandelt sie um. Sie kann dann selbst zur Verteidigung oder gar zum Angriff genutzt werden. Herzlich willkommen in unserer

Welt der technischen Möglichkeiten, denn das Konzept kann auch auf unsere Realität übertragen werden. Willkommen in der Welt der Sonnenkraft, die dauerhaft und fürsorglich in der Lage ist, den wichtigsten und signifikantesten Teil unserer Probleme und den wesentlichen Teil des global steigenden Energiebedarfs zu decken.

Die Sonne liefert der Erde kontinuierlich eine Leistung von etwa 120.000 Terawatt (TW). Dies entspricht der Gesamtleistung, die von der Sonne in Form von Sonnenstrahlung auf die Erdoberfläche gelangt. Die Menschheit benötigt jährlich eine Leistung von etwa 15 Terawatt (TW) oder 15 Billionen Watt (15.000.000.000.000 W). Die Energiemenge, die die Sonne also in einer Stunde als Strahlungsenergie auf die Erde abstrahlt (120.000 TW), ist weit mehr als der jährliche Energieverbrauch der Menschheit (15 TW).[2]

Die auf der Erde ankommende Strahlungsleistung ist von einer Vielzahl an Faktoren abhängig: vom Einfallswinkel, dem aktuellen Abstand zwischen Erde und Sonne, von atmosphärischen Störungen (Wolken) oder der Höhe über dem Meeresspiegel. Die sogenannte Solarkonstante E0 gibt die langjährig gemittelte extraterrestrische Bestrahlungsstärke der Sonne an. Ihr Wert wurde von der Weltorganisation für Meteorologie auf 1.367 W/m^2 bzw. $J/m^2x \cdot s$ festgelegt. Pro Quadratmeter ließen sich also theoretisch bei vollständiger Umwandlung der Sonnen- in elektrische Energie im Jahr etwa 21,5 Milliarden J gewinnen (unter der Annahme von 12 Stunden Sonneneinstrahlung pro Tag). Das hieße, es wären $5{,}74 \cdot 10^{20}$ J / $2{,}15 \cdot 10^{10}$ $J/m^2 = 2{,}6 \cdot 10^{10}$ m^2 oder 26.000 Quadratkilometer PV-Fläche notwendig, um den Jahresenergiebedarf zu decken. Bei einer Landoberfläche der Erde von knapp 150 Millionen Quadratkilometern ließe sich unser Jahresenergiebedarf mittels Sonnenenergie also mehr als locker decken.[3]

In der Praxis müsste allerdings berücksichtigt werden, dass sich durch die Drehung und Kugelgestalt der Erde der Einstrahlungswinkel ändert, die Module keinen Wirkungsgrad von 100% haben und ein Teil der Sonnenenergie durch die Erdatmosphäre abgelenkt oder absorbiert wird. Tatsächlich würde also wesentlich mehr PV-Fläche benötigt.

Dennoch ist unstrittig und klar, dass die Kraft der Sonne und deren globale Nutzung in Form von Strom- und Wärme-Gewinnung den alles entscheidenden Anteil am Gelingen der überlebenswichtigen Klimawende tragen wird. Alle anderen Technologien zur Energiegewinnung, die regenerativen eingeschlossen, werden mittel- bis langfristig nur Brückentechnologien sein. Schon Thomas Alva Edison sagte: »Ich würde mein Geld auf die Sonne und die Solartechnik setzen. Ich hoffe, wir müssen nicht erst die Erschöpfung von Erdöl und Kohle abwarten, bevor wir das angehen.«

2 https://www.gebenergie.de/?Energieforschung_Zitate_und_Literatur_Zitate_Sonnenenergie, zugegriffen am 31.10.2023

3 https://solarenergie.de/hintergrundwissen/solarenergie-nutzen/weltenergiebedarf, zugegriffen am 31.10.2023

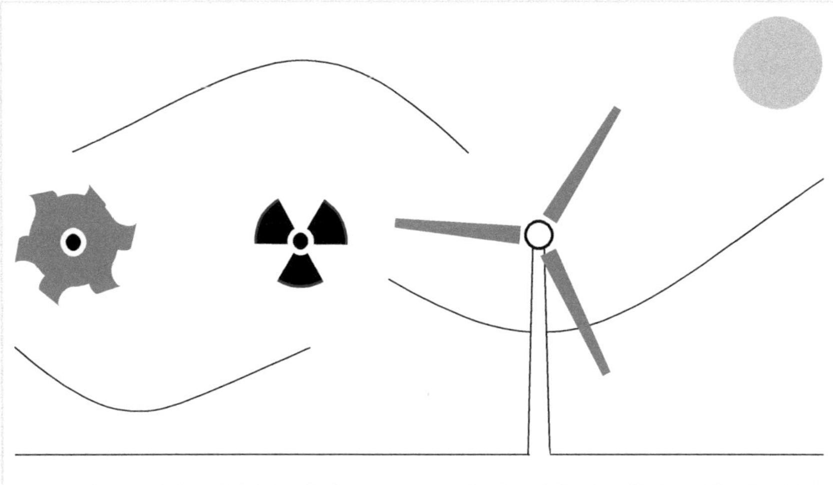

Abb. 1: Technologische Brücken bis zur finalen Kraftquelle, der Sonne (Darstellung: Thomas A. J. Oebbecke)

In meinem ersten Buch habe ich den Fokus auf CO_2 gelegt. Hier empfehle ich, bei der Entwicklung und Verbreitung von Technologien bei allen Vorhaben zur Neugestaltung unserer gebauten Umwelt zwingend und grundsätzlich die solare Nutzung immer an die erste Stelle zu setzen.

Der Einsatz von Solarenergie ist eine Kernmaßnahme für die Nachhaltigkeit unserer Häuser im Verbund mit dem Wegfall der Nutzung klimaschädlicher Technologien sowie dem völligen Ausstieg aus nichtregenerativen Energieressourcen wie Öl, Gas und Kohle. Es ist die entscheidende Maßnahme, die dazu beitragen wird, die Erderwärmung zu bremsen – gerade auch in der privaten und gewerblichen Wohnungswirtschaft. »Es geht um soziale, ökologische und ökonomische Verantwortung. Nicht darum, alten Wein in neue Schläuche zu gießen, sondern aus nachhaltigen Gläsern zu trinken.«[4]

1.1 Wie dieses Buch entstanden ist

Solarenergie und Photovoltaik sind zwei Stichwörter für Technologien, die in den letzten drei Jahrzehnten in Deutschland vielerorts in die Praxis umgesetzt wurden. Somit ist sehr viel Erfahrung und Expertise vorhanden. Dass allerdings die Stromversorgung in Deutschland aus mehreren Gründen heikel, schutzbedürftig und nur bedingt zukunftsfähig ist, wissen zumindest Fachleute schon lange. Doch leider ist es meist so, dass trotz Kenntnis von sich ankündigenden Schwierigkeiten erst nach Schadenseintritt wirklich gehandelt wird – egal ob in Sachen Bildungswesen, Altersvorsorge oder Bevölkerungsschutz.

4 Thomas A. J. Oebbecke (2023): Nachhaltigkeit in der Wohnungs- und Immobilienwirtschaft.

Auch in Deutschland wurde der Klimawandel lange nur als Glaubenssache behandelt oder als eher langfristige Aufgabe aufgeschoben. Doch mittlerweile sind die immer größeren Schäden durch Starkregen, Überschwemmungen, Hitzewellen und Wasserknappheit nicht mehr zu leugnen.

Der Einmarsch russischer Truppen in die Ukraine hat 2022 Entscheidungen in Sachen Energie beschleunigt, für die man tatsächlich jahrzehntelang Zeit gehabt hätte. Dass Maßnahmen unter Druck zwangsläufig zu kostspieligen Zwischenlösungen führen, zeigte kurz zuvor die Coronapandemie überaus anschaulich. Deutschland muss sich im Verbund mit anderen europäischen Ländern derzeit einer Reihe gesellschaftlicher Bewährungsproben stellen. Wenn insbesondere die Energiekrise für Wirtschaft und Bevölkerung ein neues Kosten-Nutzen-Denken fördert, verbunden mit der Bereitschaft, sich aus schädlichen Abhängigkeiten zu lösen, wäre dies trotz aller Belastungen ein wirklicher Fortschritt und auch dem Selbstbewusstsein von Gemeinschaften, Verantwortlichen und schließlich uns Menschen förderlich.

Doch nachhaltig und eigenverantwortlich zu leben, erfordert zunächst ein ehrliches Lagebild und das Wissen um die eigenen Bedürfnisse. Die Geschichte meines Kollegen Dr. Mario H. Kraus verdeutlicht dies und gibt dem Buch an dieser Stelle eine persönliche Grundlage.

Mario H. Kraus wuchs in einfachen Verhältnissen in Ost-Berlin auf. Sparsamkeit war früh gelernter Teil des täglichen Lebens. Mülltrennung und Wiederverwertung gehörten zur ostdeutschen Binnen- und Mangelwirtschaft. Im Angesicht von Mangelwirtschaft und politischen Restriktionen war das Sparen beim notgedrungenen Umgang mit veralteten Heizungsanlagen, »luftigen« Fenstern und sonstigen Widrigkeiten nicht gerade einfach. Photovoltaik kannte man in der DDR nur dem Namen nach. Als Schüler hatte Mario H. Kraus einen Elektronik-Baukasten mit einer kleinen Solarzelle für Lichtschranken-Schaltungen. Halbleiter gehörten zum Lehrstoff im Physikunterricht. Mehr gab es nicht, aber es war offensichtlich genug, um seine Neugier zu wecken. Vor einigen Jahren, als es den Begriff »Balkonkraftwerk« noch nicht gab, beschaffte er sich eine kleine Anlage mit einem Stromspeicher und einer damals gängigen klassischen Bleibatterie, um Kennlinien aufzunehmen und damit zu experimentieren.

Das Ziel dieser Versuche war es – und das ist eine Parallele zu meinem eigenen Schaffen und Wirken als klimafreundlicher, erfindender und gestaltender Architekt –, sukzessive ein Gefühl für das Mögliche zu bekommen, wenngleich in meinem Fall diese »Versuche« immer im Rahmen groß und komplex angelegter Haustechnikkonzepte verortet waren. Strom aus Licht zu machen erwies sich bei ihm wie bei mir als mühselige Angelegenheit. Genau diesen Teilaspekt von Nachhaltigkeit habe ich in der Wohnungs- und Immobilienwirtschaft konsequent während all meiner Betätigungsfelder in der Branche immer weitergetrieben. Es hat sich durch mein Leben gezogen wie auch meine Beschäftigung mit dem Lebenszyklus einer Immobilie.

Es ist ein Glück für die Branche, dass sich Mario H. Kraus, mittlerweile in Amt und Würden als Wirtschaftskapitän einer Wohnungsbaugenossenschaft, 2020 intensiv mit dem neuen Berliner Solargesetz auseinandergesetzt hat. Ihm fiel auf, dass dringend Klärungsbedarf in etlichen Einzelheiten bestand. Daraufhin befasste er sich wieder umfassender mit Photovoltaik, getreu seinem Motto: »Man muss die Zukunft nicht mögen, man muss aber mit ihr zurechtkommen.«

Nach meinem Buch »Nachhaltigkeit in der Wohnungs- und Immobilienwirtschaft« entstand der Plan, den vorliegenden Leitfaden zu schreiben. Die schnellen Veränderungen der letzten Jahre, die Coronapandemie und die durch den Ukrainekrieg ausgelöste Energiekrise haben daraus ein Vorhaben werden lassen, das die künftige komplex vernetzte Welt betrifft. Ein Gamechanger wird hier der zunehmende Einsatz von künstlicher Intelligenz (KI) sein. Sie wird als wesentlicher Treiber und mithilfe des Internets ungeahnte Möglichkeiten bescheren – im Bereich der zeitgleichen internationalen und vernetzten Kommunikation und der kompletten Digitalisierung der Welt.

Definition: künstliche Intelligenz

Künstliche Intelligenz (KI), auch artifizielle Intelligenz (AI bzw. A. I.), englisch »artificial intelligence«, ist ein Teilgebiet der Informatik, das sich mit der Automatisierung intelligenten Verhaltens und dem maschinellen Lernen befasst.

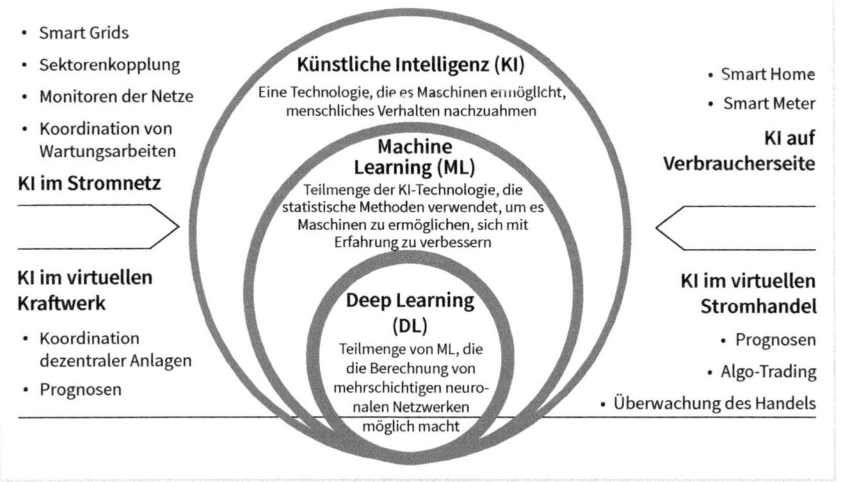

Abb. 2: Übersicht der Anwendungsgebiete von künstlicher Intelligenz in der deutschen Energiewirtschaft[5]

5 https://www.next-kraftwerke.de/wissen/kuenstliche-intelligenz-energiewirtschaft, zugegriffen am 31.10.2023

Das Beispiel »KI« ist eines von vielen, an dem man vorzüglich ablesen kann, dass sich durch den Wandel der Gesellschaft in unserer Branche wie auch in allen anderen Branchen neue Sichtweisen und rasend schnell neue Möglichkeiten entwickeln. Diese Entwicklung gilt es ganzheitlich und stetig zu befeuern. In allen Bereichen unserer Branche und unserer Gesellschaft gibt es großes und profundes Wissen. Aber es handelt sich leider noch größtenteils um Insellösungen, die nicht flächendeckend bekannt sind bzw. die nicht alle Perspektiven beinhalten. Deshalb ist es von außerordentlicher Wichtigkeit, dass dieses Wissen niedergeschrieben, veröffentlicht und bekannt gemacht wird.

Ich bin seit mehr als 25 Jahren Architekt. Während meiner Laufbahn habe ich mich neben dem Thema Solartechnik intensiv an vielversprechenden Entwicklungen zur Implementierung von Nachhaltigkeit in unsere Branche beteiligt. Ich habe mich in großen Verbänden eingebracht und 2012 selbst Initiative mit der Gründung des Deutschen Instituts für Nachhaltige Immobilienwirtschaft (DIFNI) ergriffen. Die Leidenschaft und das Engagement für die Aufklärung und Förderung von nachhaltigen Lösungen in der Bau- und Immobilienbranche, die viele meiner Kolleginnen und Kollegen, gerade auch aus dem Bereich der DGNB, dauerhaft und mit stoischer Geduld an den Tag legen, ist bewundernswert.

Es ist bedauerlich, dass es immer noch Unwissenheit und Unsicherheit in Bezug auf nachhaltige Praktiken, vor allem zum Thema Solartechnik gibt, obwohl deren großflächiger Einsatz zwingend und die Notwendigkeit einer nachhaltigen Entwicklung offensichtlich sind. Das Wissen, zugänglich gemacht in Büchern zu diesem Thema, ist von unschätzbarem Wert. Die Publikationen stellen Handlungsleitfäden zur Verfügung, um Wissenslücken zu schließen, Ignoranz zu bekämpfen und Engagement zu beflügeln. Sie ebnen damit den Weg für dringend notwendige positive Veränderungen und dienen nicht nur der Aufklärung, sondern auch der Inspiration zu und der Förderung von innovativen Lösungen. Die Sensibilisierung für die Herausforderungen im Zusammenhang mit Nachhaltigkeit ist der erste Schritt, und das Teilen von bewährten Verfahren und technischen Lösungen wird einen erheblichen, wenn nicht gar den entscheidenden Beitrag zur Transformation der Branche und der Gesellschaft leisten.

Im Anhang finden Sie deshalb eine Übersicht über lohnende Lektüre, die zur Definition und zum Verständnis der globalen und historischen Problemstellung bestens geeignet sind. Ich hoffe, dass auch das vorliegende Buch dazu beiträgt, das Bewusstsein zu schärfen und die notwendigen Veränderungen zu voranzutreiben.

1.2 Dem Klimawandel entschlossen entgegentreten

Der Klimawandel ist die größte Herausforderung, mit der die Welt konfrontiert ist, und er hat Auswirkungen auf alle Aspekte des Lebens – von der Natur über die Wirtschaft bis hin zu sozialen und politischen Fragen. Um den Klimawandel zu stoppen oder zumindest zu verlangsamen und zukünftigen Generationen eine lebenswerte Welt zu hinterlassen, ist eine Konzentration und Beschleunigung aller Anstrengungen auf globaler Ebene das einzige Mittel der Wahl. Alle Nationen, Kulturen, Gesellschaftsbereiche und Branchen müssen zusammenarbeiten, um diese komplexe Herausforderung anzugehen. Die internationale Zusammenarbeit und die Umsetzung gemeinsamer Maßnahmen sind von entscheidender Bedeutung, denn der Klimawandel kennt keine nationalen Grenzen. Lösungen erfordern Innovation, Technologieentwicklung, politische Kooperation und eine Änderung des individuellen und kollektiven Verhaltens.

Es ist ermutigend zu sehen, dass in den letzten Jahren weltweit verstärkt Initiativen zur Bewältigung des Klimawandels unternommen wurden. Internationale Konferenzen und Abkommen, wie der Erdgipfel 1992 in Rio de Janeiro, das Kyoto-Protokoll 1997, das Pariser Klimaabkommen und die »Sustainable Development Goals (SDGs) der Vereinten Nationen 2015 im Rahmen der Agende 2030 haben einen Rahmen geschaffen, um die Emissionen zu reduzieren und die Anpassung an den Klimawandel zu fördern.

Aber wir stehen erst am Anfang und sind weit davon entfernt, die kritische Masse zu erreichen, die wirklich etwas bewirken kann. Daher ist zwingend ganzheitliches, koordiniertes und entschlossenes Handeln und Engagement auf allen Ebenen erforderlich, um die Ziele des Klimaschutzes zu erreichen und die Zukunft unseres Planeten zu sichern. Das ist eine Aufgabe, die die gesamte Menschheit betrifft und in der Zusammenarbeit und Solidarität der einzige Schlüssel zum Erfolg sein wird.

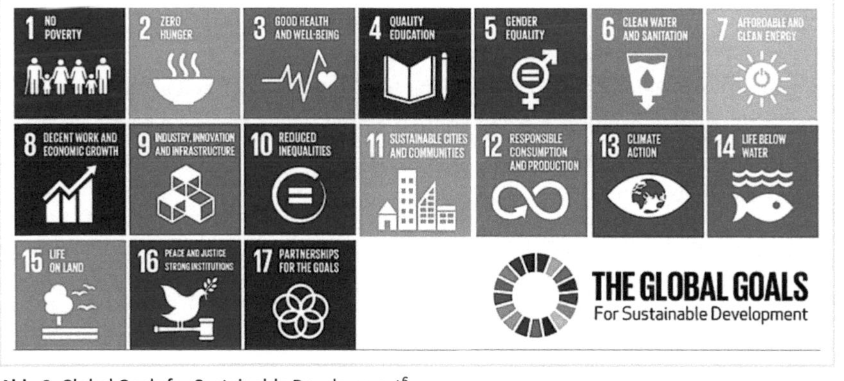

Abb. 3: Global Goals for Sustainable Development[6]

6 United Nations Department of Economic and Social Affairs, Sustainable Development

1.3 An wen sich das Buch richtet

Das vorliegende Buch ist als Leitfaden zu verstehen und behandelt die Aus- und Nachrüstung von Mehrfamilienhäusern mit Photovoltaik. Es richtet sich an Einzelne, Eigentümer- und Erbengemeinschaften, Wohnstiftungen, Genossenschaften und andere kleine und mittelständische Anbietende ebenso wie an Fachkräfte in Wohnungs-/Baubehörden der Gemeinden und Teilnehmende einschlägiger Aus-, Fort- und Weiterbildungen.

Das Buch beinhaltet Informationen über gesetzliche Regelungen, Vorschriften und Anforderungen im Zusammenhang mit der Installation von Photovoltaikanlagen auf Mehrfamilienhäusern. Die Länder haben hier unterschiedliche Regelungen, die auch von den Regelungen auf Bundesebene abweichen können. Sie finden darüber hinaus Hinweise zur Finanzierung und Berechnungen zur Wirtschaftlichkeit, also dazu, wie die Installation von Photovoltaikanlagen finanziert werden kann, einschließlich potenzieller staatlicher Anreize, Förderungen, Kredite und Investitionsmöglichkeiten.

Darüber hinaus werden technische Aspekte der Installation behandelt, einschließlich der Anbringung der Solarmodule, elektrischer Verkabelung, Batteriespeicherlösungen und Sicherheitsmaßnahmen. Sie finden hier außerdem praktische Ratschläge zur Planung und Umsetzung von Photovoltaikprojekten – von der Auswahl des richtigen Anbieters bis zur Einhaltung der Umweltauflagen, von der Sicherheit der mit der Installation Beauftragten bis zu Informationen zur langfristigen Wartung und Überwachung der Anlage, um sicherzustellen, dass sie optimal funktioniert und die maximale Energieerzeugung erreicht wird.

Der Leitfaden bietet außerdem Rechtsgrundlagen, Informationen zu möglichen Ansprechpartnern, Behörden, Verbänden und Forschungseinrichtungen, die bei Fragen oder Problemen konsultiert werden können. Damit liefert das Buch einen wichtigen Beitrag zur Aufklärung und somit zur Akzeptanz des Einsatzes von erneuerbaren Energien in Wohngebäuden.

2 Klimaneutralität – Chance und Herausforderung

2.1 Strom aus Licht und Wohlstand

Deutschland steht wie die anderen Länder Europas und fast alle Länder der Welt vor erheblichen Herausforderungen. Diese sind hochkomplex und miteinander verflochten und sie erfordern eine vorausschauende und koordinierte Herangehensweise. Alle politischen Entscheidungsträger, Unternehmen und die Gesellschaft als Ganzes müssen sich darüber klar werden, dass sie sich dieser Herausforderungen bewusst, ganzheitlich und sehr schnell stellen und sich auf kooperative und nachhaltige Lösungen konzentrieren müssen. Nur so können zielgerichtet Resilienz und Anpassungsfähigkeit entwickelt werden, um in einer sich ständig verändernden Welt zukunftssicher aufgestellt zu sein. Eine umfassende und konsolidierte Herangehensweise aller Bereiche der Gesellschaft ist notwendig und die Bereitschaft, Veränderungen anzunehmen und aktiv zu gestalten.

Diese Erkenntnis ist nicht neu und wird uns seit der Einführung der Taxonomie und Offenlegungsverordnung seitens der Europäischen Kommission nicht nur regulatorisch angetragen, sondern auch zunehmend durch die steigende Zahl an Initiativen wie »Fridays for Future« von Greta Thunberg, »Extinction Rebellion« aus Großbritannien oder die Klimaaktivisten der »Letzten Generation«. Leider sind über die Jahre viele der von allen Seiten propagierten und geforderten Ziele wie ein klimaneutrales kollektives gesellschaftliches Verhalten zu inhaltslosen Floskeln geronnen. Die sinnvollen Absichten, die meist in Sätzen mit den Begriffen »Freiheit« und »Wohlstand« oder auch »Gerechtigkeit« und »Teilhabe« auftauchen, sind nicht nur vielfach leere Worthülsen geworden, sondern werden für genau entgegengesetzte Absichten missbraucht und benutzt. Die Kräfteverhältnisse zwischen den Machtblöcken verändern sich weltweit, ebenso die Kräfteverhältnisse zwischen Bevölkerung, Wirtschaft und Staat in vielen Ländern. Die geopolitische Landschaft wandelt sich und die Beziehungen zwischen den Ländern sind einem ständigen Wechsel unterworfen. Dies erfordert eine Anpassung an neue Realitäten und die Suche nach Möglichkeiten zur Zusammenarbeit und Konfliktlösung. Die Analyse der komplexen globalen und nationalen Entwicklungen macht ein vorausschauendes Denken und Handeln notwendig. Dies bedeutet, die langfristigen Auswirkungen von Entscheidungen und politischen Maßnahmen zu berücksichtigen und auf Nachhaltigkeit und Resilienz hinzuarbeiten.

Heute leben auf der Erde schon mehr als 8 Milliarden Menschen, zwischen 2035 und 2040 werden es wohl 9 Milliarden werden. Das rasche Bevölkerungswachstum und der zunehmende Bedarf an Ressourcen sind neben anderen die größte weltweite Herausforderung, die sich auf den globalen Wettbewerb und die Nachhaltigkeit auswirken. Daher wird folgerichtig der Druck auf die Verteilung von Ressourcen und die Bewältigung von Konflikten um diese Ressourcen die Krisen der Zukunft bestimmen. Das bedeutet einen immer härteren Wettbewerb um Rohstoffe und Marktanteile, um Einflussgebiete und Lebensräume, damit auch um Handlungsmöglichkeiten für Unternehmen und Menschen. Das wiederum heißt, dass wichtige Entwicklungen, die ein Land betreffen, oft nur mittelbar in diesem Land beeinflussbar sind. Das gilt es zu wissen, um zu gestalten.

Die Bewältigung der Energiekrise und die Reduzierung der Treibhausgasemissionen sind drängende Anliegen, die eine entschlossene politische und wirtschaftliche Reaktion erfordern. Versäumnisse in der Vergangenheit werden die ganzheitlichen Probleme verstärken. Deutschland steht vor verschiedenen innenpolitischen Herausforderungen – dazu zählen die Themen Gesundheitssystem, Bildung, Altersvorsorge und Wohnungsversorgung. Diese Bereiche sind entscheidend für das Wohlstandsniveau und die soziale Stabilität. Hier in Deutschland zeigen sich bereits heute und zunehmend, bedingt nicht zuletzt durch die jüngere Geschichte, ohnehin zwiespältige Verhältnisse.

Fazit

Handlungsbedarf im Gesundheits- und Bildungswesen, in der Altersvorsorge und in der Wohnungsversorgung gibt es schon lange. Nun muss darüber hinaus nach den Jahren der Coronapandemie eine weitere Energiekrise bewältigt werden. Bereits jetzt rächen sich die Versäumnisse der Vergangenheit.

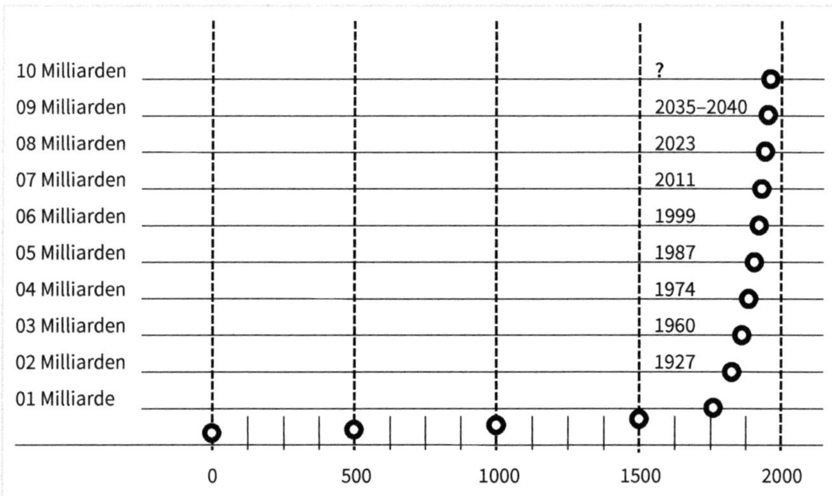

Abb. 4: Entwicklung der Weltbevölkerung[7] (Quelle: Statista Ölverbrauch pro Land 2022, Darstellung: Thomas A. J. Oebbecke)

7 UN/DESA 2022

2.2 Klimaneutralität, die einzige Chance

Klimaneutralität ist zweifellos die bedeutendste und dringendste Herausforderung für die Menschheit und den Planeten. Klimaneutralität ist nicht einfach eine von vielen Notwendigkeiten. Sie ist nicht nur eine Chance, das Klima zu retten oder zumindest die Erderwärmung etwas einzugrenzen. Sie ist die allerletzte und einzige Chance, die wir jetzt als Menschheit noch haben. Nicht mehr und nicht weniger.

Alle Generationen der Zukunft werden uns daran messen, wie wir gelebt haben und was wir in vollem Bewusstsein der Konsequenzen getan oder unterlassen haben. Wenn die aktuellen politischen Krisen, Kriege und Naturkatastrophen nur noch ein Kapitel neben vielen anderen Kapiteln in den Geschichtsbüchern der Zukunft sein werden, bekommen die künftigen Generationen die Folgen unseres Handelns oder auch Versagens täglich zu spüren und sie werden uns zu Recht dafür verantwortlich machen. Jahrtausende lang. Die aktuellen Prognosen der Weltbank gehen davon aus, dass bis Mitte des 21. Jahrhunderts mehr als 215 Millionen Menschen auf der Flucht sein werden, je nach zugrunde gelegter Klimaprognose. Dagegen waren alle bisher da gewesenen historischen Völkerwanderungen ein Klassenausflug und selbst die aktuelle Zahl von derzeit 100 Millionen flüchtenden und vertriebenen Menschen erscheint dagegen moderat.

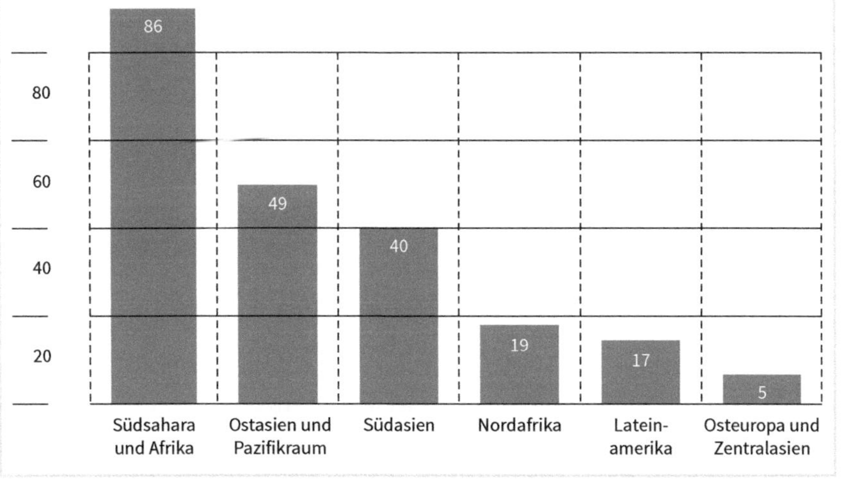

Abb. 5: Anzahl der Menschen weltweit, die bis zum Jahr 2050 aufgrund des Klimawandels innerhalb ihres Landes bzw. ihrer Region zur Flucht gezwungen werden könnten[8] (Quelle: Prognose der Weltbank. Darstellung: Thomas A. J. Oebbecke)

8 https://de.statista.com/statistik/daten/studie/1263402/umfrage/anzahl-moeglicher-klimafluechtlinge-weltweit-bis-2050-nach-region/, zugegriffen am 20.10.2023

Klimaneutralität ist entscheidend. Durch die Reduzierung von Treibhausgasemissionen auf null oder deren Kompensation wird die Erderwärmung verlangsamt, und die schlimmsten Folgen des Klimawandels können verhindert werden. Klimaneutralität ist aktiver Umweltschutz »at its best«. Weniger Emissionen bedeuten weniger Luftverschmutzung, weniger Versauerung der Ozeane und weniger negative Auswirkungen auf die biologische Vielfalt. Klimaneutralität bedeutet die Verringerung von Umweltverschmutzung jeglicher Art. Die Förderung sauberer Energien verbessert die Gesundheit der Menschen und sorgt für eine höhere Lebensqualität. Durch das Erreichen von Klimaneutralität erarbeiten wir uns die Chance, im Übergang zu klimaneutralen Wirtschaftspraktiken wirtschaftliche Chancen in Form von Investitionen, Arbeitsplätzen und Innovationen zu bewahren. Die Nutzung erneuerbarer Energien fördert die Energieunabhängigkeit und reduziert die Abhängigkeit von fossilen Brennstoffen. Klimaneutralität erfordert eine nachhaltige Nutzung von Ressourcen und fördert die Kreislaufwirtschaft. Und sie eröffnet uns die Chance auf internationale Zusammenarbeit und Solidarität, um gemeinsam an globalen Herausforderungen zu arbeiten. Die Chance der Klimaneutralität zu ergreifen heißt, eine lebenswerte Zukunft für kommende Generationen sicherzustellen. Ob Klimaneutralität die einzige oder/und größte Chance ist, kann diskutiert werden. In Anbetracht der Ausweglosigkeit, in der wir uns befinden, sollte man diese Diskussion in den Hintergrund rücken und stattdessen die richtigen Fragen stellen.

Fazit

Wie erzeugen wir Klimaneutralität? Wo? Wer? Wann? Womit? Das sind zweifellos die wichtigsten Fragen, die es schnellstens zu lösen gilt. Die Beantwortung eröffnet die Chance, hier und jetzt mit vielschichtigen Lösungen auf die drängenden Umwelt- und Klimaprobleme zu reagieren und eine nachhaltige, lebenswerte Zukunft für nachkommende Generationen zu schaffen.

2.3 Klimaneutralität, die größte Herausforderung

Klimaneutralität ist kein Selbstzweck, sondern das Ziel zur Bewältigung des Klimawandels und zur Verringerung der negativen Auswirkungen, die durch den menschlichen Einfluss auf das Klima verursacht werden. Sie ist ein wichtiger Schritt, um die globale Erwärmung einzudämmen und die Ziele des Klimaschutzes zu erreichen.

Der Hauptzweck der Klimaneutralität besteht darin, den Ausstoß von Treibhausgasen, insbesondere von CO_2, zu reduzieren. Dies ist entscheidend, um den Klimawandel zu bekämpfen und die damit verbundenen Risiken zu minimieren – darunter extreme Wetterereignisse, steigende Meeresspiegel und Veränderungen in Ökosystemen. Unternehmen, Regierungen und Einzelpersonen tragen eine Mitverantwortung für den Klimawandel aufgrund ihrer Aktivitäten und ihres Energieverbrauchs. Klimaneutralität ist das einzige zielführende Konzept, diese Verantwortung anzuerkennen und Maßnahmen zu ergreifen, um den ökologischen Fußabdruck zu minimieren. Viele Länder und Organisationen haben sich ehrgeizige Ziele zur Reduzierung von Treibhausgasemissionen gesetzt, zum Beispiel im Pariser Abkommen. Klimaneutralität ist eine Strategie, um diese Ziele zu erreichen und die Verpflichtungen aus internationalen Abkommen zu erfüllen.

Unternehmen, die klimaneutral agieren, erlangen Wettbewerbsvorteile, da immer mehr Verbraucher und Investoren umweltbewusst handeln und nach nachhaltigen Produkten und Dienstleistungen suchen. Der Klimawandel birgt erhebliche wirtschaftliche und soziale Risiken. Klimaneutralität minimiert diese Risiken, indem sie Unternehmen und Gemeinschaften widerstandsfähiger gegenüber klimatischen Veränderungen macht.

Klimaneutralität ist jedoch nur ein Teil des größeren Ziels, eine nachhaltige und umweltfreundliche Zukunft zu schaffen. Es ist wichtig zu verstehen, dass Klimaneutralität allein nicht ausreicht, um alle Auswirkungen der Erderwärmung zu bewältigen. Weitere nachhaltige Praktiken wie

- die Reduzierung des Ressourcenverbrauchs,
- die Förderung von erneuerbaren Energien,
- der Schutz von Ökosystemen und
- die Förderung nachhaltiger Lebensstile

sind zwingend erforderlich. Insgesamt ist Klimaneutralität ein entscheidendes Instrument, um den Klimawandel einzudämmen und und um eine nachhaltigere Zukunft zu schaffen, aber sie muss immer in einen breiteren Kontext nachhaltiger Praktiken eingebettet sein.

Klimaneutralität ist bei gutem Willen aller Beteiligten der entscheidende Rahmen für die notwendige Neuordnung der gesamten Volkswirtschaft, einschließlich aller genannten und etlicher weiterer Reformvorhaben. Klimaneutralität bildet die Grundlage, sich mit neuen Technologien aus Abhängigkeiten zu befreien. Jede Ressource, die nicht an den Weltmärkten bezogen werden muss, ist bereits ein Gewinn.

Sonnenlicht und Windkraft gehören mit Sicherheit an vorderster Front dazu. Das aber wurde in den letzten Jahrzehnten zu wenig vermittelt. Die Transformation zu einer kohlenstoffarmen Wirtschaft hat tiefgreifende Auswirkungen auf viele Aspekte des Wirtschaftssystems und der Gesellschaft im Allgemeinen. Die Reduzierung der Abhängigkeit von fossilen Brennstoffen und anderen nicht erneuerbaren Ressourcen ist entscheidend, um die Wirtschaft widerstandsfähiger gegen Preisschwankungen und geopolitische Risiken zu machen. Erneuerbare Energiequellen wie Sonnenlicht und Windkraft sind die Grundlage, unabhängiger zu werden und die nationale und regionale Energieversorgungssicherheit zu gewährleisten. Die Umstellung auf kohlenstofffreie Technologien erfordert Innovation und Investitionen in Forschung und Entwicklung. Dies fördert technologischen Fortschritt und schafft neue Chancen für Wachstum und Beschäftigung.

Der verstärkte Einsatz von erneuerbaren Energiequellen bedeutet auch einen schonenderen Umgang mit natürlichen Ressourcen. Nachhaltiges Wirtschaften und Ressourceneffizienz werden zu wichtigen Prinzipien, um die Umwelt zu schützen und die Wirtschaft nachhaltig zu gestalten.

Die Bedeutung der Klimaneutralität und die Vorteile einer nachhaltigen Wirtschaft sollten stärker kommuniziert und in die öffentliche Debatte einbezogen werden. Die Unterstützung der Bevölkerung und die Sensibilisierung für Umweltthemen sind entscheidend, um den Übergang erfolgreich zu gestalten. Der Klimawandel ist eine globale Herausforderung, und die Zusammenarbeit zwischen Ländern, Unternehmen und Organisationen ist von entscheidender Bedeutung. Es wird für alle Vorteile bringen und alle werden schlussendlich profitieren, aber dafür sind Anstrengungen auf internationaler Ebene notwendig, um die Ziele der Klimaneutralität auch tatsächlich zu erreichen.

Fazit

Die Transformation zur Klimaneutralität ist nicht nur ein Umweltthema, sondern auch ein wirtschaftliches und gesellschaftliches Anliegen. Sie bietet die Möglichkeit, langfristige Nachhaltigkeit zu fördern, die Wettbewerbsfähigkeit zu steigern und eine bessere Zukunft zu gestalten.

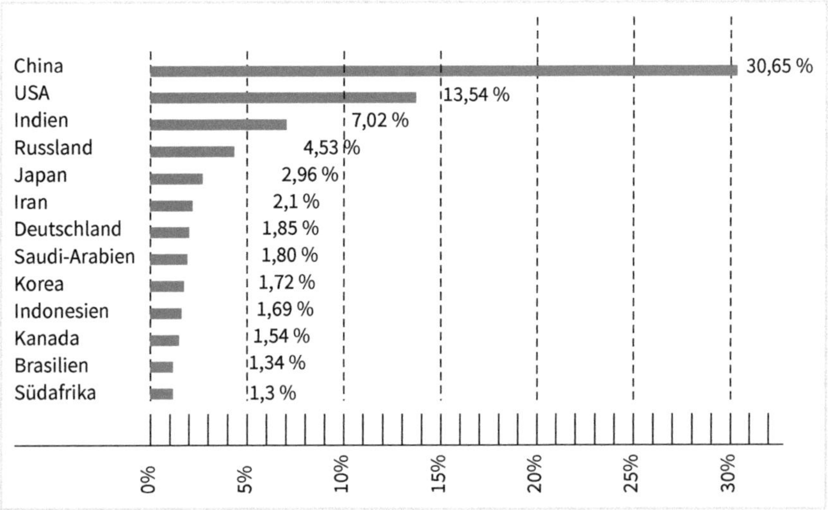

Abb. 6: CO_2-Emissionen – Anteil der Länder am weltweiten CO_2-Ausstoß (Statista-Umfrage zu den zehn größten CO_2-Emittenten weltweit 2022; Darstellung: Thomas A. J. Oebbecke)

2.4 Klimaneutralität, das alte »Grün«

Die Leistungen all jener Menschen, die sich in den vergangenen Jahrzehnten mit großem Erfolg für den Umwelt- und Klimaschutz eingesetzt haben, müssen selbstverständlich gewürdigt werden. Doch wenn ursprünglich »grüne« Ziele heute in großen Teilen der Bevölkerung nur noch als kostspielige Befindlichkeiten einer oberen Mittelschicht wahrgenommen werden, befeuert durch stetig wachsende und zuletzt auch noch inflationär gestiegene Lebenshaltungskosten, ist es allerhöchste Zeit für eine Neubewertung und eigentlich sogar für einen Neuanfang.

Die Gründe sind bekannt. Krieg, Energiepreisexplosionen, Inflation, Zinssteigerungen etc. Daher brauchen wir eine Rückbesinnung und die Vergegenwärtigung, dass wir hier nicht von Luxusproblemen sprechen, sondern von fundamentalen Veränderungen, die alle stemmen müssen, egal in welcher sozialen Schicht man sich befindet. Wir stehen also vor der Frage, wie sich die Gesellschaft sinnvollerweise entwickeln oder gar neu erfinden soll, und wer darüber die »Deutungshoheit« hat. Um dies näher zu beleuchten, lohnt sich ein kleiner Ausflug, um zu verfolgen, wie sich die Begriffe während der letzten Jahrzehnte verändert haben. Klimaneutralität und Umweltfreundlichkeit, im täglichen Diskurs gern mit dem Begriff »grün« bezeichnet, sind zwar miteinander verbunden, aber sie bedeuten nicht dasselbe. Hier sind die Hauptunterschiede zwischen den beiden Konzepten:

Klimaneutralität
Die drängenden Herausforderungen des Klimawandels erfordern nicht nur unsere Aufmerksamkeit, sondern vor allem konkrete Maßnahmen, um einen nachhaltigen Wandel herbeizuführen. In einer Welt, in der die Auswirkungen des menschlichen Handelns auf unseren Planeten immer offensichtlicher werden, gewinnt das Konzept der Klimaneutralität zunehmend an Bedeutung. Klimaneutralität ist nicht nur ein Schlagwort, sondern eine tiefgreifende Verpflichtung, unseren ökologischen Fußabdruck zu minimieren und eine lebenswerte Umwelt für kommende Generationen zu sichern.

Der Begriff »Klimaneutralität« bezieht sich auf den Zustand, in dem die von uns verursachten Treibhausgasemissionen durch entsprechende Maßnahmen ausgeglichen bzw. reduziert werden oder deren Freisetzung verhindert wird. Diese Maßnahmen können von der Umstellung auf erneuerbare Energien bis hin zur Aufforstung von Wäldern reichen. Durch die Einbettung von Klimaneutralität in unser Denken und Handeln können wir nicht nur dazu beitragen, den Klimawandel einzudämmen, sondern auch neue Chancen für Innovation und Wachstum schaffen. Wir müssen uns die Frage stellen, wie wir als Einzelne, als Unternehmen und als Gesellschaft dazu beitragen können, das Gleichgewicht unseres Planeten wiederherzustellen. Sei es ein Unternehmen, eine Stadt oder ein Land – wer Treibhausgase ausstößt, muss gleichzeitig Maßnahmen ergreifen, um diese auch wieder aus der Atmosphäre zu entfernen oder zu verhindern, dass sie freigesetzt werden. Dies kann durch Maßnahmen wie Aufforstung, Verwendung erneuerbarer Energien oder Technologien zur Emissionsreduktion erreicht werden.

Grün

Der Begriff »grün« kommt ursprünglich aus der Naturschutzbewegung der 1970er- und 1980er-Jahre. Er hat sich in den letzten Dekaden zum Begriff für Umweltfreundlichkeit erweitert und bezieht sich auf Handlungen, Produkte oder Systeme, die die Umwelt so wenig wie möglich belasten. Dies kann bedeuten, dass

- erneuerbare Energiequellen verwendet werden, um den Energiebedarf zu decken,
- umweltfreundliche Materialien in der Produktion verwendet werden oder
- Recycling, Abfallvermeidung oder das Rückführen von Materialien in die Stoffströme durch das Prinzip der Kreislaufwirtschaft gefördert werden.

Das Hauptziel von Umweltfreundlichkeit ist die Minimierung negativer Umweltauswirkungen. Hier ein Beispiel zu den Unterschieden: Ein Unternehmen kann klimaneutral werden, indem es seine CO_2-Emissionen durch Investitionen in Aufforstungsprojekte ausgleicht. Das bedeutet jedoch nicht zwangsläufig, dass die Produkte dieses Unternehmens umweltfreundlich sind. Sie könnten immer noch aus umweltschädlichen Materialien hergestellt werden, die Ressourcen verschwenden und andere ökologische Probleme verursachen.

Im Idealfall streben Unternehmen oder Organisationen sowohl Klimaneutralität als auch Umweltfreundlichkeit an, um einen ganzheitlichen Ansatz zur Nachhaltigkeit zu verfolgen. Dabei geht es darum, den CO_2-Fußabdruck zu reduzieren, und um den Schutz und die Schonung der natürlichen Umwelt.

Dennoch ist es wichtig zu beachten, dass Klimaneutralität nicht automatisch gleichbedeutend mit grüner oder umweltfreundlicher Praxis ist. Beide Konzepte sollten sorgfältig in ihren jeweiligen Kontexten betrachtet werden. Den Klimawandel als wissenschaftlich bewiesene Realität anzuerkennen und die konsensfähigen menschenmöglichen Maßnahmen dagegen zu ergreifen sollte auf kommunaler, Landes- und Bundesebene oberste Priorität bekommen.

Fazit

Wenn man die Menschen überzeugen will, muss man ein ganzheitliches Bild der Lage zeichnen und neben den Nachteilen auch die Vorteile, neben den Risiken auch die Chancen klar und deutlich benennen. Zu leicht können gut gemeinte Ansätze »verbrannt« werden. Bloße Appelle an den »Zusammenhalt« reichen bei Weitem nicht aus

2.5 Klimaneutralität, das weltgrößte Sozialprogramm

Klimaneutralität kann mittel- bis langfristig Arbeits- und Ausbildungsplätze schaffen sowie ein verlässliches Steueraufkommen, die Wettbewerbsfähigkeit und insbesondere Entwicklungsmöglichkeiten sicherstellen. In großen Teilen der Wirtschaft wurde das bereits verstanden. Das gelingt besonders dann, wenn Menschen deutliche und vor allem lebensnahe Anreize bekommen. Wer sein Leben nicht einmal bis zum Jahresende planen kann, wird sich kaum über den Klimawandel Gedanken machen.

Die wirtschaftlichen Umbrüche in Westdeutschland seit den 1980er-Jahren und in Ostdeutschland seit den 1990er-Jahren, welche u.a. durch Massenarbeitslosigkeit, Landflucht und Staatsverschuldung gekennzeichnet waren, verbunden mit lang gepflegten Lebenslügen der Gesellschaft wie beispielsweise dem polarisierenden Slogan »Deutschland ist kein Einwanderungsland«, haben in der Bevölkerung nicht den Glauben an die eigenen Fähigkeiten gestärkt. Ohnehin wirkt spätestens seit der Reichsgründung von 1870/71 das Wagnersche Gesetz, benannt nach Adolf Wagner (1835–1917), Professor für Nationalökonomie an der heutigen Humboldt-Universität zu Berlin: Wachsender Wohlstand führt zu wachsenden Staatsausgaben und mit der Sesshaftigkeit und Arbeitsteiligkeit scheiden sich Lebenswelten voneinander – und es wächst ein allumfassender Wohlfahrtsstaat. In Deutschland gibt es heute kaum noch einen Haushalt, der kein Geld aus staatlicher Umverteilung erhält, seien es Bezüge aus einer Tätigkeit im wachsenden öffentlichen Dienst oder einer der zahlreichen Branchen, die ihre Umsätze aufgrund rechtlicher Regelungen erzielen, wie Bildung und Forschung, Gesundheit und Pflege, Kultur und Verkehr. Selbst die derzeit für Anleger sehr lukrativen Assets der Rüstungsindustrie oder ganz profan die Landwirtschaft sind größtenteils eine bezuschusste Planwirtschaft. Egal ob es Renten oder Pensionen sind, eine Erwerbsminderungsrente oder Leistungen wie Arbeitslosengeld, Bürgergeld, Wohngeld, Elterngeld, Kindergeld oder Unterhaltsvorschuss. Es geht weniger darum, ob das im Einzelfall »gut« oder »schlecht« ist, sondern darum, was für eine Gesellschaft letztlich entsteht.

Einerseits zeigte sich in den vergangenen Jahren immer wieder anschaulich, dass Krisen weniger dazu führen, dass Menschen nach neuen Wegen suchen, sondern dass sie ihren Zorn gegen »Obrigkeiten« richten und Rechtsansprüche durchsetzen wollen. Wie zukunftsfähig kann das unter den heutigen Bedingungen sein?

Andererseits kann der Umbau einer ganzen Volkswirtschaft über zwei bis drei Jahrzehnte nur mit straffer staatlicher Lenkung, Regulierung und Förderung gelingen – ohne Rücksicht auf Wahlperioden und die übliche Farbenlehre. Wird das im Zusammenspiel mit Bevölkerung und Wirtschaft glücken? Die Neuordnung der Stromversorgung führt die heutigen Zustände zweifellos weiter in eine staatsgelenkte Wirtschaft. Schon in der Gründerzeit wurde das Marktgeschehen in der Strom-, Wasser- und Gasversorgung in etlichen Ländern und aus guten Gründen immer weiter staatlich eingehegt (Reulecke[9] 1997, Trentmann[10] 2019).

Die Privatisierung der Netze in den 1990er-Jahren, um die leeren öffentlichen Kassen zu füllen, hat sich als falsch erwiesen. Ohne Förderung wäre bereits der bisherige Ausbau der »Erneuerbaren« niemals möglich gewesen, von den Ausbauzielen der nächsten Jahrzehnte ganz zu schweigen. Daseinsvorsorge und Siedlungsentwicklung bleiben lebendige Spannungsfelder. Klimaneutralität bedeutet in erster Linie also auch ein Umwelt- und Klimaschutzprogramm, das darauf abzielt, den Ausstoß von Treibhausgasen zu reduzieren und den menschlichen Einfluss auf das Klima zu begrenzen. Klimaneutralität ist eine Reaktion auf die Dringlichkeit des Klimawandels und die Notwendigkeit, die globale Erwärmung zu begrenzen.

Allerdings berührt Klimaneutralität in signifikantem Maße auch soziale Aspekte und kann einen positiven Einfluss auf Gemeinschaften und Gesellschaften haben. Maßnahmen, um Klimaneutralität zu erreichen, wie Investitionen in erneuerbare Energien und Energieeffizienz, werden in enormem Umfang Arbeitsplätze schaffen und zur wirtschaftlichen Entwicklung beitragen.

Die Reduzierung von Treibhausgasemissionen geht oft mit einer Verringerung der Luftverschmutzung einher, was die Gesundheit der Menschen verbessern wird. Zudem kann eine nachhaltige Mobilität die Lebensqualität in städtischen Gebieten steigern. Die Förderung erneuerbarer Energien wird dazu beitragen, Menschen in abgelegenen oder benachteiligten Regionen mit sauberer Energie zu versorgen, was ihre Lebensbedingungen verbessert.

Klimaneutrale Initiativen sollten so gestaltet werden, dass sie soziale Gerechtigkeit fördern, indem sie sicherstellen, dass gerade auch ärmere oder benachteiligte Bevölkerungsgruppen von den Maßnahmen profitieren. Klimaneutrale Programme schärfen das Bewusstsein für Umweltfragen und werden Bildungsinitiativen beinhalten, die die Umweltbildung fördern.

9 Prof. Jürgen Reulecke Autor, Germanist und Philosoph. Reuleckes Forschungsschwerpunkt ist die Sozialgeschichte. Er ist Verfasser des Lehrbuches Geschichte des Wohnens 1800–1918, Das bürgerliche Zeitalter, Verstädterung des deutschen Wohnungsmarkts, Stadtgeschichte Urbanisierungs- und Kunstgeschichte, Architekturgeschichte. Vgl. https://www.zvab.com/buch-suchen/titel/geschichte-des-wohnens/autor/juergen-reulecke/

10 Prof. Frank Trentmann ist Autor und Historiker, Verfasser zahlreicher Bücher, u. a. Infrastructures in Practice The Dynamics of Demand in Networked Societies, Aufbruch des Gewissens und Empire of Things: How We Became a World of Consumers, from the Fifteenth Century to the Twenty-First. Vgl. https://www.theguardian.com/books/2016/feb/09/empire-of-things-frank-trentmann-review

Dennoch sollte beachtet werden, dass Klimaneutralität nicht von Natur aus ein umfassendes Sozialprogramm ist. Es ist in erster Linie darauf ausgerichtet, die Umweltauswirkungen zu minimieren. Um soziale Ziele zu erreichen, ist es notwendig, Klimaneutralität mit gezielten sozialen Programmen und Initiativen zu kombinieren. In vielen Fällen erfordert dies eine ganzheitliche Herangehensweise, die Umwelt- und Sozialaspekte miteinander verknüpft, um nachhaltige Ergebnisse zu erzielen.

Fazit

In der Wohnungs- und Immobilienwirtschaft sind die oben genannten Fakten und Konsequenzen wohlbekannt. Patentrezepte gibt es weiterhin nicht. Was es aber gibt, sind gute Gründe, Strom aus Sonnenlicht zu gewinnen. Dieses Buch zeigt sie und versucht, zum Nachdenken und Nachmachen anzuregen.

2.6 Klimaneutralität, das neue Wirtschaftswunder

Die Welt befindet sich in einem ganzheitlichen, alles verändernden Umbruch auf allen Ebenen des Lebens und des Zusammenlebens. Der Klimawandel ist der Anlass, und das Konzept der Klimaneutralität ist der Katalysator – in Verbindung mit den sich schließenden Zeitfenstern, die bleiben, um Veränderungen noch beeinflussen zu können.

Klimaneutralität entwickelt sich gerade global zum wichtigsten, alles überstrahlenden Geschäftsfeld mit unglaublichen Möglichkeiten. Diese Entwicklung wird sehr viele Verlierer, aber noch mehr Gewinner produzieren. Man wäre gut beraten, diese Möglichkeiten zu erkennen und sich zukunftssicher neu zu erfinden. Egal ob als Gesellschaft, Wirtschaftsunternehmen oder Einzelperson. Es wird eine massive Nachfrage nach klimafreundlichen Produkten und Dienstleistungen in allen Bereichen geben. Dementsprechend werden auch neue umweltfreundliche und klimaneutrale Angebote zu Produkten und Dienstleistungen steigen.

Verbraucher und Unternehmen suchen zunehmend und intensiv nach Lösungen, die ihren ökologischen Fußabdruck reduzieren, sei es in Form von Elektrofahrzeugen, erneuerbaren Energien, energieeffizienten Gebäuden oder anderen klimafreundlichen Innovationen. Diese Entwicklung wird neue regulatorische Anforderungen nach sich ziehen. Die enorme Chance ist hierbei, Regulatorik als elegante Möglichkeit zu betrachten, um Entwicklungen einzufordern und zu fördern (Beispiel EU-Taxonomie- und Offenlegungsverordnung). Viele Länder haben bereits Gesetze und Vorschriften erlassen, die Unternehmen dazu verpflichten, ihre Treibhausgasemissionen massiv zu reduzieren. Sie haben Anreize für Unternehmen geschaffen, in klimaneutrale Praktiken und Technologien zu investieren, um sich für die Zukunft resilient neu zu positionieren.

Schon heute haben viele Investoren diesen neuen und dauerhaft anhaltenden Trend erkannt und fordern proaktiv nachhaltige und klimaneutrale Investitionsprodukte für langfristige finanzielle Stabilität. Daher sind bereits heute alle Unternehmen, die nachhaltige Geschäftsmodelle verfolgen, für vorausschauend planende Investoren attraktiv. Das Innovationspotenzial, das dadurch vorangetrieben wird, ist nicht zu unterschätzen. Vielfältigste Entwicklungen klimaneutraler Technologien und Lösungen auf jedem Gebiet bieten enorme Chancen für Wachstum in allen Wirtschaftszweigen.

Dies wird nicht nur von erneuerbaren Energien über Energieeffizienz bis zur Kreislaufwirtschaft reichen, sondern es verschafft auch Wettbewerbsvorteile. Alle Unternehmen, die sich aktiv für Klimaneutralität einsetzen, erlangen solche Wettbewerbsvorteile und stellen sich zukunftsfähig auf, da sie bereits heute zumindest bei den für das Thema affinen Verbrauchergruppen Vertrauen gewinnen. Sie können sich als Marktführer oder in der ersten »Peergroup« in Bezug auf Nachhaltigkeit platzieren. Ein besseres Investment gibt es nicht, da sich der Prozess weder aufhalten noch umkehren lässt. Damit entstehen jede Menge neue »grüne« Arbeitsplätze.

Die Vorreiterrolle nehmen hier Unternehmen oder Betätigungsfelder ein in Branchen wie erneuerbare Energien, saubere Technologien und nachhaltige Landwirtschaft, aber auch im weitesten Sinn die IT-Branche, die Automobil- und Bauwirtschaft und die Ernährungsindustrie. Es ist jedoch in der Übergangsphase zur Klimaneutralität, die nicht zuletzt nur eine »Arbeitsgeneration« dauern darf, von enormer Wichtigkeit, die enormen Herausforderungen nicht zu unterschätzen.

Fazit

Die Notwendigkeit von Investitionen in neue Technologien, die Veränderung der Geschäftspraktiken und der Übergang von fossil gestützten zu nachhaltigen Wirtschaftsmodellen ist der größte Wandel, den die Menschheit je erlebt hat. Daher ist zwingend davon auszugehen, dass die Chancen, die mit Klimaneutralität einhergehen, die größten und stetig stärker werdenden treibenden Kräfte für Wachstum und Innovation in der Wirtschaft darstellen. Alle Gesellschaften, Branchen und Unternehmen, die heute Maßnahmen ergreifen, um klimaneutrale Praktiken zu etablieren, werden die Sieger von morgen sein. Oder, wie José Manuel Barroso es einmal formuliert hat: »Es ist billiger, den Planeten jetzt zu schützen, als ihn später zu reparieren.«

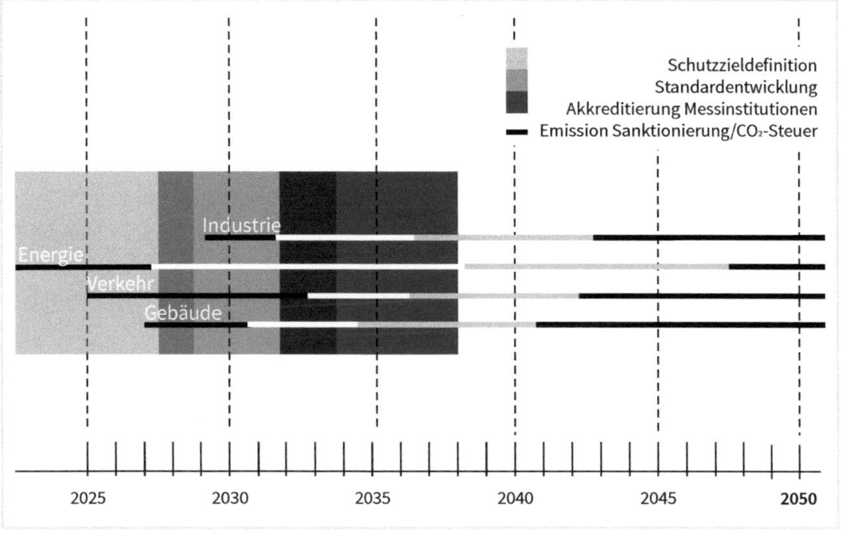

Abb. 7: Vereinfachtes Phasenmodell zur Umsetzung der Taxonomie und Offenlegungsverordnung (2019/2088) pro Branche bis 2050 (Darstellung: Thomas A. J. Oebbecke)

3 Bevölkerungsentwicklung und Strombedarf

3.1 Anthropozän

Das Anthropozän ist das vom Menschen geprägte Zeitalter der Erdgeschichte und entfaltet sich seit gut 150 Jahren im Spannungsfeld aus Elektrifizierung, Automatisierung und Digitalisierung. Dadurch und erst recht durch das anhaltende Bevölkerungswachstum wird das Leben in den meisten Ländern immer abhängiger von der Stromversorgung. Gleichzeitig lässt der Klimawandel den »bespielbaren« Teil der Erdoberfläche schwinden, was zur Verdichtung zahlreicher, bereits vielfach belasteter großer Siedlungsräume führt.

Die Beziehung zwischen Bevölkerungsentwicklung und Strombedarf ist komplex und führt zu verschiedenen Problemstellungen. Mit zunehmender Bevölkerung steigt in der Regel auch der Gesamtenergiebedarf. Dies führt unweigerlich zu einem höheren Bedarf an Stromerzeugung, insbesondere in städtischen Gebieten, in denen die Bevölkerungsdichte höher ist. Die Bereitstellung von ausreichend elektrischer Energie für eine wachsende Bevölkerung wird zunehmend zur Herausforderung, insbesondere wenn die Infrastruktur nicht entsprechend ausgebaut wird. In einigen Regionen mit starkem Bevölkerungswachstum, insbesondere in Entwicklungsländern, haben viele Menschen keinen verlässlichen Zugang zu Elektrizität. Die bestehende Infrastruktur kann nicht mit der steigenden Nachfrage Schritt halten. So wird die ohnehin vorhandene Energiearmut noch verschärft.

Die Erzeugung von Strom aus nicht erneuerbaren Energiequellen wie Kohle und Erdöl zieht erhebliche Umweltauswirkungen nach sich. Der Anstieg des Strombedarfs aufgrund einer wachsenden Bevölkerung wird zu einer verstärkten Nutzung fossiler Brennstoffe und somit zu einem Anstieg der Treibhausgasemissionen führen, wenn nicht in adäquater Weise für eine regenerative Energieproduktion gesorgt wird. Um den steigenden Strombedarf zu decken, sind erhebliche Investitionen in die Energieinfrastruktur erforderlich. Dies stellt die Gesellschaft, Wirtschaft und Politik vor enorme Herausforderungen in Bezug auf Finanzierung, Planung und Ressourcenverfügbarkeit. Ein wachsender Strombedarf bringt die zwingende Notwendigkeit mit sich, effizientere Technologien und nachhaltige Energiequellen zu fördern, um die Umweltauswirkungen zu minimieren. Dies erfordert Investitionen in erneuerbare Energien und Energieeffizienzmaßnahmen in signifikantem Umfang. Um die Energiebedürfnisse einer wachsenden Bevölkerung und globalen Weltwirtschaft zu stillen, wird der Ausbau des Stromnetzes mit nationaler und globaler Netzstabilität und -verteilung zur grundsätzlichen Herausforderung.

Ein starker Anstieg der Stromnachfrage wird das Netz überlasten und die Notwendigkeit von technologischen Upgrades und Modernisierungen mit sich bringen. Um aber am Ende des Tages auch nur annähernd eine Chance zu haben, diesen enormen Wandel erfolgreich zu bewältigen, ist es zwingend notwendig, dass Regierungen, Unternehmen und Gesellschaften bei der Lösung dieser Herausforderungen eine ausgewogene Herangehensweise verfolgen.

Fazit

Es liegt auf der Hand, dass zur Lösung zumindest bei uns in Deutschland der schnelle und konsequente Ausbau der erneuerbaren Energien, die Förderung von Energieeffizienz, der Zugang zu erneuerbarer Energie vor allem auch in allen ländlichen Gebieten und das Schaffen politischer Rahmenbedingungen zur Begrenzung der Umweltauswirkungen gehört.

3.2 Technologie

Technologie ist die Wissenschaft von der Technik, die hinter verschiedensten Produktions- und Anwendungsverfahren steht, auch zur Stromerzeugung durch Photovoltaik. Von entscheidender Bedeutung wird die kontinuierliche Forschung und Entwicklung in der Energietechnologie sein, um alte Techniken zu verbessern und neue, fortschrittliche Lösungen zu entwickeln. Dies führt zu schnellem und effizientem technischem Fortschritt. Bei einer wachsenden Weltbevölkerung erfordert die Deckung des steigenden Strombedarfs eine breite Palette von Technologien, die effizient, nachhaltig und umweltfreundlich sind. Dazu gehören alle Technologien der Solarenergie, Windenergie, Wasserkraft, Geothermie und Biomasse. All diese erneuerbaren Energietechnologien sind nachhaltig und werden im Verbund in der Lage sein, den Strombedarf effektiv zu decken. Vor allem bei der Technik von Solar- und Windenergie wurden in den letzten Jahren große technologische Fortschritte erzielt. Das zeigt sich zum Beispiel in der dynamischen Entwicklung von effektiven Energiespeichertechnologien wie Batterien, die ein wichtiger Baustein sind, um die schwankende Verfügbarkeit erneuerbarer Energien auszugleichen.

3.2.1 Kernkraft – quo vadis?

Ich möchte hier ausdrücklich betonen, dass das begrenzte Weiternutzen von durchaus fortschrittlichen, hochmodernen Kernreaktortechnologien mit den höchsten Sicherheitsstandards in ganz Europa einschließlich sicherer und effizienter Reaktortypen ausdrücklich nicht empfehlenswert ist, auch wenn die aktuelle Debatte eine andere Richtung nimmt. Es ist einfach falsch, wenn aus politischen Gründen eine Verlängerung der Laufzeiten durchgesetzt werden soll. Das weitverbreitete Argument, dass der Betrieb der Kernkraftwerke doch im Vergleich zur Kohleverstromung signifikant weniger CO_2 ausstößt, ist technisch gesehen für den Betrieb bedingt richtig, aber für die laufende Instandhaltung und vor allem die Herstellung grundsätzlich falsch. Denn es wird immer außer Acht gelassen welche potenziellen Gefahren und Langzeitrisiken von der Atomkraft ausgehen. Das belegen die Katastrophen von Tschernobyl und Fukushima auf der einen und die Debatte um die Endlagerung am Beispiel von Schacht Konrad eindrücklich.

An dieser Stelle wäre es für die Gesellschaft zielführend, grüne Politik in Deutschland, egal von welcher Regierung getragen, grundsätzlich zu unterstützen. Es ist der Schlingerkurs der politischen Debatten zum Für und Wider von Atomkraft in der letzten Dekade, der der Akzeptanz regenerativer Stromtechniken in der Bevölkerung schadet. Die Verbesserung der Energieeffizienz in der Stromerzeugung muss bei allen Technologien auch immer von entscheidender Bedeutung sein – und das wird mit dezentralen Netzkonzepten und dem Einsatz von energieeffizienten Haushaltsgeräten und Gebäuden grundsätzlich umsetzbar sein. Auch und gerade intelligente Stromnetze ermöglichen eine effizientere Energieverteilung und -nutzung. Sie tragen in Verbindung mit KI dazu bei, den Bedarf an neuen Übertragungsleitungen zu verringern, Energieverluste zu vermeiden, Energiebedarfe maßgeschneidert zu steuern und die Zuverlässigkeit des Stromnetzes zu verbessern. Energieerzeugungsanlagen für Strom und Wärme, darunter Solardächer und Mikrogitter oder auch sog. Balkonkraftwerke, tragen zur Resilienz des Stromnetzes und zur effizienten Stromerzeugung in der Wohnungs- und Immobilienwirtschaft bei. Sie sind damit ein wesentlicher Bestandteil und einer der wichtigsten Schlüssel der Klimawende und bilden zusammen ein ganzheitliches und flächendeckendes dezentrales Energienetz.

Das übergeordnete größere Ziel als maßgebliche Brückentechnologie, die in der Tat einen Gamechanger darstellen wird, ist natürlich die Weiterentwicklung der Wasserstoff-Technologie. Die Herstellung muss aber aus grünem Strom kommen und wird dann als Energiespeicher und als sauberer Brennstoff für vielschichtige Anwendungen in allen Sektoren unserer Gesellschaft nutzbar. Auch die Kohlenstoffabscheidung und -speicherungstechnologie (CCS) wird als Brückentechnologie noch an Bedeutung gewinnen und zielt darauf ab, CO_2-Emissionen aus fossilen Kraftwerken abzuscheiden und in unterirdischen Lagerstätten zu speichern, um die Emissionen zu reduzieren. Darüber hinaus bietet die Nanotechnologie in der Energieerzeugung und -speicherung innovative Lösungen, da hier Materialien auf der Nanoskala für effizientere Solarzellen oder leistungsfähigere Batterien entwickelt werden.

3.2.2 Best Practices

An dieser Stelle sei es mir erlaubt, auf »Best Practices« aufmerksam zu machen, zu denen die fortlaufende Weiterentwicklung und der Einsatz der oben genannten Technologien zweifelsohne gehören. Alle technologischen Entwicklungen in Deutschland folgen zwei Stoßrichtungen: Auf der einen Seite werden sie mit viel Einsatz und Willen zur Innovation entwickelt und auf der anderen Seite i. d. R. durch hohe Kosten gebremst, was die dringend notwendige Umsetzung in signifikantem Maßstab zumeist verhindert. Wir sind eine Gesellschaft, in der es durchaus Förderer der Umsetzung des technisch Möglichen gibt. Diese sind aber hoffnungslos in der Minderheit. Dadurch verkümmern zu oft hervorragende Entwicklungen zu sog. Leuchtturm-Projekten, die zwar Bewunderung auslösen, es aber i. d. R. nicht bis zur Serienreife schaffen, geschweige denn zum Standard erklärt werden.

Es gibt eine ganze Historie an wunderbaren Beispielen, gerade in der Wohn- und Immobilienwirtschaft. Zahlreiche herausragende Entwicklungen wie beispielsweise

- Solarhäuser Mitte der 1980er,
- Energiehäuser Anfang der 1990er,
- 3-Liter-Häuser Mitte der 1990er,
- Null- und Passivenergiehäuser Ende der 1990er und die
- Plus-Energiehäuser seit den 2000er-Jahren

hätten einen wesentlichen Beitrag zum Erreichen des Ziels der Klimaneutralität leisten können, wenn diese Errungenschaften zu den jeweiligen Zeitpunkten gesetzlich zum Standard erklärt worden wären. So wurden Jahrzehnte verschenkt. Wir hätten aus heutiger Sicht schon 1972 mit dem Ausbruch der Ölkrise und zeitgleich zum ersten Bericht des Club of Rome mit effektiven Maßnahmen zur Eindämmung der Folgen des Klimawandels anfangen können.

Leider waren und sind die dafür notwendigen gesetzlichen Maßnahmen politisch höchst unpopulär, was das Beispiel des Heizungsgesetzes des Bundesministers für Wirtschaft und Klimaschutz eindringlich zeigt. Das, was am Ende Gesetzgebung wurde, ist ein schwacher Abklatsch dessen, was ursprünglich von der Regierung geplant und mit Sicherheit absolut richtig gewesen wäre. An dieser Stelle versagt meistens die Regulierung, da sie nie zeitgleich oder leicht versetzt zu den jeweils aktuellen technologischen Best Practices agiert. Durch Regulierung oder Gesetzgebung hätte man an dieser Stelle eine fantastische Chance, näher an die Best Practices zu kommen, und könnte so einen riesigen Sprung auch beim Umdenken und der Akzeptanz in der Bevölkerung schaffen. Und dieses Umdenken wäre jetzt dringend notwendig.

Die Wahl der richtigen Technologie hängt von der jeweiligen Region, den lokalen Ressourcen, den möglichen Infrastrukturen, den klimatischen Verhältnissen und nicht zuletzt von den Zielen ab, die verfolgt werden. In vielen Fällen ist eine Kombination verschiedener Technologien die effektivste Lösung, um den steigenden Strombedarf der wachsenden Weltbevölkerung zu decken und gleichzeitig die Umweltauswirkungen zu minimieren.

Fazit

Insgesamt bietet die gezielte Anwendung von Technologie die Möglichkeit, die Lebensqualität der Menschen zu steigern, gesellschaftliche Herausforderungen anzugehen und eine nachhaltigere und inklusivere Zukunft zu gestalten. Entwicklung und Anwendung müssen dabei immer verantwortungsbewusst und unter Berücksichtigung ethischer Grundsätze erfolgen.

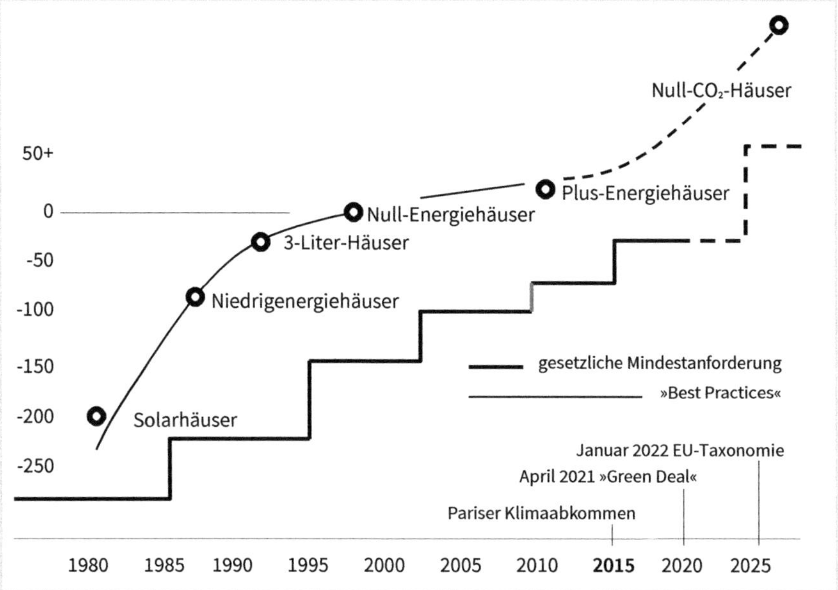

Abb. 8: Best Practices – Spannungsbogen zwischen Regulation und technischer Exzellenz (Darstellung: Thomas A. J. Oebbecke)

3.3 Energie

Energie kann eigentlich nicht erneuerbar sein. Der Energieerhaltungssatz besagt, dass die Energie eine Erhaltungsgröße ist, die zwischen verschiedenen Formen umgewandelt werden kann. Aus Sonnenlicht Strom zu gewinnen ist eine solche Umwandlung. Ressourcen sind nicht unendlich. Das gilt für Kohle, Öl und Gas. Selbst die Sonne hat wie jeder Stern nur eine begrenzte Brenndauer (wenngleich sie noch sehr lang ist). Die Verfügbarkeit vor allem der Windkraft sowie nachwachsender Rohstoffe (z.B. Holz) sind von der Sonneneinstrahlung abhängig. Diese beträgt zwar umgerechnet täglich ein Vielfaches des Strombedarfs der Menschheit, ist aber nicht immer und überall verfügbar. Der Wechsel von Tag und Nacht, die Folge der Jahreszeiten und örtliche Wetterereignisse führen zu Schwankungen. Um die Sonneneinstrahlung sogar über

Jahre zu beeinträchtigen, genügt ein einziger Vulkanausbruch, wie bereits mehrfach geschehen. In erdgeschichtlich jüngerer Zeit waren die Ausbrüche der indonesischen Vulkane Tambora und Krakatau (1815, 1883) besonders folgenreich. Vor allem Ersterer führte in vielen Gegenden der Welt einige zu »Jahren ohne Sommer« mit Ernteausfällen, Hungersnöten und Aufständen.

Strom muss also auch künftig aus verschiedenen, sich ergänzenden Ressourcen gewonnen werden. Außerdem sollten dabei verschiedene nachhaltige und effiziente Methoden und Ansätze verfolgt werden. Erneuerbare Energiequellen wie Solarenergie, Windenergie, Wasserkraft, Geothermie und Biomasse sind dabei zu priorisieren. Diese Energiequellen sind nachhaltig und erzeugen im Allgemeinen keine schädlichen Emissionen. Deshalb muss ihr Ausbau dringend vorangetrieben werden – mit einer zielgerichteten Energieeffizienz, die von zentraler Bedeutung und Grundvoraussetzung ist. Dies umfasst die Verwendung effizienterer Technologien in der Stromerzeugung, -übertragung und -nutzung, sowie energieeffiziente Beleuchtung, Gebäude und Industrieanlagen, um nur einige wenige Teilbereiche zu nennen.

KI ist dabei die Technologie der Wahl beim Ausbau und Betrieb von intelligenten Stromnetzen. Der konsequente Aufbau von Smart Grids wird die Effizienz der Stromverteilung und -nutzung verbessern und auf die jeweils anfallenden Bedarfsmengen reagieren oder besser noch antizipatorisch agieren. Diese Bedarfsmengen werden vorausschauend produziert, maßgeschneidert umverteilt und konsolidiert und zur Produktion weiterer Energie eingesetzt. Durch Smart Grids wird es möglich, den Stromfluss hocheffizient zu steuern, den Verbrauch zu optimieren und erneuerbare Energiequellen intelligent zu integrieren. Die Entwicklung von dauerhafter und effizienterer Energiespeicherung wird ein signifikanter Teil der Lösung sein. Bahnbrechende Fortschritte bei den Technologien zur Energiespeicherung, insbesondere bei Batterien, sind der Schlüssel, um überschüssige Energie aus erneuerbaren Quellen zu speichern und bei Bedarf abzurufen.

3.3.1 Atomenergie

An dieser Stelle möchte ich noch einmal auf die Nutzung von Nuklearenergie eingehen. Wenn man vom Endlager- und finalen Entsorgungsthema absieht und darauf vertrauen will, dass die Technik sicher ist, sollte sie, wenn man keine andere Wahl hat, allen Verstromungsarten aus nicht erneuerbaren Quellen vorgezogen werden. Dies gilt allerdings nicht für Deutschland und Europa. Die europäischen Länder können sich den Ausstieg aufgrund der rasch wachsenden regenerativen Alternativen ohne Probleme leisten. Atomkraft sollte als allerletztes Mittel nur in den Ländern eingesetzt werden, die noch einen weiten Weg vor sich haben, Energie ausschließlich aus Wind, Sonne, Wasser, Erdwärme und anderen klimaneutralen Quellen zu generieren. Die Nutzung von Atomkraft hat allerdings auch dort nur eine beschränkte Daseinsberechtigung, da sie grundsätzlich als Brückentechnologie hin zu den regenerativen Energien zu sehen ist.

Außerdem sollte in diesen Ländern ein Generationenvertrag geschlossen werden, der Folgendes beinhaltet: Unsere Generation sorgt mit dem Weiterbetrieb von Kernkraft im Verbund mit allen neuen klimaneutralen Technologien dafür, das 1,5-Grad-Ziel zu erreichen – inklusive aller gesetzlichen Verankerungen, die generationenübergreifend dafür Sorge tragen, dass die Kernkraft eine Brückentechnologie bleibt. Die Ingenieure und Ingenieurinnen von morgen kümmern sich außerdem mit den technischen Möglichkeiten der Zukunft darum, weltweit alle atomaren Zwischenlager final aufzulösen und eine klima- und umweltverträgliche Lösung für das Problem des Atommülls zu finden. Das umfasst auch die Verpflichtung, alle Atomkraftwerke der Welt restlos abzubauen.

3.3.2 Regenerative Energie

Kleine dezentrale Energieerzeugungsanlagen wie zum Beispiel Solardächer und Mikrogitter werden zur Steigerung der Energieeffizienz und zur Sicherstellung der Stromversorgung beitragen. Die Wasserstoffproduktion aus erneuerbaren Energien gewinnt an Bedeutung, insbesondere als sauberer Brennstoff und Energiespeicher. Die Wahl der optimalen Techniken zur Erzeugung von Energie hängt von den jeweiligen regionalen Bedingungen und Ressourcen ab. Es gilt also, eine ausgewogene Strategie zu verfolgen, die auf die Bedürfnisse der wachsenden Bevölkerung und auf Nachhaltigkeit abzielt. Dies erfordert eine enge Zusammenarbeit aller Beteiligten weltweit, um die besten Lösungen zu entwickeln und umzusetzen. In einer Welt zunehmend knapper Ressourcen hängt die Zukunftsfähigkeit unserer Gesellschaften stark von einer rohstoffsparenden Energieversorgung ab. Technische Verbesserungen und weniger Verluste bei Umwandlung, Transport und Speicherung sollten den Energieverbrauch verringern.

Um die Entwicklungen der letzten Jahre zu verdeutlichen, lohnt sich der Blick auf die aktuelle Lage zum weltweiten Stromverbrauch. Die weitaus größte Menge an Strom benötigen die etablierten und neuen Industrienationen. Der weltweite Stromverbrauch hat sich in den letzten drei Jahrzehnten mehr als verdoppelt. So liegen die Wirtschaftsriesen China und Indonesien einsam an der Spitze, gefolgt von weiteren aufstrebenden Nationen wie Korea, Türkei, Saudi-Arabien und Indien.

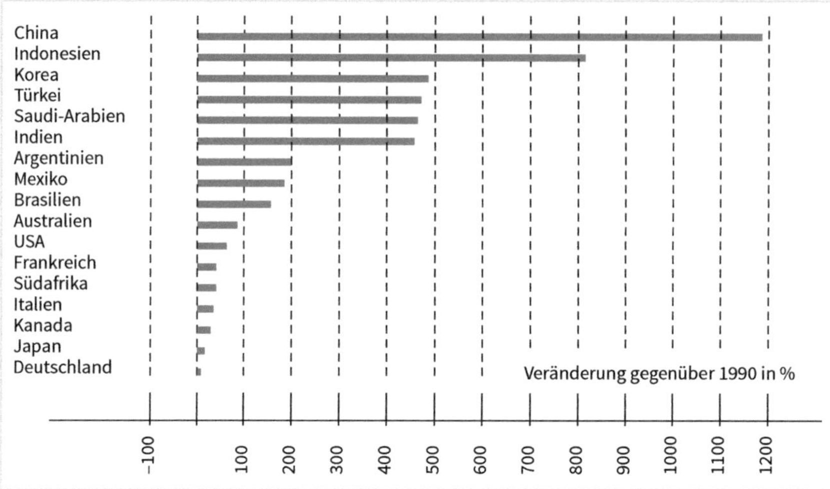

Abb. 9: Entwicklung des Stromverbrauchs zwischen 1990 und 2020[11] (Darstellung: Thomas A. J. Oebbecke)

Beim Stromverbrauch pro Kopf zeigen sich dann aber schon deutliche Unterschiede zwischen den G20-Staaten. So verbrauchen die Einwohnerinnen und Einwohner in Kanada mehr als 14-mal so viel Strom wie Menschen in Indonesien oder Indien. In Deutschland, Kanada, dem Vereinigten Königreich und Südafrika (2020) ging der Stromverbrauch pro Kopf zwischen 1990 und 2021 zurück. In allen G20-Staaten außer Argentinien, Brasilien, Mexiko, Indien und Indonesien lag er aber weiterhin über dem globalen Durchschnitt.[12]

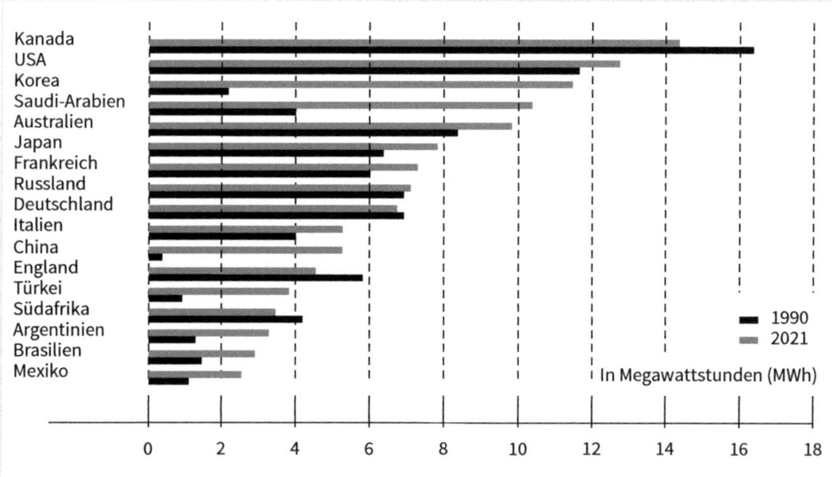

Abb. 10: Stromverbrauch pro Land und Einwohner[13] (Darstellung: Thomas A. J. Oebbecke)

11 IEA Statistische Bundesamt (Destatis) 2023. Datenstand: Mai 2023.

12 https://www.destatis.de/DE/Themen/Laender-Regionen/Internationales/Thema/allgemeines-regionales/G20/_inhalt.html, zugegriffen am 02.11.2023.

13 IEA Statistische Bundesamt (Destatis) 2023. Datenstand: Mai 2023.

Ein weiterer Indikator ist die Betrachtung der Energieintensität der Wirtschaft. Diese wird beispielsweise durch die Internationale Energieagentur (IEA) analysiert und beurteilt. Dabei geht es um die Frage, wie viel Energie zur Erzielung der wirtschaftlichen Leistung eingesetzt werden muss. Die Russische Föderation benötigte für die Erwirtschaftung von einem internationalen US-Dollar ihres Bruttoinlandsproduktes (BIP) 0,46 Kilogramm Rohöleinheiten und ist damit der absolute weltweite Spitzenreiter. Deutschland und Italien liegen dagegen mit jeweils 0,07 Kilogramm Rohöleinheiten eher im moderaten Bereich.

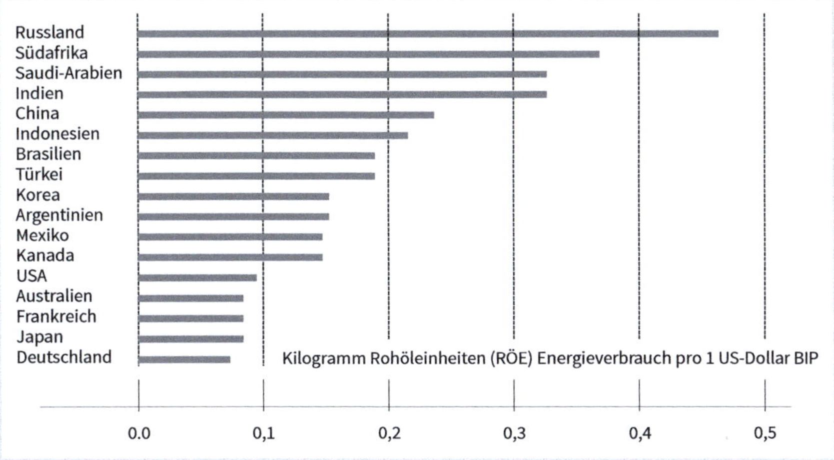

Abb. 11: Energieintensität in Rohöleinheiten je ein US-Dollar BIP 2021[14] (Darstellung: Thomas A. J. Oebbecke)

Fazit

Am Ende des Tages geht es um den grundsätzlichen Einsatz regenerativer Energien. Nur diese bieten die Möglichkeit, sauber und nachhaltig Strom zu produzieren, um die Umwelt zu schützen, eine resiliente Energieversorgung sicherzustellen und zukunftssichere wirtschaftliche Chancen zu schaffen. Es ist entscheidend, den Übergang zu regenerativen Energien aktiv zu fördern und Hindernisse wie Kosten und Beschränkungen im Bereich der Infrastruktur zu überwinden, um die positiven Auswirkungen für die Menschen und den Planeten zu maximieren.

3.4 Demografie und Energiebedarf

Die Bevölkerungsentwicklung wird einen erheblichen Einfluss auf den Strombedarf haben. Das Verhältnis zwischen Bevölkerungswachstum und Stromnachfrage ist

14 IMF-WEO, OECD Statistische Bundesamt (Destatis) 2023. Datenstand Oktober 2022. https://www.destatis.de/DE/Themen/Laender-Regionen/Internationales/Thema/allgemeines-regionales/G20/_inhalt.html, zugegriffen am 02.11.2023.

komplex und hängt von verschiedenen Faktoren ab. Bei einer konstant zunehmenden Weltbevölkerung benötigen mehr Menschen Energie für ihre täglichen Bedürfnisse, für Beleuchtung, Heizung, Kühlung, Elektronik oder industrielle Zwecke.

Die Tendenz, vom Land in städtische Ballungsräume zu ziehen, geht grundsätzlich mit einem erhöhten Strombedarf einher und hat signifikante Auswirkungen auf die Energieintensität. Der Begriff »Energieintensität« bezieht sich auf den Energieverbrauch pro Einheit wirtschaftlicher Aktivität oder pro Kopf. Die Energieintensität misst also, wie viel Energie für die Erzeugung von Waren und Dienstleistungen oder pro Person benötigt wird. Eine höhere Energieintensität bedeutet, dass mehr Energie für eine gegebene wirtschaftliche Aktivität oder Bevölkerungszahl erforderlich ist. Wenn also mehr Menschen in der Stadt wohnen, steigt beispielsweise der Bedarf an elektrischer Energie für Wohnungen, Gewerbe, Industrie und den öffentlichen Verkehr. Städtische Gebiete haben eine dichtere Infrastruktur, die Energie benötigt. Dazu gehören Beleuchtung, Verkehrssysteme, Kommunikationsnetze und andere Dienstleistungen.

Auch ein steigender Lebensstandard wird den individuellen Stromverbrauch zusätzlich erhöhen – das zeigen die Erfahrungswerte der Vergangenheit. Menschen und Gesellschaften mit höherem Einkommensniveau neigen weltweit dazu, grundsätzlich mehr Energie zu verbrauchen – sei es in Form von größeren Wohnungen, Klimatisierung, Elektrogeräten, Telekommunikation oder Mobilität.

Diese Erhöhung des Strombedarfs kann durch Energieeffizienzmaßnahmen abgemildert werden. Die Einführung energieeffizienter Technik und Praktiken würde den Anstieg des Strombedarfs pro Person verlangsamen. Der Übergang zu erneuerbaren Energien und anderen kohlenstoffarmen Energiequellen kann den Anstieg des Strombedarfes ebenfalls dämpfen und dazu beitragen, die Auswirkungen des Bevölkerungswachstums auf die Umwelt zu minimieren.

Es ist festzuhalten, dass die Beziehung zwischen Demografie und Strombedarf von Region zu Region unterschiedlich ist. In entwickelten Ländern mit stabilen oder rückläufigen Bevölkerungszahlen werden Effizienzmaßnahmen und die Umstellung auf erneuerbare Energien dazu beitragen, den Strombedarf stabil zu halten oder sogar zu senken. In Schwellen- und Entwicklungsländern wird der Bedarf an Energie und Elektrizität jedoch rasant steigen. Daher ist es entscheidend, nachhaltige und energieeffiziente Lösungen zu fördern, um den steigenden Strombedarf in den Griff zu bekommen und die Umweltauswirkungen gleichzeitig zu minimieren.

Für Deutschland wurde bisher angenommen, dass 2045 hier noch 78 Millionen Menschen leben. Die aktuellen Zahlen zeigen jedoch ein anderes Bild. Wie das Statistische Bundesamt (Destatis) mitteilt, lebten zum Jahresende 2022 gut 84,4 Millionen Personen in Deutschland. Die Bevölkerung ist im Jahr 2022 um 1,3 % (+1.122.000 Personen) gewachsen, nachdem sie im Vorjahr nur einen leichten Anstieg um 0,1% verzeichnete (+82.000 Personen). Diese Entwicklung ist auf einen deutlichen Anstieg der zugewanderten Personen (1.455.000) zurückzuführen (2021: 329.000), vor allem bedingt durch die Fluchtbewegungen aus der Ukraine. Gleichzeitig sind auch im Jahr 2022 wie in den Vorjahren mehr Menschen gestorben als geboren wurden: Es wurden 327.000 Sterbefälle mehr registriert im Vergleich zu Geburten (2021: 228.000). Die Bevölkerungszahlen basieren auf dem Zensus 2011.

Nach der Veröffentlichung der Ergebnisse des Zensus 2022 wird die Grundlage der Bevölkerungsfortschreibung aktualisiert. Stand 30. Juni 2023 hat die Bevölkerung im zweiten Quartal wie in den beiden vorangegangenen Quartalen um jeweils 0,1% zugenommen (+50.000 Personen). Nach dem starken Wachstum in den ersten drei Quartalen 2022 vor dem Hintergrund der Fluchtbewegung aus der Ukraine (1. und 2. Quartal 2022 +0,6% beziehungsweise +0,5%; 3. Quartal: 0,2%) hat sich die Bevölkerungsentwicklung somit stabilisiert.[15]

Mittelfristig ist jährlich mit mehr als 700.000 Geburten und etwas weniger als 1.000.000 Sterbefällen zu rechnen, wobei diese Zahl tendenziell zunehmen wird. Hinzu kommt eine starke Abwanderung. Diese Abwanderung war durch die Coronapandemie nur unterbrochen und bewegt sich nun in Richtung von 1.500.000 Menschen jährlich.

Bevölkerungswachstum entsteht in Deutschland nur durch Zuwanderung mit den bekannten Spitzen 2015 und 2022 durch die Kriege in Syrien und der Ukraine. Die weitere Entwicklung ist davon abhängig, wie die Zuwanderungsfrage auf europäischer Ebene behandelt wird. Wanderungs- und Fluchtbewegungen aufgrund von Klimawandel, Kriegsgeschehen und Armut könnten zwischen 2040 und 2050 nicht mehr (wie aktuell) nur 1% der Weltbevölkerung, sondern mehr als 5% umfassen. Das wird das Leben und die Gesellschaften in Europa grundlegend verändern.

Fazit

Insgesamt zeigt sich, dass der Einfluss der Demographie auf den Strombedarf sehr komplex und vielschichtig ist und von verschiedenen Faktoren abhängt. Die gezielte Förderung von Energieeffizienz, erneuerbaren Energien und nachhaltigen Lebensstilen wird dazu beitragen, die steigende Nachfrage nach Strom in Einklang mit den Umweltzielen zu bringen.

15 https://www.destatis.de/DE/Themen/Gesellschaft-Umwelt/Bevoelkerung/Bevoelkerungsstand/aktuell-quartale.html, zugegriffen am 03.11.2023.

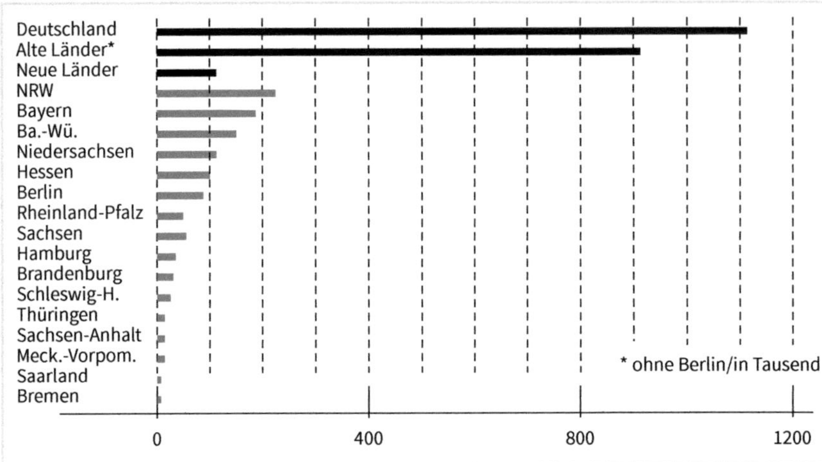

Abb. 12: Veränderung der Bevölkerungsentwicklung der Bundesrepublik Deutschland zwischen 2021 und 2022[16] (Darstellung: Thomas A. J. Oebbecke)

3.4.1 Verdoppelung des jährlichen Strombedarfs

Die anstehende Neuordnung der Stromversorgung von Unternehmen, Behörden und Haushalten in Deutschland bedeutet allerdings auch bei einer schrumpfenden Bevölkerung mehr als eine Verdoppelung des jährlichen Strombedarfs auf 1.000 bis 1.200 TWh. Deshalb sind die meisten Gebäude idealerweise mit der Brückentechnologie Wärmepumpen auszustatten, Verbrennungsantriebe für Verkehrszwecke sind grundsätzlich zu ersetzen, Wasserstoff soll zur Stromspeicherung dienen.[17]

Um dem Klimawandel wirksam zu begegnen, ist es dringend erforderlich, die Nutzung von Wasserkraft, Windkraft, Sonnenlicht und Pflanzenstoffen weltweit in erheblichem Umfang und kontinuierlich auszubauen. Gleichzeitig müssen die entwickelten Länder ihren Bedarf an Rohstoffen, Wasser und Bodenfläche deutlich einschränken.

Lässt sich das tatsächlich umsetzen? Das hängt davon ab, ob und wie gerade entwickelte Gesellschaften aus der Fortschritts- und Wohlstandsfalle herausfinden. Der britische Wirtschaftswissenschaftler William S. Jevons (1835–1882) erkannte schon früh: Mit immer besseren, leistungsfähigeren Maschinen können immer noch mehr und noch preisgünstigere Waren erzeugt werden. Jegliche Einsparung oder Kostensenkung führt aber dazu, dass in der betreffenden Volkswirtschaft mehr verbraucht wird (Jevons-Paradoxon, Rebound Effect). Das galt einst vor allem für Kohle, Erdöl und Gas.

---

16 https://www.destatis.de/DE/Presse/Pressemitteilungen/2023/06/PD23_235_12411.html zugegriffen am 03.11.2023

17 Quelle: Prognos/Öko-Institut/Wuppertal-Institut 2021, Stolten u.a. 2022, acatech u.a. 2023

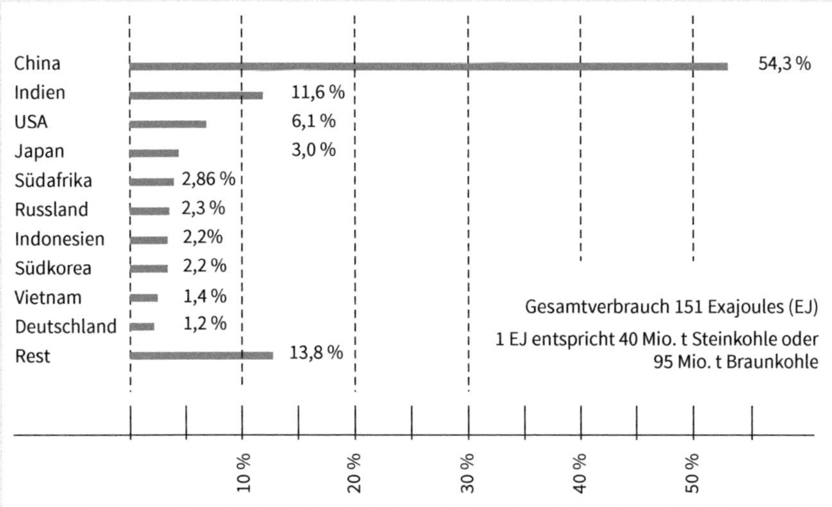

Abb. 13: Verbrauch von Kohle weltweit[18] (Darstellung: Thomas A. J. Oebbecke)

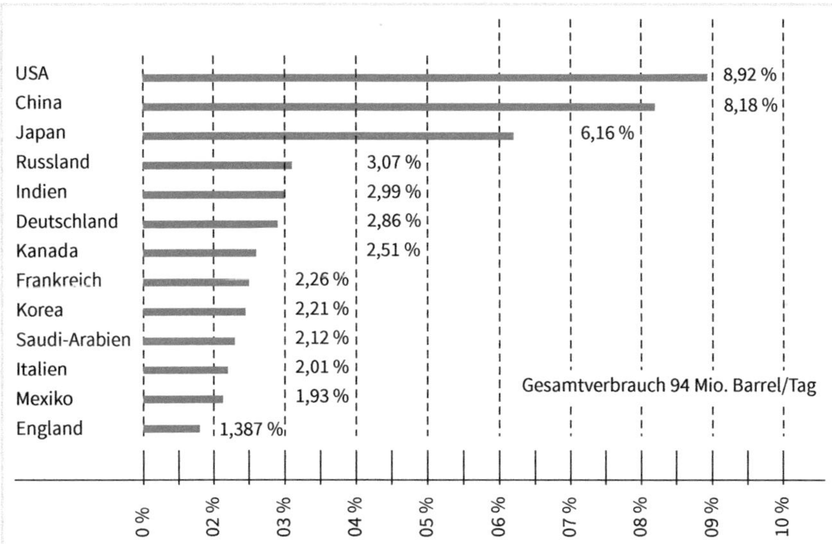

Abb. 14: Weltweiter Anteil am Ölverbrauch pro Land[19] (Darstellung: Thomas A. J. Oebbecke)

18 BP Statistical Review of the World Energy 2020
19 BP Statistical Review of the World Energy 2022

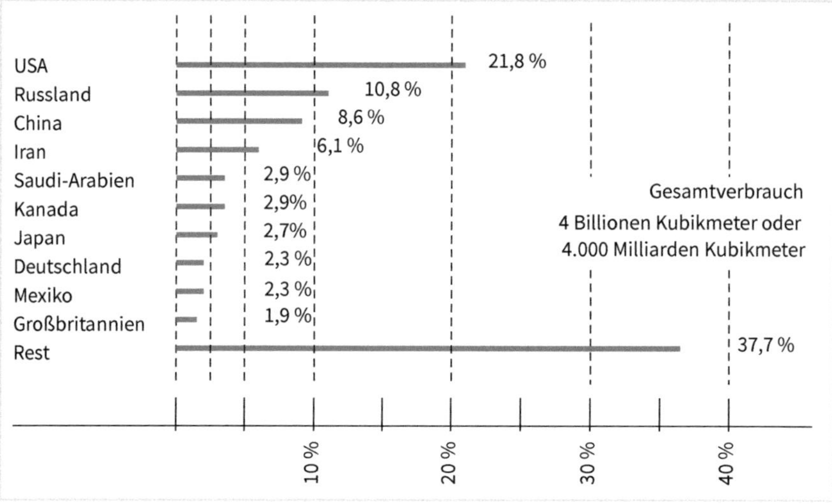

Abb. 15: Verbrauch von Erdgas weltweit[20] (Darstellung: Thomas A. J. Oebbecke)

Anders ausgedrückt: Werden Geräte immer sparsamer, nimmt gleichzeitig die Zahl der Maschinen und Geräte in Unternehmen und Haushalten zu. Das rasch steigende Bevölkerungswachstum, mehr Konsum und der zunehmende Ausstoß von Waren führt zu einem immer höheren Strombedarf. Dies wurde 1980 von den US-amerikanischen Wirtschaftswissenschaftlern J. Daniel Khazzoom (*1933) und Leonard Brookes (1919–2016) für das 20. Jahrhundert bestätigt.[21] Die Bedeutung der Elektrifizierung für die Moderne wurde bereits faktenreich beschrieben (Bodanis 2005, Webber 2019). Vorhersagen sind bekanntlich schwierig, da sie die Zukunft betreffen: Heutige Entwicklungen fortgeschrieben, würde allein die Vernetzung (Informations- und Kommunikationstechnik, IKT) in den entwickelten Ländern ab 2035 die Hälfte des verfügbaren Stroms beanspruchen,[22] eine absurde Entwicklung.

Was wären mögliche Lösungsansätze, um diesen Trend aufzuhalten? Die meisten Lösungen sind bereits bekannt und werden in zunehmendem Umfang umgesetzt, um den Stromverbrauch trotz wachsender Bevölkerung und steigender Nachfrage nach elektrischer Energie zu reduzieren. Die stetige Verbesserung der Energieeffizienz durch den Einsatz entsprechender Technologien und Praktiken in Haushalten, Unternehmen und Industrien ist genauso Teil der Lösung wie der Umbau der Gesellschaft weg von einer linearen und ausschließlich auf Ausbeutung basierenden Weltwirtschaft hin zur Kreislaufwirtschaft. Die Förderung von Recycling und Wiederverwendung wird zusammen mit dem Trend zur Energieeffizienz die Herstellung und die Betriebskos-

20 BP Statistical Review of the World Energy 2022
21 Khazzoom-Brookes Postulat
22 Quelle: Andrae & Endler 2015, Reinsel u. a. 2018, Cisco 2020

ten aller neuen Produkte verringern. Die schon erwähnten Neuentwicklungen (Smart Grids) in Verbindung mit dem Ausbau von intelligenten Stromnetzen bilden zusammen mit der Aufklärung der Bevölkerung zum Thema Energieeffizienz und nachhaltige Praktiken einen weiteren Baustein. Gesetzliche Vorschriften und Anreize seitens der Regierungen im Verbund mit kontinuierlicher Forschung und Entwicklung von Technologien und Lösungen zur Reduzierung des Stromverbrauchs werden Anreize schaffen, um Maßnahmen zur Energieeffizienz zu fördern. Entscheidend wird aber auch sein, wie sehr die Menschen in der Lage sind, ihr Konsumverhalten und damit ihre Denkweise zu verändern. Der berühmte Satz »less is more« von Ludwig Mies van der Rohe bekommt hier eine ganz neue ganzheitliche, auf Gesellschaft und Leben bezogene Bedeutung. Oder wie ich es gern formuliere: »Höher, schneller, weiter« ist eben nur ein angebrachtes Leitmotiv für die Olympischen Spiele. Es ist mitnichten zielführend für das Überleben der Menschheit.

Fazit

Es müssen also beide Dinge zusammenkommen und wirken: ein völlig neues globales, auf Werten basierendes Mindset sowie Maßnahmen und Entwicklungen, die dazu beitragen, den steigenden Bedarf an Strom auf nachhaltige Weise zu decken und gleichzeitig die Umweltauswirkungen zu minimieren.

3.4.2 Abhängigkeiten und Notfallvorsorge

Eine hohe Abhängigkeit von der Stromversorgung und der allgemeinen Vernetzung bedeutet auch eine erhebliche Störanfälligkeit und Verletzlichkeit von Siedlungsräumen. Die Absicherung der Stromversorgung gegen Störgrößen wie Sabotage, Naturkatastrophen und andere unvorhersehbare Ereignisse ist entscheidend, um die Zuverlässigkeit des Stromnetzes zu gewährleisten.

Hierbei geht es zuallererst um die Sicherheit der Infrastruktur. Die Sicherheit von Kraftwerken, Umspannwerken und Übertragungsleitungen ist zwingend. Dies umfasst den Schutz vor unerlaubtem Zugang, Sabotage oder Vandalismus und wird in der Regel durch Sicherheitsmaßnahmen wie Zäune, Überwachungskameras und Zugangskontrollen gewährleistet.

Ein wichtiges Konzept in der Stromversorgungssicherheit ist das Schaffen redundanter Systeme. Dies bedeutet, dass alternative Stromquellen und Übertragungswege vorhanden sind, falls ein Teil des Netzes ausfällt, um zu verhindern, dass Störungen in einem Bereich das gesamte Netz beeinträchtigen. Die Implementierung von Frühwarnsystemen und ständiger Überwachung ermöglicht es, auf potenzielle Störungen oder Sicherheitsprobleme frühzeitig zu reagieren. Dies kann den Schutz bei Naturkatastrophen wie Stürmen oder Überschwemmungen verbessern.

Von entscheidender Bedeutung für die Sicherheit des Stromnetzes ist der Schutz vor Cyberangriffen. Dies erfordert die Implementierung von Sicherheitsmaßnahmen wie Firewalls, Intrusion-Detection-Systemen und Schulungen der Mitarbeitenden. Die Entwicklung von Notfall- und Wiederherstellungsplänen gehört ebenso zu den Standardvorgaben wie die Koordination von Rettungs- und Wiederherstellungsmaßnahmen.

Investitionen in eine widerstandsfähige Infrastruktur erhöhen die Widerstandsfähigkeit des Stromnetzes insgesamt. Dies kann den Einsatz von stärkeren Materialien, höheren Masten und besseren Isolatoren umfassen. Die Sicherung der Stromversorgung vor Störgrößen hat erhebliche Auswirkungen auf die Gesellschaft und die Wirtschaft. Ein zuverlässiges Stromnetz ist für den Betrieb von Unternehmen sowie die Versorgung von Haushalten, Gesundheitseinrichtungen und Kommunikationssystemen essenziell. Stromausfälle können schwerwiegende Auswirkungen haben, einschließlich finanzieller Verluste sowie der Beeinträchtigung der öffentlichen Sicherheit und des täglichen Lebens. Daher ist es unerlässlich, massiv in den Ausbau, die Sicherheit und Widerstandsfähigkeit der Stromversorgungsinfrastruktur zu investieren.

Das ist alles Standard und nicht neu. Die tatsächliche Bedrohung liegt in länger andauernden und großräumigen Stromausfällen, den sogenannten Blackouts. Aus Fachkreisen wird seit Jahren darauf hingewiesen, dass solche massiven Stromausfälle je nach Dimension des Blackouts nicht nur eine Gesellschaft, sondern gleich ganze Wirtschaftsräume und Kontinente an den Rand von Anarchie bringen können (Reichenbach u.a. 2008): »Jede Gesellschaft ist nur drei volle Mahlzeiten von der Anarchie entfernt«, heißt eine der vielen Kalenderweisheiten von St. Piran (John Ironmonger, Der Wal und das Ende der Welt).

Erfahrungen mit großflächigen Ausfällen konnten bereits gesammelt werden (Münsterland/November 2005, Emsland/November 2006 sowie etliche Vorfälle in anderen Ländern). Überlastungen des Netzes, Störfälle in Kraftwerken, Wetterereignisse, aber auch gezielte Schadeinwirkungen (Sabotage, Terrorismus) lassen aus örtlichen Vorkommnissen im Einzelfall eine umfassende Krise werden (Kraus 2021). Großstädte, Verkehrstrassen, Versorgungsleitungen sowie Kraftwerke sind naheliegende Ziele in Zeiten mit angespannter Sicherheitslage. Die Notstromversorgung ist vielerorts nach wie vor stark verbesserungsbedürftig (Schulz u.a. 2015, BBK 2019). Der elementarste Schutz besteht darin, die globale, aber vor allen die lokale Störanfälligkeit durch vielschichtige und idealerweise autark laufende dezentrale Versorgungssysteme zu mindern. Das heißt: weg von zentralen Versorgungssystemen und Erzeugereinheiten. Das künftige Stromnetz muss also noch stärker, kleinteiliger und vernetzt sein.

An dieser Stelle kommen unsere Dächer und die Solartechnologie zum Tragen. Ein wachsendes Netz an Stromproduzenten bei gleichzeitigem Verbrauch der benötigten eigenen Energiemengen pro Tag und Einheit vor Ort macht unser System nicht nur resistent gegen natürliche oder durch Menschenhand bedingte Einwirkungen von außen, sondern sie lässt die Netzversorgung zur Redundanz- und Ausgleichinfrastruktur werden. Hier ist wieder auf den zielführenden Einsatz von intelligenten Netzen und KI hinzuweisen.

So gedachte Systeme machen aufwendige Projekte wie den Energietransport aus dem Wind- und Solarpark der Nordsee über Tausende Kilometer nach Bayern und Baden-Württemberg obsolet. Man könnte die immens hohen Summen für diese Investitionen, die heute leider noch politisch forciert werden, deutlich effektiver in Fördersummen für Photovoltaikanlagen in privaten Haushalten und in den Ausbau weiterer regenerativer Energieproduktionsarten stecken, die günstiger und technologisch deutlich weniger komplex sind.

Der Trend zur Montage von Photovoltaikanlagen gerade im privaten Bereich verstärkt sich stetig. So kann man in der Pressemitteilung Nr. N 037 vom 21. Juni 2022 des Statistischen Bundesamtes lesen:

- 2,2 Millionen Photovoltaikanlagen in Deutschland installiert
- installierte Leistung im März 2022 bei 58.400 Megawatt, ein Plus von knapp 10% gegenüber dem Vorjahresmonat
- Stromeinspeisung aus Photovoltaik im 1. Quartal 2022 um 34,7% gestiegen gegenüber dem 1. Quartal 2021

Wie das Statistische Bundesamt (Destatis) mitteilt, nahm damit die Zahl der Anlagen gegenüber dem Vorjahresmonat (Juni 2021) um 10,1% zu, die installierte Leistung stieg binnen Jahresfrist um 9,7%. Im Januar 2018, als die Zahl erstmalig erhoben wurde, waren es gut 1,7 Millionen Anlagen mit einer Nennleistung von 42.300 Megawatt. Seitdem stieg die Zahl der Anlagen um knapp 34,0%, während sich die installierte Leistung um 38,3% erhöhte.[23] 58.400 Megawatt sind 58,4 Gigawatt oder 0,0584 Terawatt. Laut Statista betrug der Nettostromverbrauch in Deutschland im Jahr 2022 rund 490,6 Terawattstunden.[24] Im EEG 2023 ist ein PV-Ausbau auf 215 Gigawatt Peak (GWp) bis 2030 und auf 400 GWp bis 2040 vorgesehen.[25] Wir bräuchten also in den verbleibenden sieben Jahren einen Kapazitätsausbau von 156,6 Gigawatt. Das wären 22,4 Gigawatt pro Jahr bei einer linearen Wachstumsannahme. Laut Messung haben wir aber in der Zeit von 2018 bis 2021 lediglich 16,1 Gigawatt, also 5,3 Gigawatt pro Jahr geschafft.

23 https://www.destatis.de/DE/Presse/Pressemitteilungen/2022/06/PD22_N037_43.html, zugegriffen am 03.11.2023.

24 https://de.statista.com/statistik/daten/studie/164149/umfrage/netto-stromverbrauch-in-deutschland-seit-1999/#:~:text=Nettostromverbrauch%20in%20Deutschland%20bis%202022&text=Der%20Begriff%20Nettostromverbrauch%20bezeichnet%20die,%2C8%20Megawattstunden%20(brutto), zugegriffen am 03.11.2023.

25 Aktuelle Fakten zur Photovoltaik in Deutschland, Harry Wirth, Fraunhofer ISE, Download von www.pv-fakten.de, Fassung vom 27.09.2023.

Dies entsprach in etwa 166.000 Photovoltaikanlagen pro Jahr. Benötigt wird jährlich ab jetzt das 4,2-Fache im Vergleich zum Stand 2022 – also knapp 700.000 Photovoltaikanlagen pro Jahr. Was dies für die staatliche Förderung und für die Bereitschaft der Bevölkerung bedeutet, diese Angebote anzunehmen und umzusetzen, wird durch die Zahlen deutlich. Selbst wenn wir diese Abhängigkeit meistern, die jetzt nicht zum Blackout führt, sondern lediglich zum Verfehlen unseres eigenen bundesrepublikanischen Klimafahrplans, bleiben technische Abhängigkeiten in einer dezentralen Netzinfrastruktur, die es zu betrachten gilt.

Ein Stromnetz gleich welcher Komplexität oder Größe muss einerseits den Besonderheiten der angebotenen Stromressourcen genügen und andererseits einen zeitnahen Lastausgleich gewährleisten können. Die engmaschige Überwachung und Steuerung erlaubt im Ernstfall ein schnelles Auskoppeln einzelner Netzmaschen und Versorgungsstränge, um das Gesamtnetz zu schützen. Eine Entzerrung der Strom- und Wärmeversorgung in viele örtlich verteilte kleine Einheiten ist zielführend – seien es Windkraft- oder Wärmepumpenanlagen, Photovoltaik- oder Solarthermieanlagen. Dazu brauchen wir eine rechtlich abzusichernde Möglichkeit der Selbstversorgung, insbesondere von Unternehmen, Behörden, aber auch von einzelnen Ortschaften oder Liegenschaften inklusive einer Neuorganisation der veralteten Einspeise- und Rückbezugsmechanismen. Ziel ist dabei größtmögliche Autarkie.

Fazit

Die Resilienz der Stromnetze gegenüber Störanfälligkeit ist von zukunftssichernder Bedeutung, um die Energieversorgung in Notfällen aufrechtzuerhalten und die Auswirkungen von Störungen zu minimieren. Dies erfordert eine umfassende Strategie, die technische, organisatorische und gesellschaftliche Aspekte berücksichtigt, um von der Abhängigkeit von einzelnen wenigen Kraftquellen zu einer dezentralen, flächendeckenden, zuverlässigen und störungsresistenten Stromversorgung zu gelangen.

3.5 Herausforderungen für die Immobilienwirtschaft

Der Einmarsch der russischen Armee in die Ukraine am 20. Februar 2022 hatte auch für die Welt der Immobilienwirtschaft weitreichende Folgen. Die durch den Ukraine-Krieg ausgelöste Energiekrise in Deutschland und die sich daraus ergebende politische Notwendigkeit, sich von russischem Gas und Öl binnen Jahresfrist 2022 schnellstmöglich unabhängig zu machen, hatte ihren Preis:

- Preisexplosionen im Energiesektor
- eine daraus resultierende Inflation
- rasche und sukzessive Zinsanhebungen nach mehr als zehn Jahren Niedrigzinspolitik

- eine daraus resultierende Flucht des Anlagekapitals aus der Assetklasse Immobilie in lukrativere Assetklassen wie die Rüstungsindustrie
- Zusammenbruch der Bauinitiativen und Projektentwicklungen vor allem in der Fertigstellung von ca. 280.000 Wohnungen für 2022, 242.000 für 2023 und 214.000 für das Jahr 2024[26]

Diese Entwicklung sorgte für weitreichende Turbulenzen. Zahlreiche etablierte Projektentwicklungsfirmen, Motoren und für nachhaltiges Baugeschehen in Deutschland, wurden im Sommer 2023 insolvent. Projekte, die in den Verkauf oder an Investoren gehen sollten, bekamen keine realistischen Zwischenfinanzierungen für neu aufzunehmende Zinsen, ursprüngliche Finanzplanungen wurden gesprengt. Prominentestes Beispiel ist das Unternehmen Vonovia. Mit Nachricht vom 03.11.22023 stellte der Immobilienkonzern Wohnungen im Wert von rund 13 Milliarden Euro zur Disposition. Damit sollten aktuelle Schulden bedient und das Unternehmen in schwierigen Branchenzeiten krisenfester werden.[27] Auch die österreichische Signa Unternehmensgruppe kam aufgrund der stark gestiegenen Zinsen und der hohen Inflation in Schieflage. Mehrere große Bauprojekte wurden gestoppt, die Geldgeber rebellierten. Zur Signa Holding gehört neben Prestige-Immobilien in deutschen Innenstädten auch die Warenhauskette Galeria. Mehrere große Bauprojekte des Konzerns wie der Elbtower in Hamburg oder das Carsch-Haus in Düsseldorf wurden wegen offensichtlicher Finanzierungsprobleme gestoppt.[28]

Besserung ist nicht in Sicht, denn es handelt sich anders als 2008 nicht um eine Immobilien-Spekulationsblase, sondern um ein grundsätzliches strukturelles Problem. Die Rahmenbedingungen, in denen das Investmentgeschäft seit jener Krise sehr gut funktioniert, sind nicht mehr synchronisiert. Diese Krise lässt sich anders als damals nicht mit Investment oder Stützungsaktionen der Bundesregierung regulieren. Notwendig wären

- stabile und mittelfristig verlässliche Zinsverhältnisse,
- eine dauerhafte deutliche Bremsung der Inflation und die Rückkehr zu stabilen Verhältnissen,
- eine dauerhafte Konsolidierung der Preise für Baumaterialien und Dienstleistungskosten sowie
- das proaktive Mitwirken und die Übernahme von Verantwortung der Baukredit gebenden Banken.

---

26 https://www.handelsblatt.com/politik/deutschland/immobilien-zahl-neuer-wohnungen-wird-2023-stark-zurueckgehen/28928522.html, zugegriffen am 03.11.2023.

27 https://www.tagesschau.de/wirtschaft/unternehmen/vonovia-wohnungen-verkauf-schulden-immobilien-100.html, zugegriffen am 03.11.2023.

28 https://www.tagesschau.de/wirtschaft/unternehmen/benko-signa-haselsteiner-elbtower-100.html, zugegriffen am 03.11.2023.

Statt kurzfristige Profite über alles andere zu stellen, gilt es, der Baubranche größtmöglichen (Spiel-)Raum zu verschaffen für eine mittel- und langfristige Entwicklungstätigkeit. Hier wären eigentlich auch »Nullrunden« bei den Wachstumszielen empfehlenswert, anstatt das Maximale bei der Gewinnoptimierung herauszupressen.

Die Immobilienbranche in Deutschland steht also vor sehr großen Herausforderungen – einschließlich steigender Mieten, Wohnungsnot, Nachhaltigkeitsanforderungen und grundsätzlichen strukturellen Problemen. Es ist wichtig zu betonen, dass die Lösung der Krise in der deutschen Immobilienbranche eine komplexe Aufgabe ist, die eine Vielzahl von zeitgleichen Maßnahmen und Ansätzen erfordert. Eine enge Zusammenarbeit zwischen Regierung, der Immobilienbranche und der Zivilgesellschaft ist entscheidend, um langfristige Lösungen zu entwickeln und einen Weg aus der Krise zu finden. Von entscheidender Bedeutung ist hierbei, dass die Bedürfnisse der Zivilgesellschaft und die Sorgen der Bevölkerung berücksichtigt werden.

Der Mangel an bezahlbarem Wohnraum ist das dringlichste Problem. Die Bundesregierung hat das Programm »Bündnis bezahlbarer Wohnraum« aufgelegt. Ziel dieser Initiative ist es, ein Maßnahmenpaket für zusätzliche Investitionen für den Wohnungsbau sowie zur wirtschaftlichen Stabilisierung der Bau- und Immobilienbranche zu etablieren. Bei der Wohneigentumsförderung für Familien wird beispielsweise die Einkommensgrenze einer Familie mit einem Kind deutlich von 60.000 auf 90.000 Euro erhöht, was den Kreis der förderfähigen Projekte erweitert. Darüber hinaus können künftig je weiteres Kind bis zu 10.000 Euro hinzuverdient werden. Dazu kommt ein vom Bund aufgelegtes Wohneigentumsprogramm »Jung kauft Alt« für den Erwerb von sanierungsbedürftigen Bestandsgebäuden (siehe auch unten). Gleichzeitig soll der Umbau von leerstehenden Büros und Läden zu Wohnungen in den kommenden Jahren mit 480 Millionen Euro unterstützt werden.[29] Die Mittel hierfür kommen aus dem Klima- und Transformationsfonds (KTF). Die Bereitstellung von dauerhaft bezahlbarem Wohnraum wird ab 2024 durch die Einführung einer »Neuen Wohngemeinnützigkeit« gefördert. Das Baugesetzbuch wird angepasst und durch eine Sonderregelung wird es Städten und Kommunen mit angespannten Wohnungsmärkten bis Ende 2026 ermöglicht, den Bau von bezahlbarem Wohnraum vereinfachter und beschleunigter zu planen. Insgesamt wurden die folgenden 14 Maßnahmenpakete beschlossen, die zur Konjunkturbelebung der Bau- und Immobilienbranche beitragen sollen – mit allen daraus resultierenden Effekten. Alle 14 dargestellten Maßnahmen werden im Folgenden aus dem Kurz-Exposee der Bundesregierung sinngemäß gekürzt zitiert.[30]

29 Quelle: https://www.bmwsb.bund.de/SharedDocs/pressemitteilungen/Webs/BMWSB/DE/2023/09/buendnis.html, zugegriffen am 03.11.2023.

30 https://www.bmwsb.bund.de/SharedDocs/downloads/Webs/BMWSB/DE/veroeffentlichungen/pm-kurzmeldung/massnahmenpaket_bezahlbarer_wohnraum.html, zugegriffen am 03.11.2023.

Nähere Informationen zu den 14 Programmpunkten der Bundesregierung erhalten Sie unter: https://www.bmwsb.bund.de/SharedDocs/topthemen/Webs/BMWSB/DE/Massnahmenpaket-bauen/massnahmenpaket-artikel.html

1. Degressive Abschreibung (AfA)

Im Rahmen des Wachstumschancengesetzes wird eine degressive AfA in Höhe von jährlich 6% für neu errichtete Wohngebäude eingeführt. Die Regelung sieht keine Baukostenobergrenzen vor und es kann ab einem Effizienzstandard von EH 55 gebaut werden. Die degressive AfA gilt für Gebäude, die Wohnzwecken dienen und mit deren Herstellung nach dem 30. September 2023 und vor dem 1. Oktober 2029 begonnen wird. Erstmals soll nicht der Bauantrag das entscheidende Kriterium für die Gewährung der degressiven AfA sein, sondern der angezeigte Baubeginn. Die degressive AfA ergänzt die Erhöhung der linearen AfA von 2 auf 3% und die Sonder-AfA für besonders klimafreundlichen Mietwohnungsneubau.

2. Verankerung von EH 40 als verbindlicher gesetzlicher Neubaustandard wird ausgesetzt

Die Regelung zur Einführung von EH 55 als Standard wurde zum 1. Januar 2023 in einem ersten wichtigen Schritt für Neubauten umgesetzt. Mit der Verabschiedung des Gebäudeenergiegesetzes (GEG) ist sichergestellt, dass ab 1. Januar 2024 im Neubau klimaneutral geheizt wird. Der EH-40-Standard als bisher verbindlicher gesetzlicher Neubaustandard wird in dieser Legislaturperiode ausgesetzt. Außerdem werden Förderungen für den Einsatz von nachhaltigen, nachwachsenden Baustoffen und Recyclingmaterial aufgelegt. Bei der für 2024 geplanten Novellierung des Vergaberechts werden Nachhaltigkeitskriterien stärker verankert. Bei den Verhandlungen über die EU-Gebäuderichtlinie (EPBD) sind anspruchsvolle Sanierungsquoten für den gesamten Gebäudebestand vorgesehen, aber verpflichtende Sanierungen einzelner Wohngebäude ausgeschlossen. Die im GEG bereits etablierten bedingten Anforderungen werden zielgerichtet weiter verstärkt.

3. Bau von bezahlbarem Wohnraum für alle vereinfachen und beschleunigen

In den Städten und Kommunen mit angespanntem Wohnungsmarkt wird der Bau von bezahlbarem Wohnraum vereinfacht und beschleunigt. Dazu wird eine an die Generalklausel des § 246 Absatz 14 Baugesetzbuch (BauGB) angelehnte und bis zum 31. Dezember 2026 befristete Sonderregelung geschaffen.

4. Finanzmittel für den sozialen Wohnungsbau

Den Ländern werden im Zeitraum von 2022 bis 2027 Programmmittel in Höhe von insgesamt 18,15 Milliarden Euro für den sozialen Wohnungsbau zur Verfügung gestellt. Jeder Euro des Bundes wird derzeit durch rund 1,50 Euro der Länder kofinanziert.

5. KfW-Neubauprogramme »Klimafreundlicher Neubau« (KFN) und »Wohneigentum für Familien« (WEF)

Die beiden KfW-Neubauprogramme »Klimafreundlicher Neubau« (KFN) und »Wohneigentum für Familien« (WEF) werden attraktiver ausgestaltet. Beim WEF werden die Kredithöchstbeträge um 30.000 Euro angehoben. Außerdem wird die Grenze des zu versteuernden Einkommens, bis zu dem ein zinsvergünstigtes Darlehen beantragt werden kann, von 60.000 Euro/Jahr auf 90.000 Euro/Jahr angehoben.

6. Wohneigentumsprogramm »Jung kauft Alt«

2024 und 2025 wird ein Wohneigentumsprogramm »Jung kauft Alt« für den Erwerb von sanierungsbedürftigen Bestandsgebäuden verbunden mit einer an den BEG-Regeln orientierten Sanierungsauflage aufgelegt. Das Programm wird über die KfW abgewickelt.

7. Umbau von Gewerbeimmobilien zu Wohneinheiten

Deutschlandweit gibt es Leerstand bei Gewerbeimmobilien mit einem Potenzial von bis zu 235.000 neuen Wohneinheiten. Für Immobilienbesitzende und Investierende, die für geeignete Gewerbeimmobilien nach den BEG-Förderbedingungen eine Förderung aus dem Klima- und Transformationsfonds (KTF) in Anspruch nehmen können und den Gewerberaum zu Wohnraum umbauen, wird 2024 und 2025 ein zusätzliches KfW-Förderprogramm mit einem Volumen von insgesamt 480 Millionen Euro aufgelegt.

8. Bauen im Sinne des Gebäudetyps E soll gefördert werden

Bauen muss einfacher, schneller und günstiger werden. Deshalb wird das Bauen im Sinne des Gebäudetyps E gefördert werden, indem die Vertragsbeteiligten Spielräume für innovative Planung vereinbaren. Die Bundesregierung wird eine »Leitlinie und Prozessempfehlung Gebäudetyp E« bis Ende des Jahres vorlegen, um dafür zu sorgen, dass vereinfachtes Bauen rechtssicher gelingen kann. Neben dem bestehenden System der Gebäudeklassen in der Bauordnung können Bauvorhaben dem Gebäudetyp »E«, im Sinne von »einfach bauen« oder »experimentelles Bauen« zugeordnet werden.[31]

9. Vergünstigte Abgabe BImA-eigener Grundstücke für öffentliche Aufgaben sowie den sozialen Wohnungsbau

Die Bundesanstalt für Immobilienaufgaben (BImA) wird die bislang bis Ende 2024 befristete Möglichkeit zur vergünstigten Abgabe BImA-eigener Grundstücke für öffentliche Aufgaben sowie den sozialen Wohnungsbau um weitere fünf Jahre fortführen. Auf dem Grundstücksmarkt wird der Verbilligungsbetrag von bis zu 25.000 Euro pro neu geschaffene Sozialwohnung um 40 % auf 35.000 Euro pro Sozialwohnung angehoben. Der BImA wird es ermöglicht, bei der Bestellung von Erbbaurechten an für Zwecke des

31 https://www.dabonline.de/2022/09/27/gebaeudetyp-e-gebaeudeklasse-einfacher-guenstiger-schneller-bauen-innovationen/#:~:text=Neben%20dem%20bestehenden%20System%20der,zur%20Geb%C3%A4udeklasse%20%E2%80%9EE%203%E2%80%9C, zugegriffen am 05.12.2023

sozialen Wohnungsbaus genutzten Flächen den jährlichen Erbbauzins auf der Grundlage eines verbilligten Verkehrswerts als marktüblichen Erbbauzins zu berechnen.

10. Lärmrichtwerte bei heranrückender Wohnbebauung an Gewerbebetriebe
In der TA-Lärm werden die Lärmrichtwerte als Experimentierklausel bei heranrückender Wohnbebauung an Gewerbebetriebe angehoben. Über die Anwendung der Experimentierklausel entscheidet die Gemeinde im Bebauungsplan.

11. Förderung beim Einbau einer klimafreundlichen Heizungsanlage
Die BEG-Sanierungsförderung fördert den Einbau einer neuen klimafreundlichen Heizungsanlage abhängig vom Einkommen mit 30 bis 75%. Die Bundesregierung erhöht den Speed-Bonus zum Ausbau alter Heizungsanlagen 2024 und 2025 von 20 auf 25% und zieht die geplante degressive Abschreibung vor. Der Speed-Bonus wird 2026 und 2027 um jeweils 5 Prozentpunkte gesenkt werden und danach um 3 Prozentpunkte. Der Speed-Bonus wird zudem zur Entlastung der Mietenden auch auf Wohnungsunternehmen sowie Vermietende ausgeweitet. Die bisherigen Sanierungssätze von 15% als Zuschuss und 20% steuerliche Abschreibung werden jeweils auf 30% angehoben. Im Sinne des Speed-Bonus sinkt der Zuschuss ab 2026 wieder auf 15%, die steuerliche Abschreibung auf 20%.

12. Senkung der Erwerbsnebenkosten
Der Erwerb von selbstgenutztem Wohneigentum wird erleichtert. Es wird eine Senkung der Erwerbsnebenkosten angestrebt, denn die Nebenkosten müssen in der Regel aus dem Eigenkapital erbracht werden. Daher wird die Bundesregierung den Ländern eine flexiblere Gestaltung der Grunderwerbsteuer (z. B. durch einen Freibetrag) ermöglichen.

13. Beschleunigung von Planungs- und Genehmigungsverfahren
Durch die Digitalisierungsnovelle des BauGB werden die Genehmigungsfristen für Bauleitpläne von bisher drei Monaten auf einen Monat verkürzt. Mit den 16 Ländern wird die Bundesregierung noch in diesem Jahr einen »Pakt für Planungs- und Genehmigungs- und Umsetzungsbeschleunigung« abschließen. Die Änderungen in den Landesbauordnungen sind:

- Einmal bereits in einem Land erteilte Typengenehmigungen für das serielle und modulare Bauen erhalten bundesweit Gültigkeit und werden uneingeschränkt gegenseitig anerkannt.
- Es wird befristet bis 2026 in allen Landesbauordnungen eine bundesweit einheitliche Genehmigungsfiktion von drei Monaten eingeführt.
- Nutzungsänderungen von Dachgeschossen zu Wohnzwecken und die Errichtung von Dachgauben werden künftig unter bestimmten Bedingungen in allen Landesbauordnungen genehmigungsfrei sein.
- Regelungen zu Kfz-Stellplatzanforderungen werden in allen Landesbauordnungen vereinheitlicht, verbunden mit dem Ziel, dass die Kfz-Stellplatzpflicht bei Aufstockungen und Ergänzungen im Wohnungsbestand entfällt.

14. Neue Wohngemeinnützigkeit

2024 wird die »Neue Wohngemeinnützigkeit« an den Start gehen, um mit einem neuen Marktsegment dauerhafte Sozialbindungen im Neubau wie im Bestand zu schaffen. Die Bundesregierung strebt dazu Investitionszuschüsse und Steuervorteile an.

Ein weiterer Schlüssel wird sein, dass die Immobilienbranche grundsätzlich auf nachhaltiges Bauen und Sanieren setzt. Dies umfasst die Verbesserung der Energieeffizienz von Gebäuden, den Einsatz umweltfreundlicher Baumaterialien und die Integration erneuerbarer Energietechnologien. Ebenso ist der Einsatz von regulatorischen Maßnahmen seitens der Regierung vorgesehen, die beispielsweise helfen, die Mietpreise zu begrenzen und den Schutz der Mietenden zu stärken. Die Förderung von Wohnungsgenossenschaften, in denen alle gemeinsam die Besitzenden sind, würde dazu beitragen, die Macht von Investoren auf dem Wohnungsmarkt zu reduzieren und langfristig bezahlbaren Wohnraum zu schaffen.[32]

Auch hier werden Digitalisierung und KI in der Immobilienbranche zur Effizienzsteigerung und Verbesserung der Dienstleistungen beitragen. Plattformen zur Vermietung und zum Kauf von Immobilien, intelligente Gebäudetechnik und PropTech-Lösungen wie Gebäudematerialplattformen sind höchst willkommene innovative und nicht mehr aufzuhaltende Trends. Die Stärkung der Nachbarschaft durch die Förderung von Gemeinschaftsprojekten und nachbarschaftlichen Aktivitäten wird dazu beitragen, die Lebensqualität in städtischen Gebieten zu erhöhen und soziale Bindungen zu stärken. Außerdem soll die Infrastruktur, insbesondere im öffentlichen Verkehr konsequent verbessert werden. Die so entstehende neue Lebensqualität in städtischen Gebieten und die damit verbundene neue Attraktivität von Stadtzentren erhöhen die Akzeptanz in der Gesellschaft. Auch öffentlich-private Partnerschaften sind ein bewährtes Mittel, um die Finanzierung von Infrastrukturprojekten und bezahlbarem Wohnraum sicherzustellen.

Fazit

Die Wohn- und Immobilienwirtschaft sitzt anders als 2008 nicht in einer geplatzten Spekulationsblase, bei der die wirtschaftlichen Rahmenbedingungen noch intakt waren, sondern in einer echten, sehr gefährlichen strukturellen Krise und es braucht vielschichtige Anstrengungen sowie das koordinierte Zusammenarbeiten und die Übernahme von Verantwortung aller beteiligten Kräfte. Politik, Wirtschaft und Zivilgesellschaft sind hier gefordert und in der Pflicht.

32 Dies gilt im Übrigen auch für Energiegenossenschaften auf kommunaler Ebene. Egal ob es sich dabei um dörfliche Windparks, Initiativen zur Belegung der Dächer und Freiflächen mit Photovoltaik oder beispielsweise auch um Nahwärmenetze handelt.

3.6 Herausforderungen für die Wohnungswirtschaft

Bei der Grundstücks- und Wohnungswirtschaft zeigt sich die Bedeutung der jeweiligen baufachlichen und wirtschaftlichen Gegebenheiten im Einzelfall. Jede Liegenschaft ist nach Art, Lage und Bauzustand gesondert zu betrachten. Der Zeit- und Kostenansatz für Instandsetzungen und Sanierungen ist in der derzeitigen Lage oft schwierig. Es wirken

- die Preissteigerungen bei Baustoffen sowie bei Handwerks- und Bauleistungen,
- der Fachkräftemangel in vielen Unternehmen,
- die Entwicklung bei Erbschafts- und (derzeit) Grundsteuer,
- die teils geringe Nachfrage in kleinstädtischen oder ländlichen Gegenden sowie
- die kostspieligen Bauauflagen (insbesondere beim Denkmalschutz; im europäischen Rechtsrahmen wird derzeit über eine Sanierungspflicht debattiert).

Bauwerke beanspruchen derzeit innerhalb der Volkswirtschaft fast die Hälfte des Endbedarfs an Energie. Das betrifft die Heizung, Kühlung, Lüftung und Beleuchtung von Gebäuden. Zudem werden gängige Baustoffe wie Zement, Stahl und Glas sehr aufwendig und umweltbelastend hergestellt. Dass Ausbau, Sanierung, Umnutzung und Flächeneinsparung künftig vorrangig, Neubau dagegen nachrangig sein müssen, ist nachvollziehbar. Für die nach Branchenschätzungen eineinhalb bis zwei Millionen leerstehenden Wohnungen werden andere Lösungen gebraucht als öffentlich geförderter Abriss.

Unterschiedliche Zahlen gibt es zur Eignung von Dach- und Fassadenflächen für Photovoltaik in Deutschland. Schätzungen reichen von einigen Hundert bis etwa 1.000 GWp (Solten 2022). Diese pauschalen Abschätzungen berücksichtigen aber nicht

- die baulichen Bedingungen am und im einzelnen Gebäude,
- künftige Verschattungen durch Bautätigkeit auf benachbarten Grundstücken (Fassaden werden in städtischen Siedlungsräumen noch eher verschattet als Dächer) sowie
- die wirtschaftlichen Handlungsspielräume der Eigentümer (zumal eine Umrüstung oft nur im Zusammenhang mit einer Sanierung oder zumindest einer neuen Wärmeversorgung sinnvoll ist).

Die Verbreitung der Photovoltaik wurde hierzulande lange durch eine teils widersprüchliche Gesetzgebung behindert. Es gibt seit Jahren keine vollständigen Fertigungsstrecken für PV-Anlagen mehr in Deutschland – auch hier ist die Abhängigkeit von China groß. Über Jahre wurde nicht hinreichend vermittelt, dass sich mit »Erneuerbaren«, wie mit nachhaltigem Wirtschaften allgemein, Geld sparen und sogar verdienen lässt. Es gibt in Sachen Raumentwicklung und Stadtplanung große Versäumnisse. Die großen Ballungsräume verdichten sich weiter mit der Folge angespannter Wohnungsmärkte, während sich viele ländliche Siedlungsräume immer mehr ausdünnen (Kraus 2023a, 2023b). Es gibt keine großräumige, ganzheitliche Wirtschaftsförderung, die vor allem die Städte mit Bevölkerungszahlen unter 200.000 als Wachstumskerne unterstützt. Das gefährdet bereits heute und erst recht langfristig die grundgesetzlich festgeschriebene Ausgewogenheit der Lebensverhältnisse und auch den Erfolg künftiger Zuwanderung. Es wäre fahrlässig zu glauben, dass Wachstum sich auf einige wenige Großräume beschränken könne.

Fazit

Der hierzulande traditionell körperschaftlich verfasste Staat ist grundsätzlich eine gute Voraussetzung, um die erforderliche Umstellung auf »Erneuerbare« zu steuern. Gleichzeitig kann auch die Wasser- und Stromversorgung in Siedlungsräumen entzerrt und damit kleinteiliger und zukunftssicher gemacht werden. Dies schafft eine gesamträumliche Entwicklung, die langfristig gute Lebensbedingungen ermöglicht.

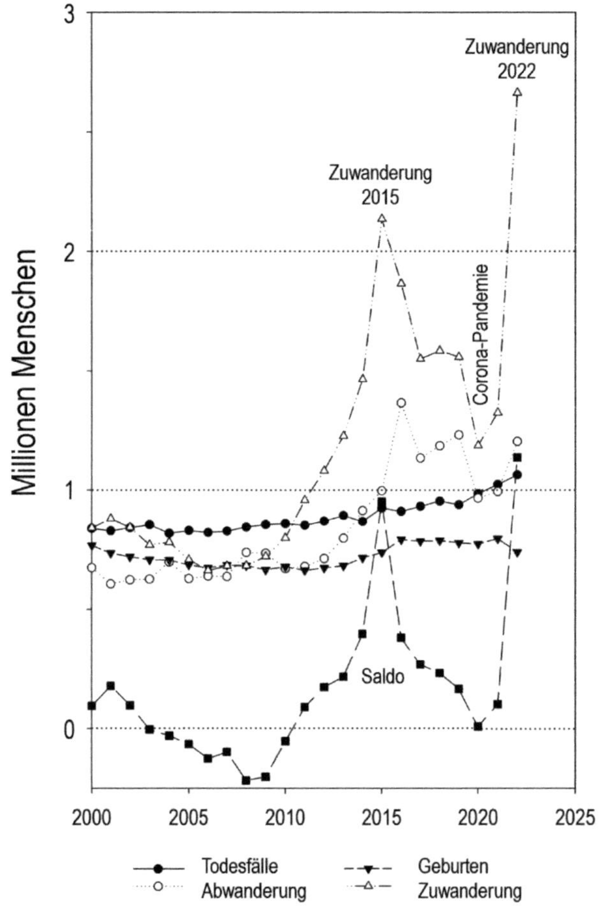

Abb. 16: Bevölkerungsentwicklung der Bundesrepublik Deutschland seit der Jahrtausendwende (Zu- und Abgänge)[33]

33 Statistisches Bundesamt

4 Wie funktioniert die Stromversorgung in Deutschland?

4.1 Strombedarf und Stromversorgung

Die historische Entwicklung des Strombedarfs und der Stromversorgung in Deutschland ist von technologischen Fortschritten, wirtschaftlichen Veränderungen und politischen Entscheidungen geprägt. Die Anfänge der Elektrizität in Deutschland gehen auf das 19. Jahrhundert zurück. In den letzten Jahren dieses Jahrhunderts wurden die ersten Elektrizitätsnetze in deutschen Städten eingerichtet, vor allem für die Beleuchtung. Doch die Nutzung von Elektrizität war zunächst begrenzt. Mit der Industrialisierung im späten 19. und frühen 20. Jahrhundert stieg der Bedarf an elektrischer Energie rapide an. Elektrizität wurde nicht nur für Beleuchtung, sondern auch für Maschinen und Antriebe in Fabriken benötigt. Um den wachsenden Bedarf zu decken, wurden in Deutschland zu Beginn des 20. Jahrhunderts vermehrt Kraftwerke gebaut. Die Stromerzeugung erfolgte überwiegend in Kohlekraftwerken.

Nach dem Zweiten Weltkrieg war der Wiederaufbau der Infrastruktur einschließlich der Stromerzeugung die entscheidende Triebkraft des Wirtschaftswunders und Deutschland machte sich auf, eine der wichtigsten Wirtschaftsnationen der Welt zu werden. In den 1950er- und 1960er-Jahren begann Deutschland mit der Nutzung von Kernkraftwerken zur Stromerzeugung. In den 1970er-Jahren gab es jedoch zunehmende Bedenken hinsichtlich der Sicherheit und der Umweltauswirkungen von Kernkraftwerken, was zu Protesten und schließlich zum Beschluss führte, aus der Kernkraft auszusteigen. Dies waren der Auftakt und entscheidende Schritt in Richtung Energiewende. Seitdem wurde in Deutschland erheblich in erneuerbare Energien investiert, insbesondere in Wind- und Solarenergie. Deutschland und 191 andere Nationen verpflichteten sich 2005 im Rahmen des Kyoto-Protokolls völkerrechtlich bindend, die Treibhausgasemissionen zu reduzieren und die Energieversorgung nachhaltiger zu gestalten. Die Energiewende, die den Ausstieg aus der Kernkraft und den verstärkten Einsatz erneuerbarer Energien beinhaltet, ist eine zentrale Folge dieser Verpflichtung. Die historische Entwicklung des Strombedarfs und der Stromversorgung in Deutschland spiegelt den Wandel von traditionellen fossilen Brennstoffen hin zu erneuerbaren Energien und verdeutlicht das Bestreben, die Umweltauswirkungen zu minimieren.

Während sich die Stromversorgung in Deutschland im Laufe der Jahrzehnte stark verändert hat und von technologischen Fortschritten und politischen Entscheidungen beeinflusst wird, beruhte die weltweite Stromversorgung 2020 hingegen vor allem auf Kohlekraftwerken mit einer Gesamtleistung von über 2.100 GW, Gaskraftwerken mit etwa 1.800 GW, Kernkraftwerken mit knapp 400 GW. Dazu kommen Kraftwerke und Anlagen, die Wind und Sonnenlicht nutzen, mit jeweils über 700 GW (Kost u.a. 2021). Die Sonne liefert eine Energiemenge, die jährlich dem Mehrtausendfachen des weltweiten Strombedarfs entspricht. Die Nutzung ist aus verschiedensten Gründen weltweit ausbaufähig. In Deutschland beträgt der Bedarf an Primärenergie (Ressourcen) mittlerweile jährlich weniger als 12 Exajoule (1 EJ = 1018 Ws). Einsparungen wurden erreicht durch den Fortschritt in Sachen Technologie (Abb. 17). Doch die Energiebilanz für das Jahr 2021 zeigt, dass davon etwa ein Achtel durch Umwandlung und Übertragung bereits auf dem Weg verloren geht (Abb. 18). Dazu kommen die Verluste durch alltägliche Verschwendung oder veraltete Anlagen vor Ort vermutlich in derselben Größenordnung. Der Strombedarf der Haushalte hat sich in den vergangenen 30 Jahren nicht wesentlich verändert (BMWK 2022). Das ist bemerkenswert, da die Zahl der Menschen und der Haushalte deutlich gestiegen ist (von 79,4 Millionen Menschen und 34,9 Millionen Haushalten 1990 auf 83,2 Millionen und 41,6 Millionen 2020). Ganz offenkundig wirkt hier das erwähnte Khazzoom-Brookes-Postulat.

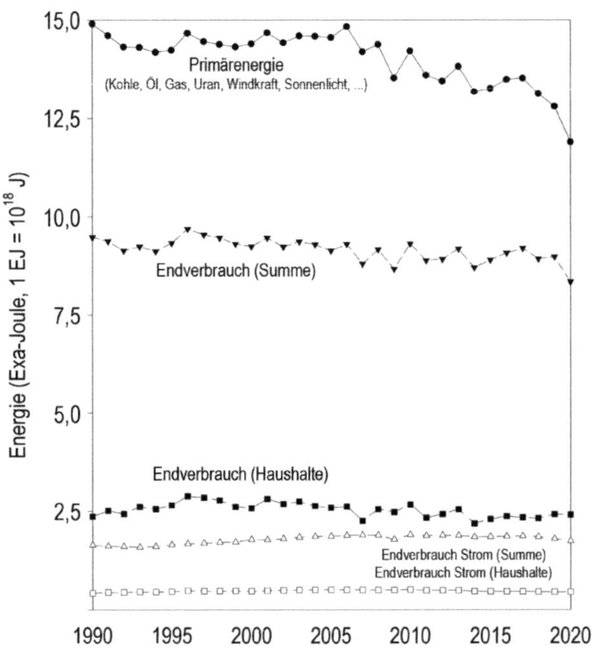

Abb. 17: Bedarf an Energie in Deutschland 1990–2020[34]

34 BMWK – Bundesministerium für Wirtschaft und Klimaschutz

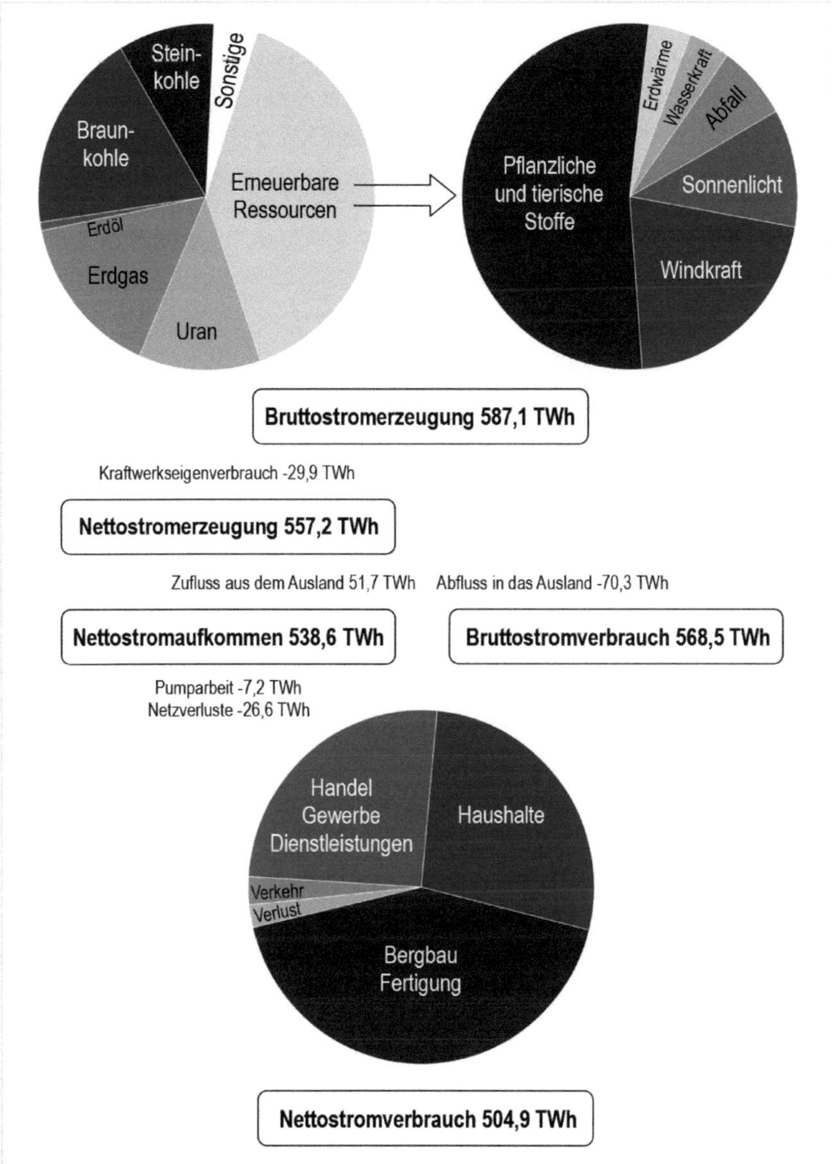

Abb. 18: Energiebilanz für Deutschland 2021[35]

Auffällig ist der hohe Bedarf an Strom zum Heizen und Kochen bei einer großen Zahl von Haushalten, denn Fernwärme oder Gasheizungen bzw. -herde sind in dieser Aufstellung gar nicht enthalten (Abb. 19). Im Jahr 2022 wurde in Deutschland der Bedarf

35 BMWK – Bundesministerium für Wirtschaft und Klimaschutz und die Energiestatistik der Arbeitsgemeinschaft Energiebilanzen

an Primärenergie von gut 11,829 EJ schon zu 17,2% durch »Erneuerbare« gedeckt, also mehr als ein Sechstel, bei Strom waren es sogar 252,9 TWh von 576,6 Milliarden kWh (brutto), also 43,9%. Die regelmäßige Bedarfsdeckung zur Hälfte ist also kurzfristig möglich. Doch was heißt das, wenn der Strombedarf wie beschrieben mittelfristig erheblich steigt?

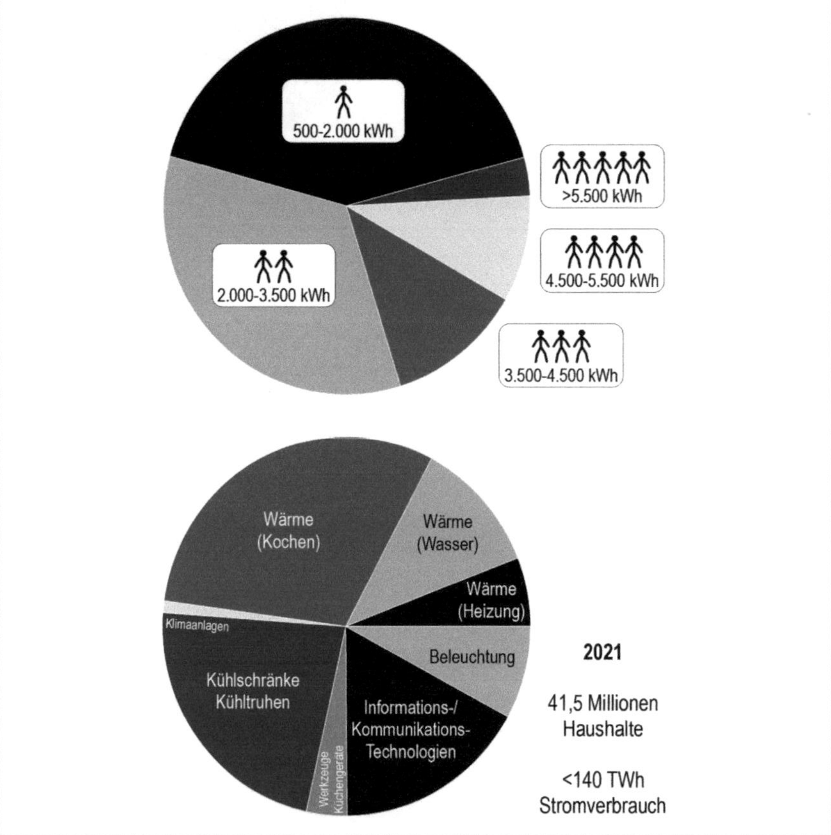

Abb. 19: Strombedarf der Haushalte an Strom 2021[36]

Fazit

In den kommenden Jahrzehnten muss der Bedarf an Energie durch neue Technologien und Sparsamkeit beschränkt und die Ressourcen Kohle, Öl und Gas durch erneuerbare Ressourcen ersetzt werden. Wirtschaftszweige müssen komplett »verstromt« sowie die Strom- und Wärmeversorgung in Siedlungsräumen stärker auf die örtlichen Verhältnisse ausgerichtet, also beispielsweise gebündelt werden.

36 BMWK – Bundesministerium für Wirtschaft und Klimaschutz und die Energiestatistik der Arbeitsgemeinschaft Energiebilanzen sowie Schätzungen von Dr. Mario H. Kraus

4.2 Strommarkt und Strombörse

Eine neue Entwicklung in Sachen Stromversorgung begann schon vor der Wiedervereinigung, als die Politik in Deutschland Reformen der Thatcher-Ära in Großbritannien auf hiesige Verhältnisse zu übertragen suchte. Deregulierung, Liberalisierung und Privatisierung sind seither ausführlich debattierte Schlagworte. Als eine Folge dieser Reformen wurde die Stromversorgung in Deutschland in den letzten 25 Jahren bereits schon einmal neu geordnet.

Was brachten diese Entwicklungen? Heute tragen hauptsächlich vier große Energiekonzerne (EnBW, E.ON, RWE, Vattenfall), Dutzende von Stadtwerken und eine große Zahl kleiner und kleinster »einspeisender« Anlagenbetreiber die Stromversorgung in Deutschland. Die Stromnetze wurden einst kartellrechtlich von der Stromerzeugung getrennt, zwischen Stromerzeugern und Netzbetreibern bestehen aber verschiedene wirtschaftliche Verflechtungen (Abb. 20).

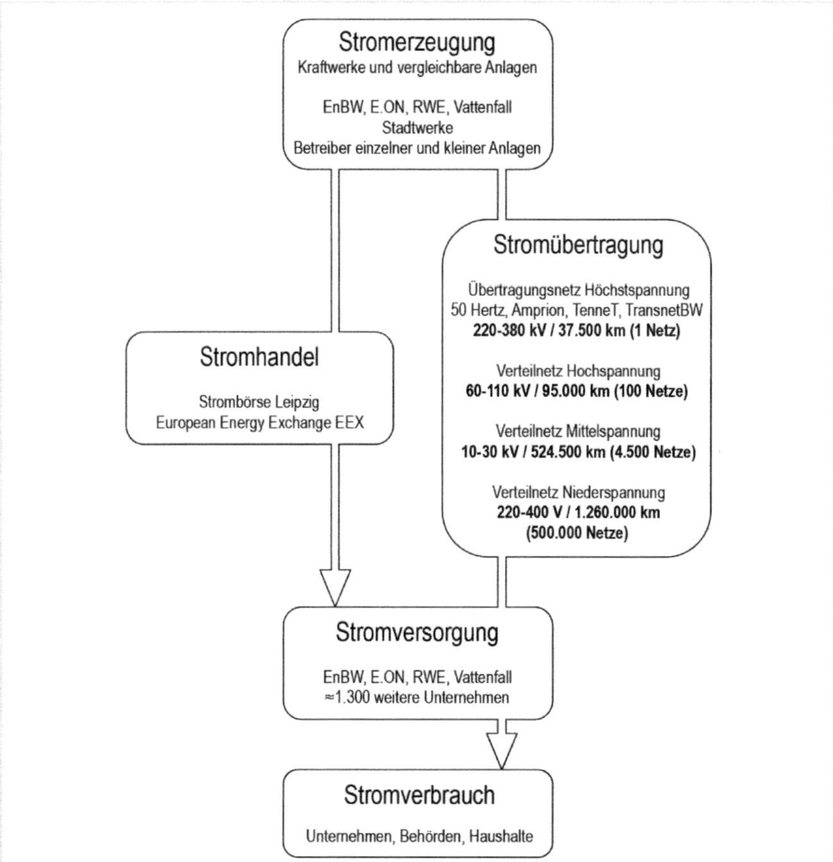

Abb. 20: Stromversorgung in der Bundesrepublik Deutschland (Darstellung: Dr. Mario H. Kraus)

Darüber hinaus wird Strom jetzt an der Leipziger Strombörse gehandelt. Dies hat dazu geführt, dass auf dem Markt auch Unternehmen als Stromanbieter auftreten, die keine Kraftwerke betreiben, sondern lediglich mit Strom handeln. Innerhalb der Europäischen Union besteht das Recht, den Stromanbieter frei zu wählen, vor Ort können Haushalte und Kleinunternehmen grundsätzlich zwischen zahlreichen Tarifen wählen. Vielfalt bedeutet jedoch nicht immer Bereitschaft zum Wechsel. Zudem können überschuldete Haushalte meist nur die gesetzliche Grundversorgung beanspruchen. Auch ist der Leidensdruck aufgrund unterschiedlicher Einkommens- und Vermögensverhältnisse nicht gleich verteilt und die Stromkosten werden gegenüber den Mietkosten oft (noch) nicht als drückende Lebenshaltungskosten ernst genommen.

- Der Anstieg der Strompreise – seit 2022 teils sprunghaft – konnte durch das Marktgeschehen nicht verhindert werden. Allerdings hat das krisenbedingt lebhaftere Wechselverhalten der Verbrauchenden bereits 2023 zu Preissenkungen geführt.
- Der Strombedarf von Wohnungsunternehmen ist nicht pauschal bezifferbar, beeinflussen können sie im Regelfall den Bedarf an Hausstrom in ihren Beständen und die Versorgung der eigenen Geschäftsräume.

Wie wirksam dies gelingt, ist abhängig vom Zustand der Gebäude, der Größe des Unternehmens und der Streuung der Bestände. Den Strombedarf der Haushalte in den Gebäuden kennen die Unternehmen zumeist nicht, sofern sie nicht eigene Anlagen betreiben. In das öffentliche Netz eingespeister Strom aus Sonnenlicht wird aufgrund der gesetzlichen Bestimmungen von den Netzbetreibern vorrangig abgenommen und an der Leipziger Börse gehandelt (European Energy Exchange – EEX). Stromerzeugende Unternehmen machen Verkaufsangebote, die nach aufsteigenden Preisen geordnet werden. Die Kaufangebote werden nach fallenden Preisen geordnet (Merit Order). Das teuerste angenommene Angebot bestimmt den Gewinn der günstigeren Angebote. Allerdings wird Strom aus PV-Anlagen zu bestimmten Jahres- und Tageszeiten gehäuft in den Markt gedrückt, zumindest solange Stromspeicher nicht zur Regelausstattung von Anlagen werden. Damit verdrängt dieser Strom teureren Strom etwa aus Pumpspeicherkraftwerken und Gaskraftwerken.

Fazit

Aufgrund der starken Marktbewegungen ist damit zu rechnen, dass mit den wachsenden Anteilen »Erneuerbarer« einerseits die Gewinnmöglichkeiten weiter sinken, andererseits der noch stärker wachsende Strombedarf längerfristige staatliche Förderung nötig macht.

4.3 Strompreis

Deutschland gehört zu den europäischen Ländern mit den höchsten Strompreisen für Haushalte und Kleinunternehmen. Das hat vielschichtige Gründe. Da sind zunächst die Steuern, die die Preise hochhalten. Aber auch die Energiewende und die Initiativen für erneuerbare Energien kosten Geld. Deutschland hat sich ehrgeizige Ziele für die Nutzung erneuerbarer Energien gesetzt, um die Umweltauswirkungen zu reduzieren und den Übergang zu sauberer Energie zu fördern. Dies hat zu Investitionen in erneuerbare Energien geführt, was die Kosten für den Ausbau und die Integration dieser neuen Energiequellen in das Stromnetz beeinflusst hat. Damit einhergehend wurden die Umlagen und Abgaben erhöht. Die deutschen Strompreise enthalten verschiedene Umlagen und Abgaben, die zur Finanzierung von Maßnahmen im Zusammenhang mit erneuerbaren Energien, Netzausbau, Kraft-Wärme-Kopplung und anderen Energiewendeprojekten dienen. Diese Kosten werden auf die Verbrauchenden umgelegt.

Auch sind die Netzentgelte gestiegen. Die Gebühren für die Nutzung des Stromnetzes werden von den Netzbetreibern erhoben und machen neben den Steuern den zweiten Anteil der Stromrechnung aus. Sie variieren je nach Standort und Netzbetreiber. Natürlich profitiert der Staat, der die nicht umlagefähigen oder absetzbaren Investitionen trägt. So steigen die Steuern und Abgaben mit, vor allem die Mehrwertsteuer und die Ökosteuer.

In Deutschland gibt es darüber hinaus Ausnahmeregelungen für energieintensive Industrien, die teilweise von den Kosten für erneuerbare Energien befreit sind, um angeblich »konkurrenzfähig« zu bleiben. Dies führt in einem nicht unerheblichen Maße dazu, dass Privathaushalte und kleinere Unternehmen einen höheren Anteil dieser Kosten tragen müssen. Die Strompreise in Deutschland unterliegen sehr komplexen Marktdynamiken, wie Angebot und Nachfrage, Brennstoffpreisen und Wettbewerb inklusive der Strombörse. Diese Faktoren verursachen Preisschwankungen, die dynamische, anbieterbezogene Preiserhöhungen mit sich bringen können.

Auch der Kohle- und Kernenergieausstieg kostet Geld. Hier handelt es sich aber um langfristige strategische Entscheidungen, die darauf abzielen, die Umweltauswirkungen zu reduzieren und die langfristige Nachhaltigkeit der Energieversorgung sicherzustellen. Deshalb werden die höheren Kosten als notwendig erachtet, um diese Ziele zu erreichen. Grundsätzlich bleibt festzustellen, dass die aktuellen Preise bisher etwa zur Hälfte aus staatlich festgesetzten Steuern und Abgaben bestehen und insbesondere

- zur Entlastung einheimischer (Groß-)Unternehmen mit hohem Strombedarf,
- für die Förderung von Windkraftanlagen und Anlagen zur Kraft-Wärme-Kopplung sowie
- für die Stromsteuer und Umlage für abschaltbare Lasten zum kurzfristigen Ausgleich von Netzbelastungen

eingesetzt werden.

Ein Viertel entfällt auf die Netzdurchleitungsgebühren der netzbetreibenden Unternehmen und der Rest auf die Stromerzeugung. Nach den letzten Rechtsänderungen werden sich diese drei Preisbestandteile künftig zu etwa jeweils einem Drittel in den Strompreisen abbilden; nachzuvollziehen ist dies ab 2024 in den Abrechnungen für 2023. Damit bleiben die Einsparmöglichkeiten der Haushalte begrenzt (Linnemann 2021, Zenke u. a. 2021).

Kleine Beherbergungs-, Bewirtungs-, und Dienstleistungsunternehmen, die 2020/21 schon durch die Coronapandemie wirtschaftliche Einbußen hinnehmen mussten, aber auch Vermieter von kleinen Wohnungsbeständen sind 2022/23 nun von Preissteigerungen insbesondere bei Strom und Gas betroffen. Die Preise der Leipziger Strombörse zeigen nicht vorrangig den »Wert« von Strom und nur bedingt das Wechselspiel von Angebot und Nachfrage, sondern die Auswirkungen einer staatlich gestützten Lastenverteilung. Auch auf gesellschaftliche (Folge-)Kosten der Verstromung von Kohle, Öl oder Gas ist nicht aus Börsenpreisen zu schließen (Wirth u. a. 2022). Da die Einspeisevergütungen eine Anschubförderung darstellen und die Nutzung der »Erneuerbaren« immer stärker zunimmt, ist angesichts der Staatsverschuldung künftig nicht mit höheren Einspeisevergütungen zu rechnen. Die Förderung der Wirtschaftszweige mit hohem Strombedarf hingegen wird wichtiger, schon wegen der geplanten Umstellung auf eine »Wasserstoff-Wirtschaft«.

Dies bedeutet mittel- bis langfristig weitere Umlagen auf die Strompreise zulasten kleiner Verbraucher wie Haushalte und Kleinunternehmen. Zwei neuere Untersuchungen zu den künftigen Strompreisen zeigen vorrangig die Schwierigkeiten, die zahlreichen Einflussgrößen zu gewichten (Dossow u. a. 2021, Prognos 2022): Die Preise bleiben beweglich und werden durch die verstärkte Nutzung erneuerbarer Ressourcen gedämpft, sind aber weiterhin von der gesamtgesellschaftlichen, vor allem wirtschaftlichen, Lage abhängig.

Fazit

»Billigen« Strom wird es für Haushalte und Kleinunternehmen in nächster Zeit nicht geben.

4.4 Stromnetz

Deutschland bezieht Strom aus verschiedenen Energieträgern – darunter erneuerbare Energien wie Wind und Sonne, konventionelle Energien wie Kohle, Gas und Kernkraft – sowie aus importiertem Strom, der in das sich ständig weiter verdichtende Stromnetz eingespeist wird. Das deutsche Stromnetz ist ein komplexes und sehr gut entwickeltes Netzwerk, das die Grundlage für die Stromversorgung des Landes bildet. Es besteht aus verschiedenen Ebenen: Auf der höchsten Ebene befinden sich die Übertragungsnetze, die den Strom von den Kraftwerken zu den Verteilernetzen transportieren. Auf der Ebene darunter befinden sich die Verteilernetze, die den Strom zu den Endverbrauchern bringen. In Deutschland gibt es vier große Übertragungsnetzbetreiber (ÜNB), die der Öffentlichkeit wenig bekannt sind, aber von essenzieller Wichtigkeit für den Betrieb unseres Stromnetzes sind. Die größten sind

- Amprion,
- 50Hertz,
- TenneT und
- TransnetBW.

Sie sind verantwortlich für den sicheren und zuverlässigen Transport von Strom und speisen die Verteilernetzbetreiber (VNB). Die Verteilernetzbetreiber (VNB) verteilen den Strom auf regionaler und lokaler Ebene, bringen also den Strom zu den lokalen Stadtwerken und freiwirtschaftlichen Stromanbietern. Es gibt mehrere Hundert Verteilernetzbetreiber in Deutschland, die jeweils bestimmte Gebiete abdecken. Die größten Verteilernetzbetreiber in Deutschland sind in der Regel Tochterunternehmen von Energiekonzernen oder Stadtwerken.

- E.ON betreibt eines der größten Verteilernetze in Deutschland.
- RWE ist ein weiterer großer Verteilernetzbetreiber und betreibt Verteilernetze in verschiedenen Teilen Deutschlands.
- Vattenfall betreibt Verteilernetze in Berlin und anderen Teilen Deutschlands.
- Die EnBW (Energie Baden-Württemberg) ist in Baden-Württemberg und anderen Regionen Deutschlands aktiv.

Von den Verteilernetzwerken geht es final weiter zu vielen kleinen Stadtwerken, von wo aus der Strom an die Endverbrauchenden geht. Beispiele für Städte mit sehr großen Stadtwerken sind München, Hamburg und die Stadtwerke Düsseldorf. Hier einige Beispiele großer Stromlieferanten:

- Innogy, eine Tochtergesellschaft von RWE, betreibt Verteilernetze in verschiedenen Teilen Deutschlands.
- E.DIS ist ein Verteilernetzbetreiber in den östlichen Bundesländern, darunter Brandenburg und Mecklenburg-Vorpommern.
- Netze BW ist für die Verteilung von Strom in Baden-Württemberg verantwortlich.
- Westnetz betreibt Verteilernetze im westlichen Teil Deutschlands.

Es gibt viele weitere Stromlieferanten, die über eine Vielzahl regionaler Netze verfügen. Festzuhalten gilt, dass diese Unternehmen für die zuverlässige Stromverteilung in ihren jeweiligen Gebieten und die direkte Stromversorgung verantwortlich sind. Da sich Deutschland im Rahmen der Energiewende das Ziel gesetzt hat, den Anteil erneuerbarer Energien an der Stromerzeugung zu erhöhen, und Windkraft und Solarenergie dabei eine entscheidende Rolle einnehmen sollen, ist der konstante Ausbau des Stromnetzes die Voraussetzung, um die steigende Produktion erneuerbarer Energien zu bewältigen und die Stromversorgung sicherzustellen. Dazu gehört der Bau neuer

Leitungen und die Modernisierung bestehender Infrastrukturen sowie das Einbinden aller Quellen, insbesondere der Vielzahl der Photovoltaikanlagen, ins Netz.

Der deutsche Strommarkt verabschiedet sich also sukzessive von Strom produzierenden Monopolen und erfährt dadurch eine zunehmende Liberalisierung des Strommarktes. Das bedeutet schon heute und auch weiterhin für die Zukunft, dass mit steigender Anzahl von Stromproduzenten verschiedene Stromerzeuger und -anbieter miteinander konkurrieren. Die Verbrauchenden, die per Gesetz die Möglichkeit haben, ihren Stromlieferanten frei zu wählen, werden die Nutznießenden dieser Entwicklung sein.

Allein wegen dieser Entwicklung ist es von allergrößter Bedeutung, intelligente Netze zu schaffen. Inzwischen wird mit Hochdruck an der Implementierung von intelligenten Stromnetzen gearbeitet, die die neue komplexe und notwendige Kommunikation zwischen Stromerzeugern, Netzbetreibern und Verbrauchenden ermöglichen. Diese Smart Grids werden den Strombetrieb sowie dessen Effizienz und Zuverlässigkeit optimal erhöhen. Besonders die stetig zunehmende Effizienz ist zwingend nötig, denn nur so lassen sich die Stromverbräuche und negativen Umweltauswirkungen minimieren.

Deutschland ist zudem mit seinen Nachbarländern vernetzt, um den Austausch bei Engpässen oder anderen unvorhergesehenen Störungen zu ermöglichen und die Versorgungssicherheit zu gewährleisten. Das Stromnetz in Deutschland wird in einem empfindlichen Gleichgewichtszustand aufrechterhalten. Überlastungen müssen vermieden werden, Rückkopplungen können sich »aufschaukeln« und die Stromversorgung zusammenbrechen lassen, die dann unter Umständen zum Blackout führen. Daher überwachen die stromerzeugenden und netzbetreibenden Unternehmen in Deutschland ständig die Entnahmen und Einspeisungen anhand von Messwerten und Kennzahlen. Je nach Bedarf wird die Leistung von Kraftwerken erhöht oder gedrosselt, bei Störfällen können Teile des Netzes abgeschaltet werden. Große Kraftwerke können ihre Leistung zeitweilig in bestimmten Grenzen steigern oder mindern, aber nicht plötzliche Schwankungen ausgleichen, einzelne kleine Anlagen sind dazu durchaus in der Lage. Es gilt, ein paar grundlegende Begriffe zu erklären.

4.4.1 Stromgrundlast

In der dynamischen Welt der erneuerbaren Energien steht die Photovoltaik zweifellos mit an vorderster Front. Während sie bereits einen beeindruckenden Beitrag zur Deckung unseres Energiebedarfs leistet, gibt es doch eine facettenreiche Herausforderung, die es zu verstehen und zu bewältigen gilt: die sogenannte Stromgrundlast.

Die Stromgrundlast bezieht sich auf den Teil der elektrischen Energie, der kontinuierlich und konstant benötigt wird, um die Grundversorgung eines elektrischen Systems aufrechtzuerhalten. Dieser Energiebedarf ist unabhängig von kurzfristigen Schwankungen in der Nachfrage und bleibt im Allgemeinen über einen längeren Zeitraum relativ stabil. Die Stromgrundlast ist in erster Linie durch den grundlegenden Energiebedarf für den Betrieb von Einrichtungen wie Fabriken, Krankenhäusern, Beleuchtungssystemen und anderen grundlegenden Infrastruktureinrichtungen definiert.

Aber nicht nur die kritische Infrastruktur ist davon dauerhaft abhängig, sondern die gesamte von Strom abhängige Technik, wie beispielsweise Be- und Entlüftungs- oder Kühlanlagen, Steuerungen und Pumpen von Heizungen oder auch von Haushalts- und Bürogeräten in Bereitschaft (Stichwort »Standby«). Dass es eine Grundlast von null nicht geben kann, lässt sich mit einem Blick auf die Ausstattung heutiger Gebäude und Haushalte nachvollziehen. Die Grundlast bildet also das Fundament des Stromverbrauchsprofils und bleibt auch dann bestehen, wenn die Gesamtnachfrage nach elektrischer Energie sinkt.

In einem Energiesystem, das verstärkt auf erneuerbare Energiequellen wie Solarenergie setzt, kann die Frage der Stromgrundlast besonders relevant werden. Dies liegt daran, dass erneuerbare Energiequellen wie beispielsweise Solar- oder Windenergie wetterabhängig sind und ihre Verfügbarkeit Schwankungen unterliegt. In Zeiten, in denen solche erneuerbaren Ressourcen nicht verfügbar sind (wie nachts bei der Solarenergie), muss die Grundlast durch andere Energiequellen oder Speichermechanismen abgedeckt werden. Die Aufgabe besteht darin sicherzustellen, dass der grundlegende Energiebedarf zu jeder Zeit gedeckt wird, während gleichzeitig die Integration von erneuerbaren Energien in das Stromnetz maximiert wird. Effiziente Speichertechnologien und eine intelligente Energieverwaltung spielen daher eine entscheidende Rolle, um die Stromgrundlast in nachhaltigen Energiesystemen zu bewältigen.

Fazit

Insgesamt stellt die Bewältigung der Stromgrundlast bei PV eine wichtige Aufgabe dar, um die Potenziale der Solarenergie voll auszuschöpfen und eine nachhaltige, zuverlässige Energieversorgung zu gewährleisten. Die kontinuierliche Forschung und Entwicklung im Bereich der Speichertechnologien und der intelligenten Energieverwaltung sind entscheidend, um die Integration von Photovoltaik in zukünftige Energielandschaften erfolgreich zu gestalten.

4.4.2 Stromspitzenlast

Mit »Spitzenlast« bezeichnet man den zusätzlichen Strombedarf über die Grundlast hinaus, der zu bestimmten Zeiten und zu bestimmten Anlässen auftritt. Soll diese mit

Strom aus erneuerbaren Ressourcen abgedeckt werden, sind zumeist örtliche Stromspeicher erforderlich. Die Bundesnetzagentur hält es mittlerweile für erforderlich, auch »steuerbare Verbrauchsgeräte« wie Wärmepumpen, Ladevorrichtungen, Klimaanlagen und Stromspeicher bei drohenden Netzüberlastungen künftig einseitig abzuregeln, um umfassendere Gegenmaßnahmen, insbesondere örtlich-zeitlich begrenzte Abschaltungen, zu vermeiden. Für das Abregeln oder Fernsteuern von Kraftwerken gibt es rechtliche Vorgaben, da Strom aus erneuerbaren Ressourcen bereits heute als Teil der planbaren Regelleistung gilt und die Einspeisung örtlich und zeitlich begrenzt bereits heute den Bedarf übersteigt. Daher werden folgerichtig auch PV-Anlagen zunehmend von Abregelungen betroffen sein (Wirth 2022).

Rechtlich festgeschrieben ist die Digitalisierung der gesamten Stromversorgung – vor Ort in Gestalt moderner, vernetzter Messeinrichtungen (Smart Metering). Dies ist erforderlich, um fast in Echtzeit die Netzzustände abzubilden, einschließlich Nah- und Fernwirkungen, Strombedarf und Stromangebot, und damit Netzüberlastungen ebenso wie Unterversorgung zu verhindern (Jurczyk u.a. 2022, Müller u.a. 2023). Demnach werden künftig in modernen städtischen Siedlungsräumen nicht nur alle Ver- und Entsorgungs- sowie Verkehrseinrichtungen vernetzt und gesteuert, einschließlich der Stadtverwaltungen oder des Gesundheitswesens, sondern es soll auch die öffentliche Sicherheit mit flächendeckender Überwachung sichergestellt werden (de Lange & de Waal 2019, Bevilacqua u.a. 2020, Bisello u.a. 2021, Concilio u.a. 2021, Shi u.a. 2021).

Die heutigen Möglichkeiten sind erstaunlich – besonders durch KI. Doch ist wie bei jeder Neuerung Vorsicht angebracht. Erstens bedeutet zunehmende Vernetzung auch zunehmende Störanfälligkeit und Verletzlichkeit, wie beispielsweise durch organisierte Kriminalität, Cyberattacken und Sabotage, und zweitens besteht die Möglichkeit des Machtmissbrauchs. Die Entstehung von erheblichen Mehrkosten durch Umrüstung und Wartung sowie ein Mehrbedarf an Strom, um die Messeinrichtungen zu betreiben, kommen noch hinzu. Das Ganze ist ein Sonderfall des erwähnten Khazzoom-Brookes-Postulats: Es wird zunächst Strom benötigt, um Strom zu sparen und zielgenau einzusetzen.

Tatsächlich stockt das Vorhaben. Erste Untersuchungen zeigten zudem, dass moderne Messeinrichtungen in Haushalten nicht zwingend zu Stromeinsparungen führen (Aretz u.a. 2022, Aretz & Ouanes 2023). Künftig müssen also regelmäßig Messwerte von allen Haushalten, Behörden und Unternehmen erhoben werden, und zwar abhängig vom jeweiligen Stromtarif und vom örtlichen Netzzustand viertelstündlich, stündlich, täglich, wöchentlich oder mindestens monatlich. Das erfordert erhebliche Rechenleistungen und Speichergrößen. Der Strombedarf von Großrechenanlagen ist jedoch bereits heute eine Schwachstelle moderner Volkswirtschaften.

Fazit

Das deutsche Stromnetz ist ein hochkomplexes System, das sich ständig weiterentwickelt und verbessert, um den Anforderungen einer nachhaltigen Energieversorgung gerecht zu werden. Es bildet eine der Grundlagen, um die Energiewende zu forcieren und den verstärkten Ausbau erneuerbarer Energien als wichtigsten Treiber der Veränderungen im deutschen Stromnetz zu ermöglichen.

4.5 Strom aus Photovoltaik in Deutschland

Die Geschichte der PV-Entwicklung in Deutschland ist geprägt von politischer Unterstützung, Forschung und Innovation sowie einer stetigen Weiterentwicklung der Technologie. Deutschland wird als Pionierland für die Photovoltaik weltweit anerkannt und trägt zur Reduzierung der Treibhausgasemissionen bei. Die Entwicklung von Photovoltaikanlagen in Deutschland hat eine intensive und lang zurückreichende Geschichte. Seit dem letzten Jahrzehnt ist sie eng mit der Energiewende und den politischen Maßnahmen zur Förderung erneuerbarer Energien verbunden.

Die Anfänge der Photovoltaik in Deutschland reichen bis in die 1950er-Jahre zurück, als erste Versuche mit Solarzellen unternommen wurden. Die Technologie war damals jedoch noch sehr teuer und aufgrund ihrer geringen Effizienz weit entfernt davon, als echte Alternative oder sinnvolle Ergänzung akzeptiert zu werden. Gut zwanzig Jahre später, also erst in den 1970ern und 1980ern, hatte die Technik eine erste ernst zu nehmende Anwendungstauglichkeit und damit Marktreife erreicht. In Deutschland wurden zeitgleich erste Anstrengungen zur Förderung erneuerbarer Energien – darunter auch der Einsatz von Solarzellen –unternommen, was der Technik zu einem ersten signifikanten Markteintritt verhalf, wenngleich diese Entwicklungen vorwiegend in der Raumfahrt und für abgelegene Anwendungen wie Fernsehsender und Funkanlagen eingesetzt wurde.

Dies alles geschah zu einer Zeit, in der Energie aus Öl, Kohle und Gas auf Dauer günstig schien. Es war nicht der Bericht des Club of Rome, der zum ersten Umdenken führte, da dieser Bericht und seine Verfasser damals bewusst diffamiert wurden. Ein erstes Innehalten ist der Ölpreiskrise von 1973 geschuldet. Der weltweite Verbrauch war zu der Zeit so hoch wie nie und stieg weiter. Die Bedeutung der USA auf dem Weltölmarkt nahm ab und die arabischen Länder der Organisation erdölexportierender Länder (OPEC) gewannen an Marktmacht. Dann eskalierte erneut der Nahostkonflikt. Energiesparen wurde zur Pflicht für das Gemeinwohl. Allein schon die damaligen Prognosen, dass in absehbarer Zeit 15% weniger Öl zur Verfügung stehen würde, sorgte für Angst in Politik und Gesellschaft – und die Suche nach schnellen Lösungen begann.

Es war die Zeit mit den autofreien Sonntagen, die in Deutschland einen Wendepunkt markierte, auch wenn man zunächst noch nach anderen Strategien suchte. Um sich von der OPEC unabhängig zu machen, fand man neue Öl- und Gaslieferanten. Anstatt als Wirtschaftsmacht schon damals konsequent auf Energieunabhängigkeit durch die Nutzung von Sonne, Wind und Wasserkraft zu setzen, gab es ab den 1980er-Jahren bis weit in die 2010er-Jahre hinein mehrere Legislaturperioden, in denen weiter massiv auf Öl und Gas gesetzt wurde und die uns eine völlig neue Abhängigkeit beispielsweise Russland von bescherten.

Zugleich entstand zunehmend die Einsicht, dass es sinnvoll sei, mittel- bis langfristig Öl und Gas durch andere Energieträger zu ersetzen. Erste Gebäude entstanden, die Sonnenenergie nutzten, um unabhängiger zu werden. Die »Verordnung über energiesparenden Wärmeschutz bei Gebäuden« (Wärmeschutzverordnung/WärmeschutzV) wurde als Reaktion auf die Ölkrise am 11. August 1977 als erste Verordnung auf der Grundlage des Energieeinsparungsgesetzes vom 22. Juli 1976 erlassen. Sie trat am 1. November 1977 in Kraft und verstärkte den Trend hin zur Nutzung der Sonnenenergie, wenn auch zunächst zaghaft.

Die Einführung des Erneuerbare-Energien-Gesetzes (EEG) im Jahr 2000 markierte dann den Wendepunkt für die Entwicklung der PV-Anlagen in Deutschland. Das EEG garantierte eine feste Einspeisevergütung für den in das Stromnetz eingespeisten Solarstrom und machte PV-Anlagen für Privathaushalte und Unternehmen damit wirtschaftlich attraktiv. Das EEG führte zu einem explosionsartigen Wachstum der PV-Installationen in Deutschland. Die installierte PV-Kapazität nahm rasant zu und Deutschland wurde einer der weltweit führenden Märkte für Solarenergie.

Parallel dazu wurde in Forschung und Innovation im Bereich Photovoltaik investiert. Dies führte zu Technologievorsprüngen und den damit verbundenen Fortschritten der Solarzellentechnologie und ermöglichte die kontinuierliche Verbesserung der Effizienz.

Deutschland war in den 2000er-Jahren Pionier in der Solarindustrie, führte den Weltmarkt auf dem Gebiet der Solartechnik an und generierte gerade durch das Erneuerbare-Energien-Gesetz (EEG) enorme Anreize für die Nutzung von Solarenergie. Neben großzügigen Einspeisevergütungen gab es eine sehr ausgedehnte und üppige Förderlandschaft, gerade auch im privaten Ein- bis Zweifamilienhausbereich. Die staatliche Förderung war garantiert, egal aus welchem Land die eingesetzten Paneele kamen. Günstigere chinesische Solarprodukte fluteten den deutschen Markt, da von staatlicher Seite keine Anreize kamen, lokale Produzenten und Vertriebszweige zu unterstützen, so kamen fast ausschließlich chinesische Produkte in den Genuss der Förderung. Chinesische Unternehmen konnten durch die dortige Billigproduktion trotz der Importkosten nach Deutschland die Preise für Solarpaneele erheblich senken, was zu einem starken Preiswettbewerb und einer Marktverzerrung führte. So gewannen chinesische Unternehmen einen erheblichen Marktanteil, investierten massiv in die Massenproduktion von Solarmodulen und begannen, Solarmodule und -anlagen in großem Umfang zu exportieren. China erkannte seine Chance und fokussierte sich nicht nur auf den deutschen Binnenmarkt, sondern expandierte international und gewann Marktanteile in Ländern auf der ganzen Welt. Der chinesische Staat verordnete Investitionen in Forschung und Entwicklung im Bereich Solartechnik und war damit in der Lage, den technologischen Rückstand binnen kürzester Zeit wettzumachen. Dies führte zu Skaleneffekten und die deutsche Solarindustrie konnte dem nur wenig entgegensetzen. Mit dem schleichenden Exodus der heimischen Solarindustrie gelangten auch sämtliche Innovationen in die Hände ausländischer Produzenten.

In der Konsequenz entschied Berlin in einer zu kurz gedachten Reaktion, die Subventionen und Förderprogramme der KfW deutlich einzustampfen, was für das Erreichen der Klimaziele ein kontraproduktives Signal darstellt. So werden weniger Solaranlagen gebaut, was weder den eigenen noch externen Wirtschaftszweigen hilft. Die geplante Energiewende und die Ziele in der Solartechnik auf der Reise 2030 rücken in weite Ferne. Deutschland hat durch unkluges Handeln absolut selbstverschuldet seine Weltmarktführerschaft in der Solartechnik an China verloren. Obwohl Deutschland nicht mehr der weltweit größte Produzent von Solarpaneelen ist, spielt das Land immer noch eine sehr wichtige Rolle bei der Förderung von Solarenergie und anderen erneuerbaren Energien, insbesondere bei Innovationen im Rahmen der Energiewende und der Bemühungen zur Reduzierung der Treibhausgasemissionen.

Das starke Wachstum der PV-Erzeugung, wenn auch nicht mehr im eigenen Land, macht die Integration von Solarstrom ins Stromnetz zu einer Herausforderung. Deutschland ist Weltmarktführer bei der Entwicklung intelligenter Netztechnologien, um die Schwankungen, die bei der PV-Produktion entstehen, auszugleichen. Durch die Massenproduktion von Solarmodulen und technologische Fortschritte kam es inzwischen zu einem erheblichen Preisrückgang bei PV-Anlagen. Derzeit gibt es einige vielversprechende Trends und Entwicklungen in der Photovoltaik (PV) und Solarzellentechnologie, welche zu Preissenkungen und zur weiteren Verbreitung beitragen können:

- **Perowskit-Solarzellen:** Perowskit-Solarzellen sind eine vielversprechende Technologie, die auf Perowskit-Halbleitern basiert. Diese Materialklasse hat das Potenzial, kostengünstig hergestellt zu werden und hohe Wirkungsgrade zu erreichen.
- **organische Solarzellen:** Organische Solarzellen basieren auf organischen Halbleitermaterialien. Diese haben den Vorteil, flexibel zu sein und auf unterschiedlichen Oberflächen integriert werden zu können. Forschungsbemühungen zielen darauf ab, ihre Effizienz zu steigern und ihre Haltbarkeit zu verbessern.

- **bifaziale Solarzellen:** Bifaziale Solarzellen können Licht von beiden Seiten aufnehmen, was ihre Effizienz stark erhöht. Sie können auf Oberflächen wie Wasser oder reflektierenden Bodenmaterialien installiert werden.
- **durchsichtige Solarzellen:** Forschende arbeiten daran, durchsichtige Solarzellen zu entwickeln, die in Fenster integriert werden können. Diese könnten als Baustein für in Gebäude integrierte Photovoltaik dienen.
- **Quantenpunkt-Solarzellen:** Quantenpunkte sind winzige Halbleiterstrukturen, die das Potenzial haben, Licht in verschiedenen Wellenlängen besser zu absorbieren, was die Effizienz der Solarzellen selbst deutlich verbessert.
- **verbesserte Wirkungsgrade und Materialien:** Fortschritte in der Materialforschung zielen darauf ab, Wirkungsgrade von Solarzellen zu erhöhen. Neue Materialien wie Galliumarsenid oder Mehrfachsolarzellen versprechen eine höhere Effizienz bei der Umwandlung von Sonnenlicht in Elektrizität.
- **Kombination mit Energiespeicherung:** Die Integration von Solaranlagen mit fortschrittlichen Energiespeichertechnologien (wie z.B. fortschrittlichen Batteriesystemen) wird immer wichtiger, um die intermittierende Natur der Solarenergie auszugleichen.
- **künstliche Intelligenz (KI) für Betrieb und Wartung:** Die Anwendung von KI und Datenanalysen für die Überwachung, Wartung und Optimierung von Photovoltaikanlagen trägt dazu bei, ihre Leistung zu maximieren und Betriebskosten zu minimieren.

In den vergangenen 30 Jahren wurden also umfangreiche Erfahrungen mit der Umwandlung von Sonnenlicht in Strom und/oder Wärme gesammelt. Trotz teils widersprüchlicher Entwicklungen bei politischen Entscheidungen zeigt sich ein bemerkenswerter Ausbau (Abb. 21). 2023 könnte die Gesamtleistung aller PV-Anlagen 70.000 MWp (= 70 GWp) übertreffen. Im Erneuerbare-Energien-Gesetz neuester Fassung sind als Entwicklungsziele festgeschrieben:

- 88 GWp für 2024
- 128 GWp für 2026
- 172 GWp für 2028
- 215 GWp für 2030
- 309 GWp für 2035
- 400 GWp für 2040 sowie
- der Erhalt dieser Leistung nach dem Jahr 2040 (§ 4 EEG).

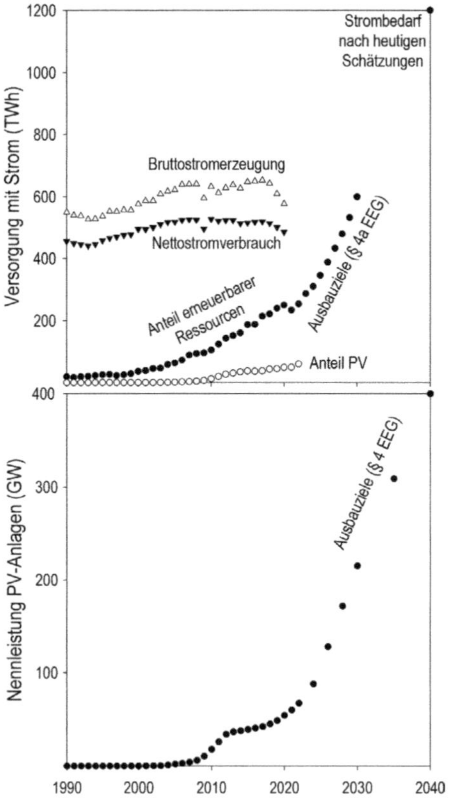

Abb. 21: Ausbauziele der Stromgewinnung aus erneuerbaren Ressourcen[37]

Ob und wie das erreicht werden kann, ist selbstverständlich abhängig von der Wirtschafts- und Bevölkerungsentwicklung in Deutschland und Europa. Ende 2020 waren weltweit PV-Anlagen mit einer Leistung von 707 GW in Betrieb und lieferten eine Strommenge von 844 TWh. Nach verschiedenen Berechnungen könnten es bis 2040 weltweit zwischen 4.000 GWp und über 11.000 GWp sein und schon 10.000 GWp ab 2030 (Haegel u.a. 2019, Kost u.a. 2021). Daran hätte Deutschland bei Erfüllung der gesetzlich festgeschriebenen Ziele einen Anteil von bis zu einem Zehntel. Ausgehend von der heutigen Lage muss es in den nächsten Jahren darum gehen,

- die Stromversorgung nach und nach aus der Abhängigkeit von Gas und Öl liefernden Staaten zu befreien;
- die Versorgung mit Wasser, Strom und Wärme möglichst lokal und kleinteilig zu gestalten, um die Aufwendungen für großräumige Infrastruktur zu begrenzen und Siedlungsräume zum Schutz von Bevölkerung und Wirtschaft zu entzerren.

37 BMWK – Bundesministerium für Wirtschaft und Klimaschutz und die Energiestatistik der Arbeitsgemeinschaft Energiebilanzen

Seit 2010 gibt es in Deutschland keine vollständige Fertigungskette für PV-Anlagen mehr (Wirth 2022). Die neuen geopolitischen Verhältnisse, der Klimawandel und die derzeitige Energiekrise haben in der Europäischen Union den Willen gestärkt, Fertigungsketten zumindest in Zusammenarbeit mit den Mitgliedsstaaten aufzubauen.

Fazit

Die Photovoltaik hat sich in Deutschland erfolgreich als eine entscheidende Säule der Energiewende etabliert. Die konsequente Umsetzung von Regierungsmaßnahmen zur Förderung erneuerbarer Energien treibt die Entwicklung der PV-Technologie voran. Mit ihrer nachhaltigen Integration in den Energiemix spielt die Photovoltaik eine Schlüsselrolle bei der Erreichung der nationalen Klimaziele. Der Ausbau und die kontinuierliche Optimierung dieser Technologie sind von entscheidender Bedeutung, um eine nachhaltige und umweltfreundliche Energieversorgung in Deutschland zu gewährleisten und den globalen Klimaschutz voranzutreiben.

5 Solarenergie und Photovoltaik – grundlegende Begriffe

Sonnenenergie kann grundsätzlich auf mehrere Arten zur Energiegewinnung genutzt werden. Bei der Photovoltaik wird Sonnenstrahlung in Solarzellen direkt in Strom umgewandelt. Im Bereich der Solarthermie wird Sonnenlicht zur Erwärmung verwendet, um Warmwasser bereitzustellen oder damit Gebäude zu heizen. Werden dabei sehr hohe Temperaturen erreicht, was insbesondere mit konzentrierter (fokussierter) Sonnenstrahlung gelingt, kann die so gewonnene Wärmeenergie (thermische Energie) wiederum zur Stromerzeugung genutzt werden. Schließlich existieren auch Ansätze, Sonnenenergie zum Aufheizen großer Luftmassen zu nutzen und anschließend in Aufwindkraftwerken zur Stromerzeugung zu verwenden.

Beschränkt man sich auf den Bereich der Photovoltaik, bleibt immer noch eine Vielzahl technischer Ansätze. Auch wenn es in diesem Buch nicht um wissenschaftliche Grundlagen geht, sind zum Verständnis einige wesentliche Begriffe zu erläutern.

5.1 Grundlagen

Es gibt zahlreiche gute Handbücher und Lehrwerke, die zurate ziehen sollte, wer sich intensiv mit PV befassen will oder muss (Wagner 2019, Mertens 2020, Wittlinger 2020, Kind 2021, Maslaton 2021, Quaschnig 2021). Für erforderliche Berechnungen gilt es zudem, die wichtigsten Größen und Einheiten zu kennen (Tab. 1).

Größe	Einheit	Bedeutung
Stromstärke I	1 A (Ampere)	Strom ist gerichtete Bewegung von Ladungsträgern (Metalle, Halbleiter: Elektronen; Lösungen von Säuren, Basen, Salzen: Ionen) zwischen zwei Polen (+/–); Stromstärke ist ein Maß für die Zahl der Ladungen, die sich in einer bestimmten Zeit im Leiter bewegen.
Spannung U	1 V (Volt)	Gefälle zweier Größen (wie Ladungsunterschied zwischen Polen), das nach Ausgleich strebt, hier durch Stromfluss
Widerstand R	1 Ω (Ohm) = 1 V/A	Verhältnis von Spannung und Stromstärke (R = U/I); Maß für die Behinderung der Ladungsträger in Metallen oder Lösungen bei ihrer Bewegung
Energie E	1 J (Joule) = 1 W·s (Watt-Sekunde) = 1 kg·m^2/s^2	Fähigkeit zur Verrichtung von Arbeit oder Übertragung von Wärme

Größe	Einheit	Bedeutung
Arbeit W (elektrisch)	1 W·s = 1 V·A·s 1 kWh (Kilo-watt-Stunde) = 3,6·106 Ws	Arbeit = Spannung × Stromstärke × Zeit des Stromflusses (W = U·I·t)
Leistung P	1 W (Watt) = 1 J/s *	Energie (wie Strom oder Wärme), die in einer bestimmten Zeit übertragen oder umgewandelt, oder Arbeit, die in einer bestimmten Zeit geleistet wird
Leistung P (elektrisch)	1 W = 1 V·A	Leistung = Spannung × Stromstärke (P = U·I)
Bestrahlung	1 J/m^2	Energie, die auf eine bestimmte Fläche wirkt
Strahlungsfluss	1 J/s	Energie, die in einer bestimmten Zeit wirkt
Strahlungs-stromdichte	1 J/(m^2·s)	Energie, die in einer bestimmten Zeit auf eine bestimmte Fläche wirkt

Tab. 1: Größen und Einheiten im Überblick; gebräuchlich sind folgende Einheiten-Vorsilben: Mega, für Millionen (106), Giga. für Milliarden (109), Tera, für Billionen (1012), Peta, für Billarden (1015).
* Übliche Kenngröße für PV-Anlagen ist die Leistung unter Bestbedingungen in MWp (peak)

5.2 Eigenverbrauch

Der sogenannte Eigenverbrauch ist der meist jährlich berechnete Anteil des von der PV-Anlage bereitgestellten Stroms, der in der Liegenschaft selbst genutzt wird: Beträgt das Verhältnis eins, wurde der gesamte Strom genutzt. Eine Einspeisung in das öffentliche Netz lässt den Wert unter eins sinken. Eine Entnahme aus dem öffentlichen Netz lässt ihn über eins steigen.

5.3 Wirkungsgrad

Mit »Wirkungsgrad« ist der Anteil der aufgewendeten an der insgesamt von einer Maschine oder Anlage aufgenommenen Energie (Brennstoffe, Rohstoffe oder Sonnenlicht) gemeint, der letztlich sinnvoll genutzt wird. Ein hoher Wirkungsgrad ist anzustreben. Bei einer PV-Anlage ist zu unterscheiden zwischen dem Wirkungsgrad der verbauten Solarmodule und dem der gesamten Anlage: Letztere benötigt Strom für Steuerungs- und Messgeräte sowie die Umwandlung zwischen Gleich- und Wechselstrom. Es gibt Verluste (Umwandlung in Wärme) an Anschlusspunkten sowie zwischen nicht hinreichend angepassten Bauteilen. Auch oberflächlich verschmutzte Solarmodule wirken leistungsmindernd.

5.4 Wirk-, Blind- und Scheingrößen

Wirk-, Blind- und Scheingrößen gibt es nur in Wechselstromkreisen. Es geht hier um drei Arten von Widerständen und Leistungen: Aus der Entstehungsweise des Wechselstroms, vor allem der Richtungsänderung des Stromflusses, folgen zeitlich regelmäßige, aber gegeneinander versetzte wellenförmige Verläufe von Strom und Spannung. Dabei wandelt der Wirkwiderstand Strom in Wärme (Ohm'scher Widerstand der Leitungen und Bauteile), der Blindwiderstand jedoch nicht. Der Scheinwiderstand wird aus beiden errechnet. Die Wirkleistung ergibt sich aus der zeitlichen Versetzung von Strom und Spannung und ist die Größe, die für eine Vergütung gemessen wird. Die Blindleistung muss durch zusätzliche Widerstände gedämpft werden, da Blindströme das Gesamtnetz belasten. Die Scheinleistung ergibt sich aus den im Wechselstromkreis gemessenen Werten für Strom und Spannung. Ein Netz ist immer für höchstmögliche Scheinleistung auszulegen.

5.5 Energie

»Energie (E)« wird in Lehrbüchern meist einfach definiert als die Fähigkeit, Arbeit zu verrichten. Dazu gehört, Dinge zu bewegen oder zu erwärmen. Energie gibt es in verschiedenen Formen, die ineinander umgewandelt werden können, insbesondere

- Energie, die als Licht, Wärme oder andere Strahlung übertragen wird (elektromagnetisch),
- Energie, die als Wärme in Stoffen enthalten ist (thermisch),
- Energie, die im Bau der Stoffe angelegt ist (chemisch),
- Energie, die durch die Lage oder Bewegung von Dingen vermittelt wird (potenziell, kinetisch),
- Energie, die durch die gerichtete Bewegung von Teilchen in Stoffen oder ihren Lösungen, also Stromfluss, vermittelt wird (elektrisch).

5.6 Solarenergie

Die Solarenergie (SE) ist die Strahlung, die von der Sonne zur Erde (und zu anderen Himmelskörpern) gelangt sie ist also ein Teil des elektromagnetischen Spektrums. Die Bandbreite umfasst den langwelligen bis zum kurzwelligen Bereich. Dazu gehören unter anderem Rundfunkwellen, sichtbares Licht, Wärmestrahlung, Röntgenstrahlung und kosmische Strahlung. Die jährliche Sonneneinstrahlung auf die Erdoberfläche beträgt etwa 1,5·1.018 kWh. In der Sahara sind es 2.350 $kWh/m^2 \cdot a$, in Mitteleuropa um 1.000 $kWh/m^2 \cdot a$, in Deutschland 950 bis 1.300 $kWh/m^2 \cdot a$ (Süddeutschland wird stärker bestrahlt als Norddeutschland). An der Grenze der Atmosphäre wird ein Teil der Strahlung abgelenkt (Reflexion), ein weiterer Teil wird durch das Gasgemisch der Luft sowie durch Wassertröpfchen und Staubteilchen aufgenommen (Absorption) und erwärmt diese.

5.7 Photovoltaik

Der Begriff »Photovoltaik (PV)« bezeichnet jegliche Technologie, die der Umwandlung von Sonnenlicht (elektromagnetisch) in Strom (elektrisch) dient. PV-Anlagen nutzen Solarmodule (Solarkollektoren), die in Stromkreise geschaltet und dem Sonnenlicht ausgesetzt werden und so (Gleich-)Strom liefern.

5.8 Photoelektrischer Effekt

Der photoelektrische Effekt (PE) wurde 1839 durch den französischen Forscher Alexandre Edmond Becquerel (1820–1891) und dessen Vater entdeckt, aber nicht verstanden. Manche Stoffe, die vermeintlich Strom nicht leiten, tun dies plötzlich bei Belichtung. Zu den bekannteren Forschern, die sich später damit befassten, gehörte Albert Einstein (1879–1955), der für seine Forschung 1921 den Nobelpreis erhielt.

Seit über 100 Jahren wird der PE in Kleingeräten genutzt, in Belichtungsmessern für die Fotografie, in Taschenrechnern und Armbanduhren, in größerem Maßstab (und überaus erfolgreich) seit über 60 Jahren in der Raumfahrt. Die Stromversorgung durch Sonnenlicht wurde mit der Ölkrise 1973 und dem Entstehen europäischer und nordamerikanischer Umweltbewegungen zum Forschungs- und Fördergegenstand. Pflanzen verwerten Sonnenlicht mit ihrem grünen Farbstoff Chlorophyll; Menschen können dies

- durch den Anbau von Pflanzen, die wiederum nützliche Stoffe bilden, welche zur Ernährung (Obst, Gemüse, Getreide, Futterpflanzen für Nutztiere), als Werkstoffe (Holz, Pflanzenfasern) oder als allgemeine Lebensgrundlage (Sauerstoff) dienen, oder
- durch die Nutzung der Strahlungswärme (etwa zur Erwärmung von Gebäuden).

Zumeist handelt es sich um Silizium, das wie Kohlenstoff zur IV. Hauptgruppe des Periodensystems der Elemente gehört, aber auch um Gallium oder Indium in Verbindung mit Phosphor oder Arsen (III. und V. Hauptgruppe).

	Pflanzenwelt (Natur)	Mensch (Technologie)
Hilfsmittel	Chlorophyll (organisch – Verbindung des Kohlenstoffs)	Halbleiter (anorganisch – Silizium u. a. Stoffe)
Vorgänge	Chemische Reaktionen (Photosynthese): Stoffe werden verändert.	Physikalische Prozesse (photoelektrischer Effekt): Stoffe werden nicht verändert.
Ertrag	Zucker, Sauerstoff u. a. Stoffe	Strom
Speicherung	Einlagerung in Pflanzenteilen	Akkumulatoren/Batterien

Tab. 2: Nutzung von Sonnenlicht durch Pflanzen (Natur) und Mensch (Technologie)

5.9 Silizium

Solarzellen zur Stromerzeugung werden bisher überwiegend aus Silizium hergestellt, wobei zwischen monokristallinem, polykristallinem und amorphem Silizium unterschieden werden muss. Daneben können Solarzellen auch aus anderen kristallinen Materialien (wie z. B. Gallium-Arsenid [GaAs], Cadmium-Tellurid [CdTe] oder Kupfer-Indium-Selenid [CuInSe, CIS]), aus organischen Materialien oder aus organischen Farbstoffen (»Grätzel-Zelle«) hergestellt werden.

In allen Fällen muss zur Herstellung der Solarzellen zunächst Energie aufgewendet werden, die später im Betrieb wieder hereingespielt werden muss. Die Höhe dieser Energie-Investitionen unterscheidet sich teilweise stark von einer Art von Solarzellen zur anderen. Traditionell werden Solarzellen-Materialien auf ähnliche Weise hergestellt wie Halbleiter-Materialien (v. a. Silizium) für Anwendungen in Computer-Prozessoren bzw. generell in der Elektronik.

5.10 Wafer

Für die Wafer-Herstellung wird Silizium sehr aufwendig gereinigt, geschmolzen und in großen Blöcken zu möglichst perfekten Kristallen verfestigt, um danach in dünne Scheiben (»wafer«) geschnitten zu werden. Der Energieaufwand für dieses Verfahren kann dabei sehr hoch sein. Er lässt sich reduzieren, indem die Scheiben so dünn wie möglich geschnitten werden, solange der Wirkungsgrad der fertigen Solarzelle dadurch nicht zu sehr reduziert wird.

Mit anderen Verfahren können Solarzellen-Materialien als sehr dünne Schicht auf ein Trägermaterial (Glas, Metall o.Ä.) aufgebracht werden (sog. Dünnschicht-Solarzellen). Dies kann den Materialaufwand und den Energieverbrauch erheblich verringern. Weitere Ansätze zur Verringerung der Energiekosten bestehen u. a. darin, nicht mehr primär auf hochwertiges (»electronic-grade«) Silizium zurückzugreifen, sondern für Solarzellen verstärkt auch Material geringerer Reinheit (»dirty silicon«) zu verwenden. In allen Fällen muss zwischen den erzielbaren Energieeinsparungen bei der Herstellung und einem möglichen Verlust an Wirkungsgrad im Betrieb abgewogen werden.

5.11 Halbleiter

Halbleiter setzen bei Belichtung Ladungsträger (Elektronen) aus ihren Kristallen frei. Die gleichzeitige Erwärmung durch Sonnenlicht verstärkt die Gitterschwingungen in Feststoffen. Damit wird der Stromfluss in Leitern und Halbleitern letztlich behindert. Bestrahlung erzeugt in Halbleitern einen Gleichstrom, Ladungsträger fließen nur in eine Richtung (bei Wechselstrom fließen sie abwechselnd in beide Richtungen). Gleichstrom kann in einem örtlichen Netz genutzt oder gespeichert werden (Akkumulatoren/Batterien), üblicherweise wird er mit Wechselrichtern in Wechselstrom umgewandelt, der von Kleingeräten genutzt oder ins Netz eingespeist werden kann. Eine wichtige Speicherform wird Wasserstoff sein, freigesetzt durch Elektrolyse von Wasser mit dem gewonnenen Strom. Zu den Schwerpunkten der Forschung gehören derzeit

- die Versorgungssicherheit und der Leistungsausgleich in Netzen, die vorrangig von Sonnen- und Windkraftanlagen gespeist werden,
- die Beständigkeit von Solarmodulen gegen UV-Strahlung, Staub und Sand sowie
- der Ersatz von Solarsilizium durch neue Werkstoffe, auch Kunststoffe.[38]

Die Forschung und Entwicklung im Bereich Photovoltaik ist bestrebt, einerseits den Energieverbrauch bei der Herstellung von Solarzellen zu senken, andererseits möglichst die Wirkungsgrade zu erhöhen. Beide Effekte wären geeignet, die Energierücklaufzeit (ERL) von Solarzellen zu verkürzen. Die Energierücklaufzeit bei Solarzellen ist die Zeitspanne, die benötigt wird, um die Menge an Energie zu erzeugen, die für die Herstellung, Installation, Wartung und Entsorgung der Solarzellen aufgewendet wird. Mit anderen Worten: Es ist die Zeit, die vergeht, bis die Solarzellen die Energie »zurückgewonnen« haben, die in ihren gesamten Lebenszyklus investiert wurde.

Neben der Herstellung des eigentlichen Solarzellenmaterials haben viele weitere Faktoren einen Einfluss auf die Energierücklaufzeit gesamter Anlagen. Dazu zählt wie im Fall der Windenergie der Standort: Wegen stärkerer und längerer Sonneneinstrahlung liegen die Rücklaufzeiten in Süddeutschland tendenziell bei niedrigeren Werten als in Norddeutschland. In südlicheren Ländern wie Spanien, im gesamten Mittelmeerraum oder auf dem afrikanischen Kontinent sind die Verhältnisse noch deutlich günstiger. Neben der geografischen Breite haben einige weitere Faktoren Auswirkungen auf den

38 Mir-Artigues & del Rio 2016, Mohanty u. a. 2016, Rabiul Islam u. a. 2016, Dupré u. a. 2017, Elbaset & Hassan 2017, Elbaset u. a. 2019, Precup u. a. 2019, Eltamaly & Abdelaziz 2020, Mellit & Benghanem 2020, Pavlovic 2020, Gandhi 2021, Rodriguez Gallegos 2021, Zhang 2021.

Ertrag der Stromerzeugung, vor allem die optimale Ausrichtung auf die Sonne (horizontal und vertikal) und die Frage, ob die Anlage stationär ausgerichtet ist oder dem Gang der Sonne im Tagesverlauf nachgeführt wird. Einfluss auf die Energiekosten der Herstellung und damit auf die Rücklaufzeiten haben auch die Materialien, die für Montage und Aufständerung verwendet werden. Ein beliebter Werkstoff ist Aluminium. Für dessen Herstellung muss jedoch besonders viel Energie investiert werden. Daher können freistehende Solaranlagen längere Rücklaufzeiten haben als solche, die beispielsweise auf Hausdächern montiert oder in Gebäudefassaden integriert werden.

Vertreter der Solarwirtschaft weisen darauf hin, dass Angaben zu energetischen Amortisationszeiten nur eine Momentaufnahme des jeweils aktuellen technischen Standes darstellen und deshalb immer mit einer Jahreszahl versehen werden sollten. Alles in allem ist ein Zielbild für die nahe Zukunft erkennbar (Abb. 22): Die Wirkungsgrade von Solarmodulen steigen. Wird derzeit etwa ein Fünftel der auftreffenden Sonnenstrahlung in Strom umgewandelt, könnte es bald ein Drittel sein. Zudem wird es neue Lösungen für die Aus- und Nachrüstung von Gebäuden (oder Fahrzeugen) aller Art geben, sodass grundsätzlich alle Außen- und Oberflächen eines Baukörpers für die Regelung des Wärmehaushalts und die Erzeugung von Strom nutzbar sind. Daneben geht Photovoltaik, wie jede andere Technologie auch, mit Vor- und Nachteilen einher, die es abzuwägen gilt.

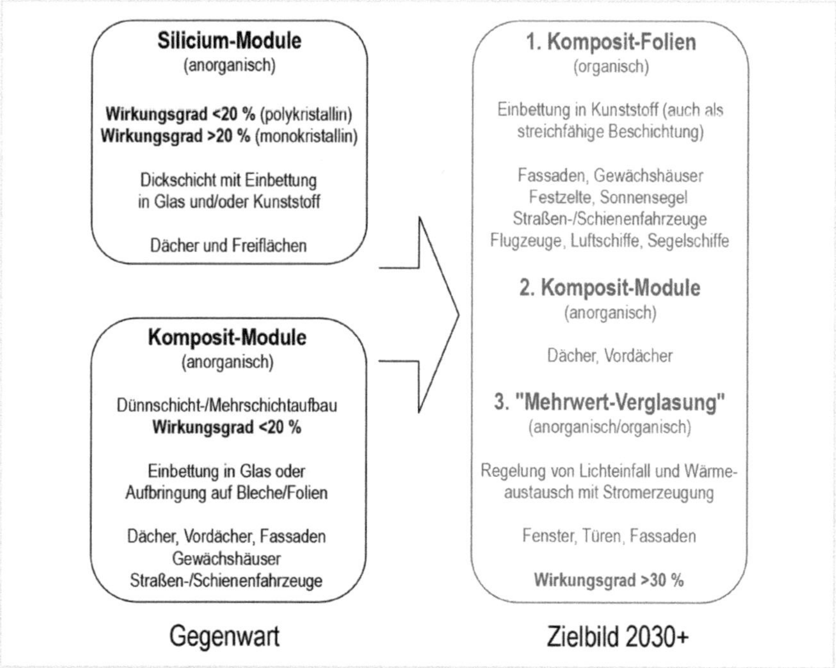

Abb. 22: Arten und Entwicklungsrichtungen von Solarmodulen (Darstellung: Dr. Mario H. Kraus)

Sonneneinstrahlung ist kostenlos und im Jahresdurchschnitt deutschlandweit ausreichend verfügbar.	Sonneneinstrahlung ist abhängig von Tageszeit, Jahreszeit, Standort, Wetterlage, Bebauung.
Abhängigkeit von Kohle, Öl, Gas und dem deutschen Energie-Oligopol wird verringert.	Abhängigkeit von China (Marktanteil 2/3 bei Solarsilicium) und anderen Ländern (Edelmetalle) bleibt bestehen.
Beitrag zum Umweltschutz – am Ort der Nutzung entstehen keine Abgase, kein Müll, kein Lärm.	Herstellung von Solarsilicium, Aluminium, Kupfer ist aufwendig und umweltbelastend.
Folgen von Netzstörungen werden durch kleinteilige örtliche Anlagen wirksam beschränkt.	Ergänzungsversorgung aus öffentlichen Netzen bleibt erforderlich, Anlagen werden vom Netzbetreiber ferngesteuert.
Verstromung von Sonnenlicht wird staatlich gefördert.	Förderung sinkt im Zeitverlauf und ist abhängig vom Betriebsmodell; Erträge sinken durch Abregelungen.
Anlagen können in (fast) jeder Größe an (fast) jedem Gebäude und über Nebenflächen angebracht werden.	Bautätigkeit in der Nachbarschaft kann nachträglich zu Verschattungen führen.
Bestandsbauten können nachgerüstet werden; es gibt auch denkmalschutzgerechte Anlagen.	Nachrüstungen sind oft nur bei umfassenden Sanierungen sinnvoll.
Es gibt jahrzehntelange Erfahrungen und verschiedenste Lösungen am Markt.	Übernachfrage, Fachkräftemangel, Rohstoffknappheit wirken fallweise verzögernd und preistreibend.
Baurechtliche Vorgaben und öffentliche Widerstände sind vergleichsweise gering.	Strom- und Steuerrecht sind teils auslegungsbedürftig, Rechtsprechung ist noch gering entwickelt.
Anlagen wurden über 15-20 Jahre immer preisgünstiger, Strom aus Sonnenlicht ist wettbewerbsfähig.	Wirtschaftlichkeit ist abhängig von den örtlichen Gegebenheiten, dem Betriebsmodell und der Preisentwicklung.

Abb. 23: Vor- und Nachteile der Photovoltaik als Technologie (Darstellung: Dr. Mario H. Kraus)

6 Recyclingfähigkeit und Kreislaufwirtschaft

6.1 Herausforderungen und Zielsetzungen

Einige Menschen empfinden Solaranlagen als ästhetisch störend, insbesondere in Wohngebieten. Windanlagen werden aus dem gleichen Grund oder auch wegen einer etwaigen Geräuschbelästigung abgelehnt. Das sind gesellschaftliche Widerstände, die die notwendige Entwicklung behindern.

Auch die Effizienz von Photovoltaikanlagen muss sich verbessern, damit sie stärker akzeptiert werden. Die Effizienz hängt nicht nur von der richtigen Ausrichtung der Paneele ab, sondern auch stark vom Wetter und den Tages- und Jahreszeiten. Bei bewölktem Himmel oder Regen oder im Winter produzieren Solarzellen oft weniger Strom. Dies kann die Zuverlässigkeit der Stromversorgung beeinträchtigen. Deshalb sollte die Lösung aus Redundanzgründen im Ausbau von intelligent vernetzten Anlagen liegen, um das wachsende Netz gegen Ausfälle in immer stärkerem Maße immun zu machen.

Photovoltaikanlagen benötigen darüber hinaus große Flächen. Dies führt zu Konflikten über die Landnutzung und in der Folge nicht selten zu juristischen Auseinandersetzungen, insbesondere in dicht besiedelten Gebieten.

Die Integration von Photovoltaikanlagen in bestehende Stromnetze bringt technische Herausforderungen mit sich. Mit einer zunehmenden Anzahl der Produktionsflächen kommt es zu Stromerzeugungsschwankungen, die gesteuert und reguliert werden müssen.

Solarzellen unterliegen im Laufe der Zeit einem allmählichen Leistungsabfall. Deshalb sind eine regelmäßige Wartung und der Austausch von Modulen notwendig, um eine signifikante Menge an Energie konstant verfügbar zu halten.

Die Energie, die für die Herstellung von Solarzellen benötigt wird, muss in der Gesamtbilanz der sauberen Energieproduktion berücksichtigt werden, was die produzierende Industrie vor neue Herausforderungen stellt. Die Forschung zielt darauf ab, die Effizienz von Solarzellen zu steigern, Materialien zu recyceln und umweltfreundlicher herzustellen sowie die Integration von Photovoltaik in die Stromnetze zu verbessern.

6.2 Kostbare Ressourcen, Stoffkreisläufe und Recycling

Die Herstellung von Solarzellen erfordert den Einsatz von seltenen und teuren Rohstoffen wie Silizium. Die Verfügbarkeit dieser Materialien und die Auswirkungen des Abbaus sind ökologisch und sozial problematisch und erfordern eine Menge Energie zur Gewinnung und später zur Produktion. Zudem gibt es stark zunehmende Herausforderungen hinsichtlich der Entsorgung von nicht mehr funktionsfähigen Solarzellen und im Recyclingprozess.

Das Recycling von Photovoltaik-Modulen ist ein bis jetzt vernachlässigter Aspekt, der bei der raschen Zunahme an Modulen dringend in den Fokus gerückt werden muss, um die Umweltauswirkungen dieser Technologie zu minimieren und wertvolle Ressourcen zurückzugewinnen. Allerdings gibt es einige Herausforderungen und Probleme im Zusammenhang mit dem Recycling von Photovoltaik. Photovoltaik-Module bestehen aus einer Vielzahl von Materialien, darunter Glas, Metalle, Silizium, Kunststoffe und elektronische Komponenten. Diese Materialien müssen getrennt und in spezialisierten Anlagen in ihre jeweiligen Stoffkreisläufe rückgeführt und dann recycelt werden. Es gibt noch keine einheitlichen Standards für das Recycling von Photovoltaik-Modulen, wodurch der Prozess komplexer wird. Die Sammlung und der Transport von gebrauchten Solarmodulen zu den Recyclinganlagen ist teuer und ressourcenintensiv. Das Recycling von Photovoltaik-Modulen erfordert erhebliche Investitionen in spezielle Anlagen und Technologien. Die Wirtschaftlichkeit des Recyclings hängt von Faktoren wie den Rohstoffpreisen und den Kosten für Transport und Verarbeitung ab. Dünnschicht-Solarmodule enthalten potenziell gefährliche Materialien wie etwa Kadmium. Deren sichere Handhabung und Entsorgung ist eine zusätzliche Herausforderung. Der Recyclingprozess von Solarmodulen muss sicherstellen, dass die recycelten Materialien die erforderliche Qualität für die Herstellung neuer Module haben.

Silizium ist ein Schlüsselmaterial in fast allen Photovoltaik-Modulen. Es muss in einem aufwendigen Prozess von Verunreinigungen gesäubert werden, damit es erneut verwendet werden kann. Einige Solarmodule enthalten seltene Erden, die in der Elektronikindustrie gefragt sind. Die Rückgewinnung dieser wertvollen Materialien ist kompliziert.

Dazu kommen gesetzliche und regulatorische Herausforderungen. So haben die einzelnen Länder unterschiedliche Gesetze und Vorschriften für das Recycling von Photovoltaik-Modulen, was beispielsweise den grenzüberschreitenden Handel, die Entsorgung und das Recyceln von Materialien erschwert. Trotz dieser Herausforderungen gibt es Licht am Horizont. Die Entwicklung von effizienteren Recyclingtechnologien schreitet voran, ebenso die Schaffung von Standards und Richtlinien, um den Prozess zu vereinfachen, und die Rückgewinnung wertvoller Materialien aus den Modulen wird verstärkt gefördert. Das Recycling von Solarmodulen ist ein wichtiger

Schritt zur Förderung von Nachhaltigkeit und zur Reduzierung des ökologischen Fußabdruckes der Gesellschaft.

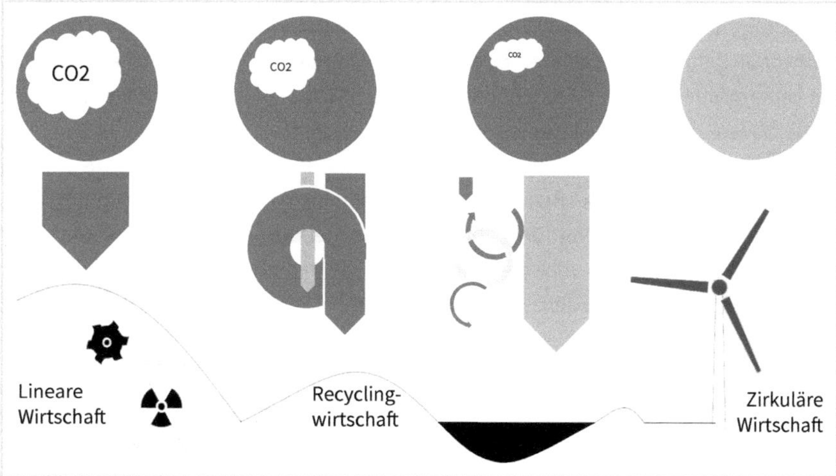

Abb. 24: Umbau unserer Gesellschaft zu einer zirkulären Wirtschaft mit zunehmendem Einsatz von erneuerbaren Energiequellen mit dem finalen Ziel der ganzheitlichen Energiegewinnung aus der Sonne (Darstellung: Thomas A. J. Oebbecke)

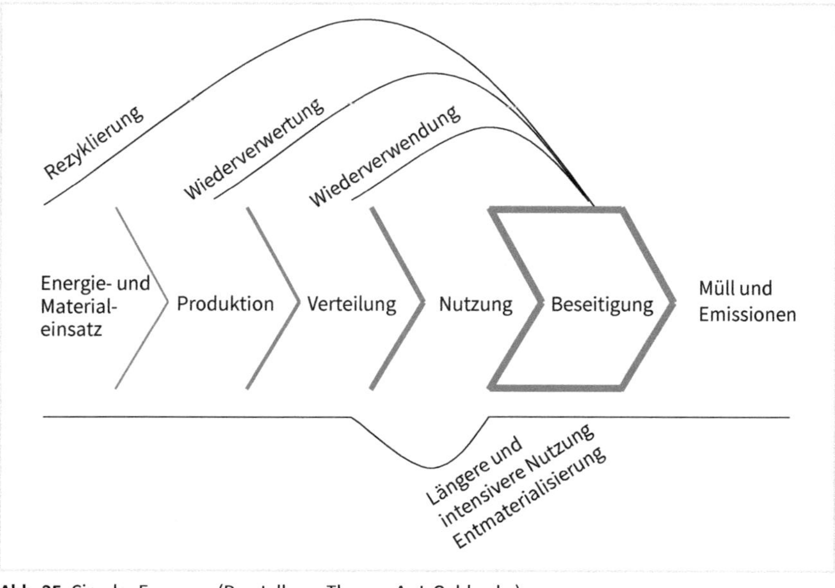

Abb. 25: Circular Economy (Darstellung: Thomas A. J. Oebbecke)

6.3 Entsorgungs-Tsunami

Alle Maßnahmen und Vorhaben, die im Kapitel oben aufgeführt wurden, sind dringend notwendig, denn 50 Jahre nach Einführung der ersten Module auf deutschen Dächern, dem vor 20 Jahren einsetzenden Boom und im Angesicht der noch vermeintlich kurzen Lebensdauer der Module stehen wir vor einem Tsunami an zu entsorgendem und wiederzuverwendendem Material.

Ein gutes Gefühl für die Größenordnung des Problems bekommt man im nordrhein-westfälischen Marienhof: Vor fünf Jahren lagen bei der dort ansässigen, auf Recycling spezialisierten Firma aufs Jahr gerechnet rund 500 Tonnen Solarmodule und warteten darauf, recycelt zu werden. Heute werden immer noch bis zu 500 Tonnen Module geliefert – aber jeden Monat.[39]

Die Aussage, dass wir vor einem echten Entsorgungsproblem stehen, das im schlimmsten Fall zu vielen Sondermülldeponien führen kann, ist an der an sich gutgemeinten Dämminitiative von vor ca. 15 Jahren sehr gut zu sehen. Damals wurde das Dämmen von Neubauten, aber vor allem von Bestandsgebäuden im Zuge von energetischen Sanierungen propagiert und mit immensen Fördergeldern und Initiativen stimuliert. Nicht nur, dass – zum Entsetzen der Fachwelt – Dämmstärken angesetzt wurden, die weit jenseits einer noch physikalisch nachweisbaren Effizienz lagen, es wurde fast achtlos alles in Form von Wärmedämmverbundsystemen an die Häuser verbaut, was nur irgendwie Dämmung versprach. Damit wurde für die Wohnungs- und Immobilienwirtschaft eines der größten Sondermüllprobleme nach dem Zweiten Weltkrieg geschaffen. Das ist falsch verstandener Klimaschutz.

Den gleichen Trend sehen wir jetzt mit Solar- und Photovoltaikanlagen mit dem Unterschied, dass man, wenn auch aufwendig, die Materialien wieder trennen, in ihre Stoffkreisläufe rückführen und somit fast zu 100% recyceln kann. Das Recyceln und die Rückführung der Materialien in die Stoffkreisläufe von Photovoltaik-Modulen werden also eine der wichtigsten Herausforderungen, insbesondere angesichts der begrenzten Lebensdauer dieser Anlagen.

Um mit der steigenden Anzahl ausgemusterter Solarpaneele umzugehen, gibt es verschiedene Ansätze. Die Wiederverwertung aller Materialien aus alten Photovoltaik-Modulen ist ein Schlüsselaspekt. Hierbei werden die Module in spezialisierten Anlagen wie in Marienhof demontiert und die wertvollen Materialien wie Silizium, Glas und Metalle recycelt. Einige Hersteller und Solarunternehmen haben Rücknahmepro-

39 https://www.bdew.de/online-magazin-zweitausend50/stoffwechsel/pv-anlagen-im-angesicht-der-entsorgungswelle/, zugegriffen am 05.11.2023.

gramme implementiert, bei denen sie alte Module von Kunden zurücknehmen und für das Recycling sorgen.

Die Bewältigung der »Solar-Trash-Welle« erfordert die Zusammenarbeit von Regierungen, Herstellern, Solar- und Recyclingunternehmen. Es muss sichergestellt werden, dass die Entsorgung von Photovoltaik-Modulen nachhaltig und umweltfreundlich erfolgt, um die positiven Umweltauswirkungen der Solarenergie nicht durch Probleme bei der Entsorgung zunichtezumachen.

Mit der Weiterentwicklung von Recyclingtechnologien und einer verbesserten Gesetzgebung kann die Branche dazu beitragen, die Herausforderungen im Zusammenhang mit der Entsorgung von Solarmodulen zu bewältigen. Nur so kann man mit dem Tempo Schritt halten, mit dem Deutschland im Rahmen der Energiewende Solar- und Windkraftanlagen fertigt. Die Schätzungen der Internationalen Organisation für erneuerbare Energien (IRENA) deuten darauf hin, dass weltweit bis 2030 mindestens 1,7 Millionen Tonnen alter Photovoltaik-Module anfallen werden. Zwanzig Jahre später könnten es 60 Millionen Tonnen sein und das ist ein vorsichtiger Schätzwert. Wenn viele Module bereits nach weniger als 30 Jahren ausgemustert werden, könnten bis 2030 bereits 8 Millionen Tonnen zu entsorgen sein.

»Die Welle ist also längst da«, sagt Benedikt Heitmann, zuständig für Forschung und Entwicklung bei der Reiling Unternehmensgruppe. Das seit 1957 auf Glas spezialisierte Unternehmen recycelt seit Mitte der 1990er-Jahre PV-Module – und die Mengen steigen rasant. »Unsere drei Erstbehandlungsanlagen für Solarmodule reichen bald nicht mehr aus«, sagt Heitmann. »Daher werden wir nächstes Jahr in Münster das Kompetenzzentrum Photovoltaik-Recycling errichten.« Dort sollen jährlich mehr als 10.000 Tonnen PV-Module recycelt werden – die 10.000 gilt als magische Zahl in der Branche, ab dieser Menge rentiert sich der Prozess.[40]

In der Europäischen Union gibt es Vorschriften, die das Recycling von alten PV-Modulen vorschreiben. In Deutschland können Privatpersonen ihre Module kostenfrei beim Recyclinghof abgeben, wobei die Hersteller die Kosten für das Recycling tragen. Betreiber von Solarparks müssen die Recyclingkosten in der Regel selbst tragen, was je nach Anbieter etwa zwei bis drei Euro pro Modul kosten kann. Dies dient dazu, die verantwortungsvolle Entsorgung und das Recycling von Solarmodulen zu fördern und sicherzustellen, dass wertvolle Materialien zurückgewonnen werden. Gemäß der EU-Gesetzgebung müssen 80 % des Gewichts von Solarmodulen recycelt werden. Diese Quote wird bereits mit Aluminium und Glas erfüllt, aber aus ökologischen Gründen ist es auch wichtig, das restliche Material wiederzuverwerten. Die meisten Solarmo-

40 https://www.bdew.de/online-magazin-zweitausend50/stoffwechsel/pv-anlagen-im-angesicht-der-entsorgungswelle/, zugegriffen am 05.11.2023

dule bestehen aus Rohstoffen, die laut Umweltbundesamt nicht knapp sind. Dennoch ist die Gewinnung dieser Rohstoffe energieintensiv. Silizium beispielsweise wird in Schmelz-Reduktionsöfen bei Temperaturen von etwa 2.300 Grad Celsius aus Quarzsand gewonnen, was zu einem enormen CO_2-Fußabdruck führt.

6.4 Entwicklung und Innovationen

Das Fraunhofer Institut hat 2022 mit Unternehmen aus der Recycling-Wirtschaft ein neues Verfahren entwickelt, das die Recycling-Quote revolutionieren wird. Durch dieses neue Verfahren werden nicht nur Glas und Aluminium, sondern auch Silizium und Silber in den Rohstoffkreislauf zurückgeführt. Es wurde ein industriell skalierbarer Prozess entwickelt, der auch ökonomisch und ökologisch sinnvoll ist und sich bereits in der Praxis in der Recyclingindustrie bewährt hat.

Das Verfahren besteht aus Sortieren, Ätzen und Schmelzen. Zuerst sortiert man die Bruchstücke der Solarzellen und befreit sie von Glas und Kunststoff. Dann werden sie durch mehrere nass-chemische Ätzprozesse in Säurebädern getrennt, um andere Metalle wie Kupfer, Silber oder Aluminium abzutrennen und so stetig reiner werdendes Silizium zu gewinnen. Hat das Silizium den gewünschten Reinheitsgrad erreicht, wird es geschmolzen. In einem Prozess, der an Kerzenziehen erinnert, wird aus dem flüssigen Silizium schließlich ein zylinderförmiger Stab geformt. Daraus schneidet man quadratische Wafer, die sich als Halbleiter in neuen PV-Modulen verbauen lassen.

Da Silizium in PV-Modulen besonders rein sein muss, ist es noch offen, ob dieser Prozess in Zukunft der wirtschaftlich sinnvollste ist. Weil die Module aber vorerst noch so gebaut werden, dass keine leichte Demontage in ihre einzelnen sortenreinen Bauteile möglich ist, gibt es derzeit keine anderen Möglichkeiten. Natürlich ist eine derartige Rohstoffwiedergewinnung trotzdem sinnvoll, da es auch andere Anwendungsmöglichkeiten gibt. So wird der recycelte Rohstoff auch in der chemischen Industrie, der Keramikindustrie und der Batterieherstellung gebraucht. Dort sind die Reinheitsanforderungen geringer, was den Recyclingprozess vereinfacht und die Kosten verringert.

Um hier einen Durchbruch für die folgenden Generationen von Solar- und Photovoltaik-Modulen zu schaffen, sollte die Innovation und Entwicklung höchste Anstrengungen unternehmen, um noch effizientere Module zu entwickeln, die sich zu 100% demontieren und in ihre einzelnen Bestandteile rückbauen lassen. Wichtig ist, dass kontinuierlich weiterentwickelt und diese Entwicklung auch staatlich gefördert wird. Eine große Aufgabe für Wirtschaft und Forschung ist beispielsweise das effizientere Recycling der Glasbruchstücke. Bisher endet deren Lebenszyklus in Isoliermaterialien wie Glaswolle. Es ist ein notwendiger Schritt, dass Glas in einer Qualität recycelt wird, in der man es wieder in den Glaskreislauf und damit auch in die Solartechnik zurückbringen kann. Derartige technologische Fortschritte würden im Verbund mit einer Rücknahmeverpflichtung der Hersteller ideale Kreisläufe schaffen. Daneben wäre es angebracht, Produkte zu entwickeln, die – in ihre Einzelteile zerlegt – direkt wiederverwendet werden können. Dazu ist eine signifikante Steigerung der Effizienz und Lebensdauer der neuralgischen Bauteile notwendig. Über allem steht als oberstes Gebot, Produkte, Verfahren und Prozesse zu entwickeln, die eine positive Ökobilanz vorweisen – vor allem, was die klimaschädigenden Emissionen entlang der gesamten Wertschöpfungskette angeht. Das enorme Potenzial im PV-Recycling lässt positiv in die Zukunft sehen, zumal sich genau berechnen lässt, was auf uns zukommt.

Fazit

Der Markt für industrietaugliche PV-Recyclingverfahren wird wachsen. Laut einer IRENA-Prognose haben die technisch verwertbaren Rohstoffe aus PV-Paneelen bis 2030 einen Wert von bis zu 450 Millionen US-Dollar. Bis 2050 könnte der Wert auf 15 Milliarden US-Dollar steigen. Das PV-Recycling wird den Industriestandort Deutschland und seine Innovationskraft neu positionieren und es werden ganz neue klimaneutrale Industriezweige und Arbeitsplätze entstehen.

6.5 Brandschutz

Ein eigenes Thema sind die Gefahren, die von Solar- und Photovoltaikanlagen und den damit verbundenen Stromspeichern, den Batterien, ausgehen, wenn sie brennen, da sie nur schwer zu löschen sind. Und die Brandkatastrophe im Ärmelkanal zeigt dies ebenfalls sehr deutlich. Dort war in der Nacht vom 26.07.2023 auf dem Frachter »Fremantle Highway« rund 27 Kilometer nördlich der Nordseeinsel Ameland im Wattenmeer ein Feuer ausgebrochen. Das Schiff hatte laut Angaben des charternden Unternehmens K-Line 3.800 Autos geladen, darunter auch 500 elektrisch betriebene. Das Brandrisiko ist also nicht zu unterschätzen.

Das Brennen von Solarzellen oder Photovoltaikanlagen kann verschiedene Gefahren mit sich bringen. Ein Brand in einer Solarzelle oder PV-Anlage kann sich leicht auf andere Teile des Gebäudes oder auf benachbarte Strukturen ausbreiten. Brände in PV-Modulen erzeugen Rauch, der gefährliche Chemikalien und Schadstoffe enthalten kann. Der zum Teil giftige Rauch gefährdet die Gesundheit von Menschen und behindert die Sicht, was die Evakuierung gerade übers Dach, wo die Anlagen i. d. R. montiert sind, oder über Balkone mit Balkonkraftwerken deutlich erschwert.

Das größte Risiko geht aber von den elektrischen Gefahren aus. Natürlich erzeugen PV-Anlagen elektrische Energie. Ein Brand in einer PV-Anlage kann dazu führen, dass elektrische Leitungen beschädigt werden, was elektrische Gefährdungen für die zu

Rettenden, aber vor allem für Feuerwehrleute und andere Rettungskräfte mit sich bringt. Das Löschen von PV-Bränden erfordert große Mengen Wasser. Die Verfügbarkeit von ausreichendem Löschwasser kann in einigen Umgebungen eine Herausforderung darstellen und die Löschmittel und der Ruß ausbrennender PV-Module können die Umwelt schädigen und Gewässer oder Böden verschmutzen.

Auch der Netzbetrieb kann betroffen sein. Es kann zu Ausfällen und Betriebsunterbrechungen kommen, vor allem wenn aus Sicherheitsgründen ganze Anlagen abgeschaltet werden müssen. Aus diesen Gründen ist es äußerst wichtig, Sicherheitsmaßnahmen zu ergreifen, um Brände in PV-Anlagen zu verhindern. Außerdem müssen für den Fall eines Brandes Sicherheitsprotokolle vorliegen. Sicherheitsmaßnahmen können die Installation von Blitzableitern, die regelmäßige Inspektion und Wartung der Anlagen, den Zugang für Feuerwehrleute und Schulungen für Mitarbeitende und Rettungskräfte umfassen. Das Ziel ist es, Brände zu verhindern und im Fall eines Brandes sicher und effektiv zu handeln.

6.6 Brandvorbeugung und -bekämpfung

Ein Großteil der Brandfälle in PV-Anlagen geht auf elektrische Defekte zurück. Daher sind regelmäßige Inspektionen und Wartungsarbeiten nicht nur unerlässlich, sondern auch gesetzlich vorgeschrieben. Dies umfasst die Überprüfung von Verkabelungen, Anschlüssen und Wechselrichtern. PV-Anlagen sind aufgrund ihrer Exponiertheit anfällig für Blitzeinschläge, daher ist ein ordnungsgemäßer Blitzschutz erforderlich, der die Installation von Blitzableitern und Überspannungsschutzgeräten beinhaltet.

Bei der Planung und Installation von PV-Anlagen muss der Zugang für die Feuerwehr gewährleistet sein, damit im Fall eines Brandes effektiv agiert und die Anlage gegebenenfalls abgeschaltet werden kann. PV-Module sind in verschiedene Brandklassen eingeteilt, die bei der Auswahl zu beachten sind, Brand hemmende Module sind in bestimmten Umgebungen möglicherweise vorgeschrieben. Es gilt, die Brandlast auf dem Dach, auf dem sich die PV-Anlage befindet, zu minimieren. Dies wird meist durch die Verwendung von nicht brennbaren Materialien in der Nähe der Anlage und die Entfernung von brennbarem Material in der Umgebung erreicht. Außerdem sollten Sicherheitsabstände gewahrt bleiben. PV-Module sollten über den gesetzlich vorgeschriebenen Mindestabständen zu anderen Bauteilen oder Gebäuden hinaus in ausreichendem Abstand zu anderen Gebäudestrukturen installiert werden, um die Ausbreitung von Bränden zu verhindern. Von entscheidender Bedeutung ist eine lückenlose und ganzheitliche Brandschutzdokumentation. Hausbesitzer und Betreiber von PV-Anlagen sollten über eine angemessene Brandschutzdokumentation verfügen, die den Standort der Anlage, Notfallkontaktinformationen und relevante Pläne für die Feuerwehr enthält, und diese im Notfall griffbereit haben. Idealerweise auch in digitaler Form. So kann beispielsweise schon bei der Alarmierung die Dokumentation an die Einsatzkräfte übermittelt und der Einsatz koordiniert werden, was in Summe zu deutlich schnelleren Reaktionszeiten führt. Alle Personen, die mit PV-Anlagen arbeiten, sollten über Schulungen in Bezug auf Brandschutz und Notfallverfahren verfügen, um im Ernstfall angemessen reagieren zu können.

Fazit

Der Brandschutz ist ein entscheidender und im Ernstfall lebensrettender Aspekt bei der Installation und dem Betrieb von PV-Anlagen. Eine sorgfältige Planung, regelmäßige Inspektionen und Schulungen sind entscheidend, um Brandgefahren zu minimieren und die Sicherheit zu gewährleisten.

7 Rechtsgrundlagen

In den letzten Jahrzehnten entstand in Deutschland ein Stromrecht, das in Sachen Regelungsdichte mit dem Steuerrecht vergleichbar ist. Es gibt in diesem Bereich etwa zwei Dutzend Gesetze und Verordnungen. Die für den Betrieb von PV-Anlagen wichtigen Rechtsgrundlagen sind nachfolgend aufgeführt.

7.1 Bundesweit geltende Gesetze

Energiewirtschaftsgesetz (EnWG)

Das Energiewirtschaftsgesetz wurde in der Zeit des NS-Regimes geschaffen: Die Versorgung sollte nicht nur durch einige, im Kriegsfall leicht zu zerstörende Großkraftwerke gesichert werden, sondern auch durch zahlreiche kleinere Anlagen (wie die damaligen Stadtwerke). Heute regelt das Gesetz insbesondere den Wettbewerb im Strom- und Gasmarkt einschließlich Netzbetrieb und Preisbildung, den Kraftwerksbetrieb und die Gasspeicherung, die Inhalte von Verträgen und Rechnungen, die Versorgung von Haushalten sowie die Umsetzung des Rechts der Europäischen Union. Hier ein Auszug zum Thema Rechte und Pflichten bei der Deckung von Eigenbedarf aus dem Energiewirtschaftsgesetz:

> **Energiewirtschaftsgesetz (§ 37 Absatz 1) (Stand Januar 2024)**
>
> Wer zur Deckung des Eigenbedarfs eine Anlage zur Erzeugung von Energie betreibt oder sich von einem Dritten versorgen lässt, hat keinen Anspruch auf eine Grundversorgung zu dem Allgemeinen Preis nach § 36 Absatz 1 Satz 1. Er kann aber eine Grundversorgung durch eine Zusatz- und Reserveversorgung in dem Umfang und zu den Bedingungen verlangen, die für den Grundversorger wirtschaftlich zumutbar sind. Satz 1 gilt nicht für Eigenanlagen, die ausschließlich der Sicherstellung des Energiebedarfs bei Aussetzen der öffentlichen Energieversorgung dienen, wenn sie außerhalb ihrer eigentlichen Bestimmung nicht mehr als 15 Stunden monatlich zur Erprobung betrieben werden.

Erneuerbare-Energien-Gesetz (EEG)

Das Erneuerbare-Energien-Gesetz ist die wichtigste Rechtsgrundlage für die Nutzung erneuerbarer Ressourcen zur Gewinnung von Strom und Wärme, damit auch für die Errichtung von PV-Anlagen und die Vergütung von Stromeinspeisungen.

Stromgrundversorgungsverordnung (StromGVV)

Die Stromgrundversorgungsverordnung regelt die zwingende Stromversorgung der Haushalte, sofern diese nicht einen anderen Anbieter auswählen. Hier ein Auszug zum leitungsgebundenen Elektrizitätsbedarf aus den Elektrizitätslieferungen versus Bedarfsdeckung durch Eigenanlagen der Kraft-Wärme-Kopplung aus der Stromgrundversorgungsordnung:

> **Stromgrundversorgungsordnung (§ 4) (Stand Januar 2024)**
> Der Kunde ist für die Dauer des Grundversorgungsvertrages verpflichtet, seinen gesamten leitungsgebundenen Elektrizitätsbedarf aus den Elektrizitätslieferungen des Grundversorgers zu decken. Ausgenommen ist die Bedarfsdeckung durch Eigenanlagen der Kraft-Wärme-Kopplung bis 50 Kilowatt elektrischer Leistung und aus Erneuerbaren Energien; ferner durch Eigenanlagen, die ausschließlich der Sicherstellung des Elektrizitätsbedarfs bei Aussetzen der Grundversorgung dienen (Notstromaggregate).

Niederspannungsanschlussverordnung (NAV)

Die Niederspannungsanschlussverordnung enthält die Verfahrensweise zum Anschluss von Haushalten und Unternehmen an das Stromnetz.

Messstellenbetriebsgesetz (MsbG)

Das Messstellenbetriebsgesetz regelt die Verbrauchsmessung mit modernen Messeinrichtungen. Bei PV-Anlagen muss nicht nur die erzeugte Strommenge gemessen werden, die Anlage muss auch fernsteuerbar und notfalls abregelbar sein.

Gebäudeenergiegesetz (GEG)

Das Gebäudeenergiegesetz regelt die Grundsätze der Strom- und Wärmeversorgung einschließlich erforderlicher Einsparungsmaßnahmen für neu zu errichtende Gebäude. Die Ausstattung mit PV-Anlagen kann auf die Grenzwerte angerechnet werden. Das neue Gebäudeenergiegesetz ist seit 1.1.2024 in Kraft.

Marktstammdatenregisterverordnung (MaStRV)

Jede PV-Anlage ist in ein von der Bundesnetzagentur geführtes, öffentlich einsehbares Register einzutragen (einschließlich Namen und Rechtsform der Betreibenden, Ort und Größe der Anlage, Inbetriebnahme, Ausstattung mit Stromspeichern).

Elektro- und Elektronikgerätegesetz (ElektroG)

Im Elektro- und Elektronikgerätegesetz sind die Vorgaben für die nachweispflichtige Entsorgung nicht mehr benötigter PV-Anlagen festgeschrieben.

7.2 Landesgesetze

In den letzten Jahren wurde die Verpflichtung zur Aus- und Nachrüstung von Liegenschaften in einigen Bundesländern durch Vorschriften umgesetzt. Der Trend der Gesetzgebung zielte auf den Neubau oder grundlegende (Dach-)Sanierungen. Teils wurde dies in die geltenden Landesbauordnungen eingebracht, teils traten eigene Gesetze in Kraft. Bestimmungen für reine Gewerbebauten oder überdachte Parkplätze werden hier nicht berücksichtigt. Im Bundesrecht ist die Entwicklung derzeit nicht abzuschätzen, einige Landesregierungen wollen diese einstweilen abwarten.

7.3 DIN/VDE-Normen

Auch für das Gebiet Photovoltaik gibt es eine Reihe wichtiger Normen, die bei Planung und Betrieb von Anlagen zu berücksichtigen sind:

- DIN EN 62446-1; VDE 0126-23-1:2019-04 Photovoltaik (Anforderungen an Prüfung, Dokumentation und Instandhaltung, Teil 1: Netzgekoppelte Systeme – Dokumentation, Inbetriebnahmeprüfung und Prüfanforderungen)
- DIN EN 62305-3, VDE 0185-305-3 Beiblatt 5:2014-02 Blitzschutz (Teil 3: Schutz von baulichen Anlagen und Personen, Blitz- und Überspannungsschutz für PV-Stromversorgungssysteme)
- VDI 2883 Blatt 1:2020-01 Instandhaltung von PV-Anlagen
- VDI 6012 (Regenerative und dezentrale Energiesysteme für Gebäude, Grundlagen, Befestigung von Solarmodulen und -kollektoren auf Gebäuden)
- VDE AR-N 4105 Erzeugungsanlagen am Niederspannungsnetz, technische Mindestanforderungen für Anschluss und Parallelbetrieb von Eigenerzeugungsanlagen am Niederspannungsnetz
- VDE AR-E 2100-712 Maßnahmen für den DC-Bereich einer Photovoltaikanlage zum Einhalten der elektrischen Sicherheit im Falle einer Brandbekämpfung oder einer technischen Hilfeleistung
- DIN 4102-1:1998-05 Brandverhalten von Baustoffen und Bauteilen (Teil 1: Baustoffe: Begriffe, Anforderungen und Prüfungen)
- DIN 4102-7:2018-11 Brandverhalten von Baustoffen und Bauteilen (Teil 7: Bedachungen: Anforderungen und Prüfungen)
- DIN VDE 0100-712, VDE 0100-712:2016-10 Errichten von Niederspannungsanlagen (Teil 7-712: Anforderungen für Betriebsstätten, Räume und Anlagen besonderer Art – Photovoltaik-Stromversorgungssysteme)
- Normenreihe DIN VDE 0100 Errichten von Niederspannungsanlagen

Ausführliche Darstellungen zu Inhalten und Umsetzung der Normen sind vor Errichtung einer Anlage sehr zu empfehlen, auch wenn die eigentlichen Arbeiten von einem Fachbetrieb vorgenommen werden (Schröder 2023): Der Betreiber einer PV-Anlage muss letztlich Entscheidungen treffen, für die er in den Folgejahren haftet.

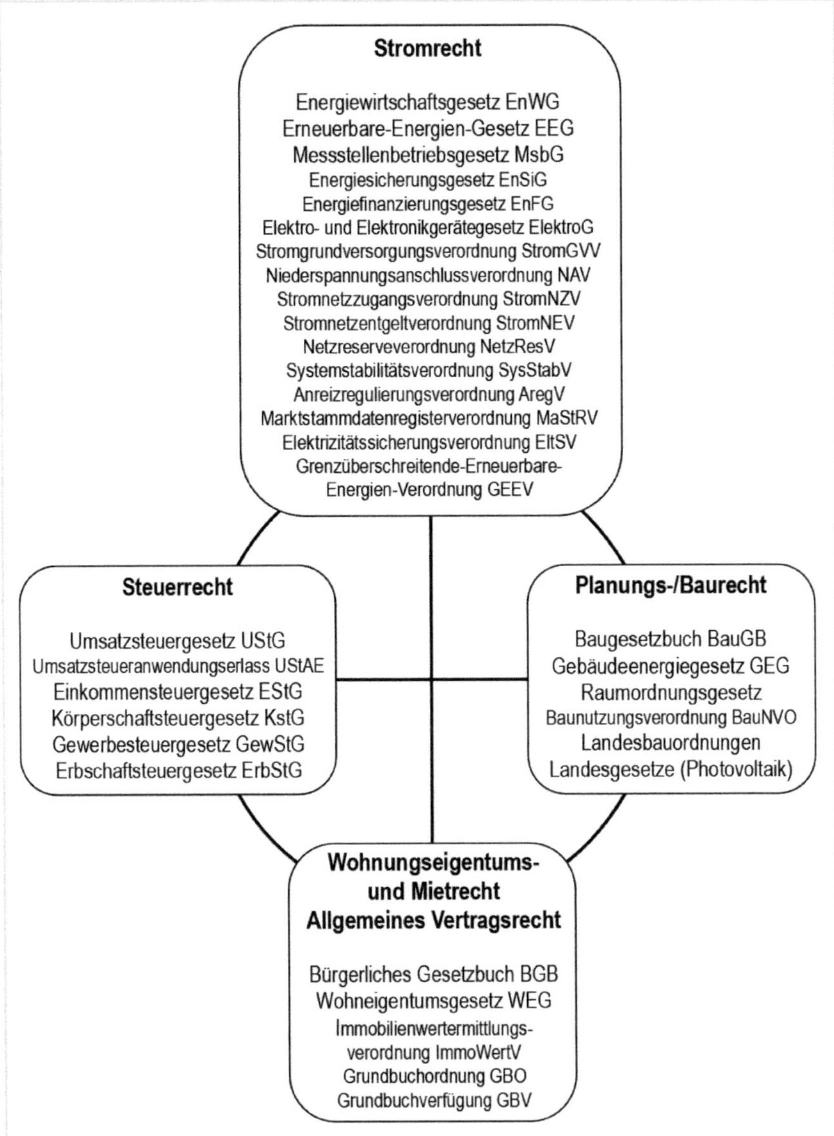

Abb. 26: Rechtsgrundlagen der Photovoltaik in Deutschland (Darstellung: Dr. Mario H. Kraus)

Bundesland	Rechtsgrundlage	PV-Pflicht
Baden-Württemberg	Klimaschutzgesetz Baden-Württemberg	Eigenheimbau, Dachsanierung
Bayern	Bayerisches Klimaschutzgesetz	–
Berlin	Solargesetz Berlin	Neubau, Dachsanierung
Brandenburg	–	–
Bremen	–	Regelung in Arbeit
Hamburg	Hamburgisches Klimaschutzgesetz	Neubau, Dachsanierung (2025)
Hessen	Hessisches Energiegesetz	–
Mecklenburg-Vorpommern	–	–
Niedersachsen	Niedersächsische Bauordnung	Regelung in Arbeit
Nordrhein-Westfalen	Landesbauordnung	–
Rheinland-Pfalz	Landesolargesetz	–
Saarland	–	–
Sachsen	–	–
Sachsen-Anhalt	–	–
Schleswig-Holstein	Energiewende- und Klimaschutzgesetz Schleswig-Holstein	Neubau, Dachsanierung; Regelung in Arbeit
Thüringen	–	–

Tab. 3: Rechtsgrundlagen der Bundesländer für die Aus- und Nachrüstung von Wohnbauten mit PV-Anlagen (Stand Anfang 2023)

8 Projektrahmen und Betriebsformen

8.1 Gründe für ein Vorhaben und Entscheidungsfindung

Es gibt sehr viele gute Gründe, sich zum Bau einer Photovoltaikanlage im Rahmen eines Neubauvorhabens oder zur Nachrüstung im Rahmen einer energetischen Sanierung zu entscheiden. Diese variieren je nach individueller Situation und den örtlichen Gegebenheiten und sind daher genau zu analysieren. Nutzen und Zielrichtung sind gründlich abzuwägen. Ein wichtiger Faktor bei der Entscheidung für PV-Anlagen ist die individuelle Kosten-Nutzen-Analyse und die Berücksichtigung von Fördermöglichkeiten. Im Einzelfall wird es immer mehrere Gründe für die Aus- und Nachrüstung von Gebäuden mit PV-Anlagen geben. So kann es insbesondere darum gehen,

- Strom aus PV selbst zu nutzen, den Eigenbedarf zu decken oder den Strom zu vermarkten, gegebenenfalls auch nur die Frei- bzw. Dachflächen zu verpachten. Die Installation von PV-Anlagen ermöglicht es Gebäudeeigentümern, einen Teil oder sogar den gesamten benötigten Strom selbst zu erzeugen. Dies führt nicht nur zu mehr Energieautarkie und Unabhängigkeit von konventionellen Energiequellen, sondern liefert auch einen Beitrag zur Absicherung der Stromversorgung.
- Vorgaben und Vorschriften zu erfüllen, die sich aus Landesgesetzen und Fördermittelausschreibungen zur Einwerbung von Fördermitteln ergeben, oder auch Vorgaben und Auflagen, die von Anteilseignern gemacht werden. Es gibt verschiedene Förderprogramme auf Bundes- und Landesebene, die die Installation von PV-Anlagen finanziell unterstützen. Dazu gehören z. B. Einspeisevergütungen nach dem Erneuerbare-Energien-Gesetz (EEG) und Förderprogramme der Kreditanstalt für Wiederaufbau (KfW) oder regionaler Förderinstitutionen.
- Selbstdarstellung und Außenwirkung zu stärken und zu verbessern und damit bestimmte Zielgruppen auf bestimmte Liegenschaften aufmerksam zu machen. Man steht für Umweltschutz und Nachhaltigkeit. Die Nutzung von Solarstrom trägt zur Reduzierung der CO_2-Emissionen bei und fördert die Nutzung erneuerbarer Energien. Man liefert also einen entsprechenden Beitrag, um daran mitzuwirken, die Ziele des Umwelt- und Klimaschutzes zu erreichen.
- Kosteneinsparungen zu erzielen. Durch die Eigenerzeugung von Strom werden langfristige Kosteneinsparungen erreicht. Nach der Amortisation der Anfangsinvestitionen werden Gebäudeeigentümer von günstigerem oder sogar kostenlosem selbst erzeugtem Strom profitieren.

- eine Steigerung des Immobilienwerts zu generieren. Die Installation von PV-Anlagen wird den Wert einer Immobilie steigern. Energieeffiziente Gebäude mit erneuerbaren Energiequellen sind für viele Käuferinnen und Mieter attraktiv.
- von technologischen Fortschritten zu profitieren. Die Entwicklungen in der PV-Technologie haben zu effizienteren und kostengünstigeren Systemen geführt. Dies macht die Installation von PV-Anlagen heute wirtschaftlicher als in der Vergangenheit.
- sich unabhängig von Energiepreisschwankungen zu machen. Die Preise für konventionellen Strom schwanken. Durch die Erzeugung von eigenem Strom wird gewährleistet, von stabilen und vorhersehbaren Energiekosten zu profitieren.
- sich zukünftigen Vorschriften schon heute zu stellen und möglichen neuen gesetzlichen Zwängen zu Nach- oder Umrüstungen vorzubeugen. Es ist zu erwarten, dass künftige Baunormen und Vorschriften verstärkt auf energieeffiziente und nachhaltige Gebäude abzielen und sukzessive verschärft werden. Die Installation von PV-Anlagen wird dazu beitragen, diese Standards schon heute zu erfüllen.

Dies gilt für Privathäuser ebenso wie für Wohnungs- und Immobiliengesellschaften. Hier sind es meist Gremienbeschlüsse auf Vorstands- und/oder Geschäftsführungsebene. Dabei ist es zielführend, alle Gründe und Entscheidungsparameter rechtzeitig zu durchdenken, denn daraus ergeben sich Schlussfolgerungen für die geeignete Betriebsform der Anlage sowie die Bestimmung der Wirtschaftlichkeit. Aber nicht alle Ziele lassen sich beziffern, da die Eigentumsverhältnisse eine wichtige Einflussgröße sind. Bei der Entscheidungsfindung sind daher grundsätzlich immer auch die Anteilseigner im jeweiligen rechtlichen Rahmen einzubeziehen:

- Landeseigene oder städtische Wohnungsgesellschaften erhalten üblicherweise Vorgaben, die gegebenenfalls über die rechtlichen Vorgaben zum Ausbau der »Erneuerbaren« hinausgehen.
- In Wohnungsgenossenschaften sollten Vorstand und Aufsichtsrat einvernehmlich ein entsprechendes Zielbild teilen. In wichtigen Angelegenheiten ist ein Beschluss der Mitgliederversammlung geboten.
- In Eigentümergemeinschaften muss ebenfalls ein Beschluss gefasst werden.

8.2 Grundsatzfragen

Die zunehmende Dringlichkeit, nachhaltige Energielösungen zu implementieren, hat nicht nur die Aufmerksamkeit der globalen Gemeinschaft auf sich gezogen, sondern auch Unternehmen verschiedener Branchen dazu veranlasst, ihre Geschäftsmodelle zu überdenken. Insbesondere Wohnungsunternehmen stehen vor der Herausforderung, die Energiewende aktiv mitzugestalten, um ökologische, ökonomische und gesellschaftliche Ziele zu erreichen. In diesem Kontext stellen sich Grundsatzfragen, die nicht nur die wirtschaftliche Machbarkeit, sondern auch die sozialen und ökolo-

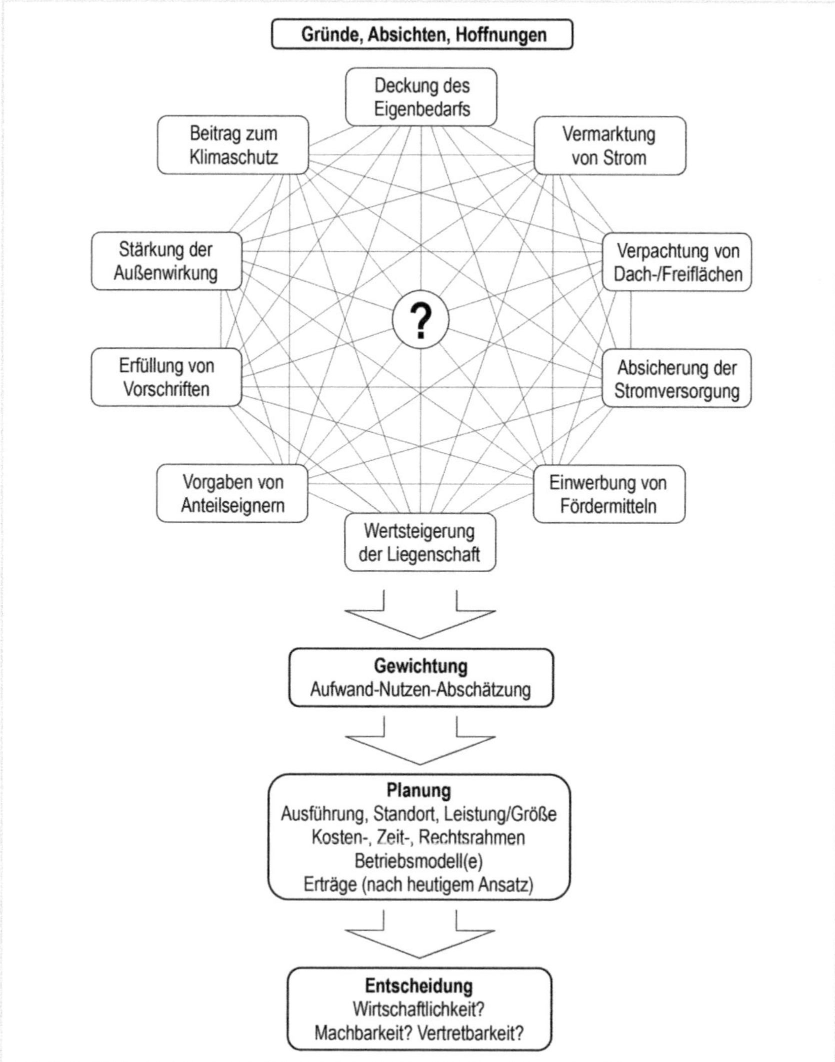

Abb. 27: Gründe und Ziele für den Betrieb von PV-Anlagen (Darstellung: Dr. Mario H. Kraus)

gischen Auswirkungen der Integration von Photovoltaikanlagen in den Wohnungsbestand betreffen.

Diese Grundsatzfragen erfordern eine sorgfältige Analyse und Abwägung verschiedener Faktoren, um eine nachhaltige und effektive Umsetzung zu gewährleisten. Von wirtschaftlichen Überlegungen über rechtliche Rahmenbedingungen bis hin zur Berücksichtigung der Interessen von Mietenden: Jede Facette dieser Diskussion trägt zur Entwicklung umfassender Energiestrategien bei, die nicht nur ökologischen Fortschritt fördern, sondern auch die Rentabilität und Mieterzufriedenheit im Fokus behalten. Zentrale konzeptionelle Überlegungen, die Wohnungsunternehmen bei der Integration von PV-Anlagen berücksichtigen müssen, sind unter anderem: Die Wärme- und Stromversorgung und damit auch eine Aus- und Nachrüstung der Bestände mit PV-Anlagen als wichtige Querschnittsaufgabe sollte in verschiedenen Zusammenhängen untersucht werden und daher Teil mehrerer Ansätze sein:

- Ein **Klimakonzept** soll die Beiträge des Unternehmens zum Klimaschutz benennen und ausführen, wie insbesondere die zukunftssichere und nachhaltige Versorgung der Bestände mit Wärme, Strom und Wasser zu gewährleisten ist.
- Ein **Umweltbilanzierungskonzept**, in dem festgelegt wird, wie mit etwaigen Umweltauswirkungen der PV-Anlagen von der Planung, der Installation, dem Betrieb und dem Rückbau mit Wiedereingliederung in die Stoffkreisläufe zu verfahren ist, abgestimmt auf die nachhaltige Ausrichtung des Wohnungsunternehmens.
- Ein **Berichterstattungskonzept** zur Messung, Erhebung, Pflege und Aufbereitung der Daten für kommende Reportingpflichten und revisionssichere Klimabilanzierungen ab 2025 im Zuge der EU-Taxonomie- und -Offenlegungsverordnung.
- Ein **energetisches Sanierungskonzep**t soll die Bestandsentwicklung darlegen, insbesondere die Nachrüstung und Ertüchtigung der Gebäude, auch in Sachen Strom- und Wärmeversorgung sowie geplanter Erweiterungen und Aufstockungen, dabei gegebenenfalls Veräußerungen oder den Zukauf von Liegenschaften berücksichtigen.
- Ein **Investitions- und Amortisationskonzept** soll Chancen und Risiken benennen, die vor dem Hintergrund von Kosten-Nutzen-Betrachtungen inkl. Abschreibungsmodellen berechnen, wie schnell diese Investitionen amortisiert sind, welche langfristigen wirtschaftlichen Vorteile sich durch die Nutzung von PV-Anlagen für die Wohnungsunternehmen ergeben, sowie die Frage klären, welche Einspeisevergütung heute und in der Zukunft zu erwarten sind und wie diese in Verbindung mit welchen staatlichen Fördermitteln stehen.
- Ein **Konzept zu den rechtlichen und regulatorischen Rahmenbedingungen** bringt Planungssicherheit und regelt beispielsweise, welche rechtlichen Anforderungen und Hindernisse heute schon und vor allem in der Zukunft beachtet werden müssen, um beispielsweise PV-Anlagen in den Bestand zu integrieren.
- Ein **Krisenkonzept** soll den Umgang mit Störfällen und Beeinträchtigungen enthalten, darunter auch Gefährdungen und Ausfälle der Stromversorgung.
- Eine **Machbarkeitskonzeption** wird u. a. klären, welche Dachflächen und Ausrichtungen zur Verfügung stehen und wie günstig ihre Ausrichtung für die maximale Energieerzeugung ist. Es klärt u. a. die Fragen, ob es ausreichende Anschlussmöglichkeiten an das Stromnetz gibt und wie eine Kombination mit anderen Technologien aussehen kann, die langfristig sinnvoll ist.
- Ein **Kommunikationskonzept** ist von äußerster Wichtigkeit, um alle Interessen und vor allem die späteren Nutznießenden mit ins Boot zu holen und so Widerstände zu vermeiden. Ein Kommunikationskonzept beantwortet die Frage: Wie

können die Interessen der Mietenden in Bezug auf PV-Anlagen berücksichtigt und die Mietenden selbst für die Nutzung erneuerbarer Energien sensibilisiert und über eine professionelle Kommunikation über die Vorteile und Auswirkungen von PV-Anlagen informiert werden?

- Ein **Kooperationenkonzept** definiert die Auswahl und Zusammenarbeit der kurz-, mittel- und langfristig infrage kommenden strategischen Partner über den gesamten Lebenszyklus der Anlagen. Gibt es beispielsweise Möglichkeiten zur Zusammenarbeit mit Energieunternehmen, um gemeinsame Projekte zu realisieren, ist eine Frage, die hier berücksichtigt werden sollte.

Die ganzheitliche Beantwortung der Fragen, aber vor allem die integrale Erstellung der Konzepte erfordert eine umfassende Analyse der individuellen Situation und der Ziele des Wohnungsunternehmens sowie eine Abwägung verschiedener Interessen und Rahmenbedingungen. Bekanntlich fordert das Handelsgesetzbuch an einigen Stellen die Erfassung, Messung und Gewichtung von Risikofaktoren zwecks Vorbeugung. Preissteigerungen für Strom und Wärme gehören ebenso dazu wie drohende Engpässe in der Versorgung. Insofern erfüllt die Aus- und Nachrüstung von Beständen mit PV-Anlagen (einschließlich Stromspeichern oder Wärmepumpen) gleich mehrere Erfordernisse:

- PV-Anlagen leisten einen langfristigen Beitrag zum Klimaschutz, vor allem wenn ein Mehrfachnutzen bei der Strom- und Wärmeversorgung der betreffenden Gebäude und Wohnanlagen erzielt werden kann.
- PV-Anlagen können den Wert der Gebäude steigern und die Außenwirkung des Unternehmens fördern. Sie helfen dabei, die gesetzlichen Grenzen für den Strom- und Wärmebedarf eines zu errichtenden Gebäudes einzuhalten (Kriterien im Gebäudeenergiegesetz).
- PV-Anlagen verhelfen zu Einnahmen (bei Einspeisung) oder zumindest Einsparungen (bei Eigenverbrauch).

8.3 Betriebsformen

Bei der Errichtung von Photovoltaikanlagen stehen nicht nur technologische Überlegungen im Vordergrund, sondern auch die Auswahl der geeigneten wirtschaftlichen Betriebsformen oder Betreibermodelle. Diese Betriebsformen spielen eine entscheidende Rolle, wenn es darum geht, die anfallenden Investitionskosten zu erwirtschaften, den Betrieb zu optimieren und die wirtschaftliche Rentabilität über die Lebensdauer der Anlage sicherzustellen.

Von Eigenbetrieben über Mieterbeteiligungen bis hin zu externen Investoren und Partnerschaften mit Dienstleistern – die Bandbreite der möglichen Betriebsformen ist ebenso vielfältig wie die Interessen und Ziele der beteiligten Akteure. In einer Zeit, in der die Energiewirtschaft immer stärker auf nachhaltige Praktiken setzt, sind fundierte Kenntnisse über die verschiedenen Betreibermodelle von entscheidender Bedeutung, um die Transformation zu einer grünen energetischen Zukunft erfolgreich zu gestalten.

Die Wahl der Betriebsform hängt stark von den strategischen Zielen der Wohnungsanbietenden, den finanziellen Ressourcen, den rechtlichen Rahmenbedingungen sowie den Präferenzen der Mietenden ab. Eine sorgfältige Analyse der verschiedenen Modelle und eine transparente Kommunikation mit allen Beteiligten sind entscheidend, um eine erfolgreiche Umsetzung zu gewährleisten. Sind die grundsätzlichen Fragen geklärt, kann es an die Planung im Einzelfall gehen.

Für die Aus- oder Nachrüstung eines Mehrfamilienhauses mit einer PV-Anlage gibt es abhängig von der Gewichtung der oben beschriebenen Gründe mehrere Möglichkeiten:

- Der Eigentümer oder die Eigentümergemeinschaft des Ein- oder Zweifamilienhauses oder des Mehrfamilienhauses entscheiden sich dafür, die PV-Anlage selbst zu errichten und zu betreiben. Die erzeugte Energie kann dann entweder direkt selbst verwendet, den Mietenden zur Verfügung gestellt oder ins öffentliche Netz eingespeist werden.
- Die Eigentümer oder die Eigentümergemeinschaft mieten eine Anlage und betreiben sie selbst. Dies begrenzt den zu leistenden Aufwand insbesondere bei der Anbahnung des Vorhabens, aber auch die Möglichkeiten, Gewinne zu erzielen.
- Die Eigentümer oder die Eigentümergemeinschaft verpachten geeignete Dachflächen und erhalten dafür eine Vergütung, betreiben die betreffende Anlage aber nicht selbst.
- Die Eigentümer oder die Eigentümergemeinschaft betreiben »Contracting-Modelle« und schließen Verträge mit einem Dienstleister, der die PV-Anlage finanziert, installiert und betreibt. Der Wohnungsanbieter zahlt eine Gebühr oder überlässt dem Dienstleister einen Anteil der erzeugten Energie.
- Die Eigentümer oder die Eigentümergemeinschaft geben die Ausführung und den Betrieb der PV-Anlage an einen externen Investor, der die notwendigen Investitionen tätigt und im Gegenzug Einnahmen aus dem Verkauf der erzeugten Energie erhält.
- Die Mieter des Mehrfamilienhauses bilden eine Genossenschaft und beteiligen sich finanziell an der Installation und am Betrieb der PV-Anlage. Die erzeugte Energie kann dann intern genutzt oder ins Netz eingespeist werden.
- Die Eigentümer oder die Eigentümergemeinschaft können eine Partnerschaft mit einem Energieunternehmen eingehen, um die Installation von PV-Anlagen zu fördern und die erzeugte Energie gemeinsam zu nutzen.

In einigen Städten gibt es zu den letztgenannten Zwecken Dachkataster, in die sich Eigentümer eintragen können oder müssen. Ein Dachkataster in Deutschland ist eine Datenbank oder ein Verzeichnis, das Informationen über die Dächer von Gebäuden in einer bestimmten Region enthält. Das Dachkataster stellt eine Übersicht über die Eignung von Dachflächen für die Installation von Solaranlagen dar, insbesondere für Photovoltaik (PV) oder Solarthermie. Diese Initiative wird oft im Rahmen der Förderung erneuerbarer Energien und des Ausbaus von Solarenergie durchgeführt. Damit wird insbesondere mit wenig eigenem Aufwand einer gegebenenfalls bestehenden gesetzlichen Pflicht zur Nachrüstung genügt und somit eine Unternehmereigenschaft vermieden. Nachteile können darin bestehen, dass Dritte Zugriff beispielsweise durch Einbau und Wartung auf die Liegenschaft erhalten und allein den wirtschaftlichen Nutzen ziehen oder die Verwertung der Liegenschaft durch rechtliche Bindungen erschwert sein kann.

Auch das Recht von Eigentümern und Mietenden auf Nachrüstungen im Zusammenhang mit Elektromobilität (Stichwort Wandladestation) könnte bei einem Pachtmodell zu Schwierigkeiten führen. Eine Wandladestation bezieht sich in der Regel auf eine Ladestation für Elektrofahrzeuge, die an einer Wand installiert ist. Diese Ladestationen, auch als »Wallboxen« oder »Wandladegeräte« bezeichnet, bieten eine kompakte und häufig fest installierte Möglichkeit, Elektrofahrzeuge zu Hause oder an gewerblichen Standorten aufzuladen. Hierzu erschien eine Untersuchung im Auftrag des Umweltbundesamtes (Palacios u. a. 2020). Eine entsprechende gesetzliche Pflicht würde zumindest zu einem belastbaren Zahlenwerk über verfügbare Dachflächen führen, das auch wissenschaftlichen Zwecken dienen könnte.

Wird die Anlage selbst betrieben, kann der erzeugte Strom

- gegen Vergütung in das öffentliche Netz eingespeist werden (Volleinspeisung) – entweder gegen eine feste Einspeisevergütung oder nach dem sogenannten Marktprämienmodell;
- für Hausstrom oder ortsfeste Ladeeinrichtungen zur gemeinschaftlichen Nutzung durch die Mietenden verwendet werden, wobei Überschüsse in das öffentliche Netz eingespeist werden (Teileinspeisung);
- zur anteiligen Versorgung der Wohnungen im Haus genutzt werden (Mieterstrom).

Um kostspielige Nachplanungen zu vermeiden, ist frühzeitig zu prüfen, ob Batteriespeicher sinnvoll sind, ob Ladevorrichtungen für Fahrzeuge benötigt werden (Rechtsanspruch für Eigentümer und Mietende) und wie sich der Verbrauch zumindest mittelfristig entwickeln könnte.

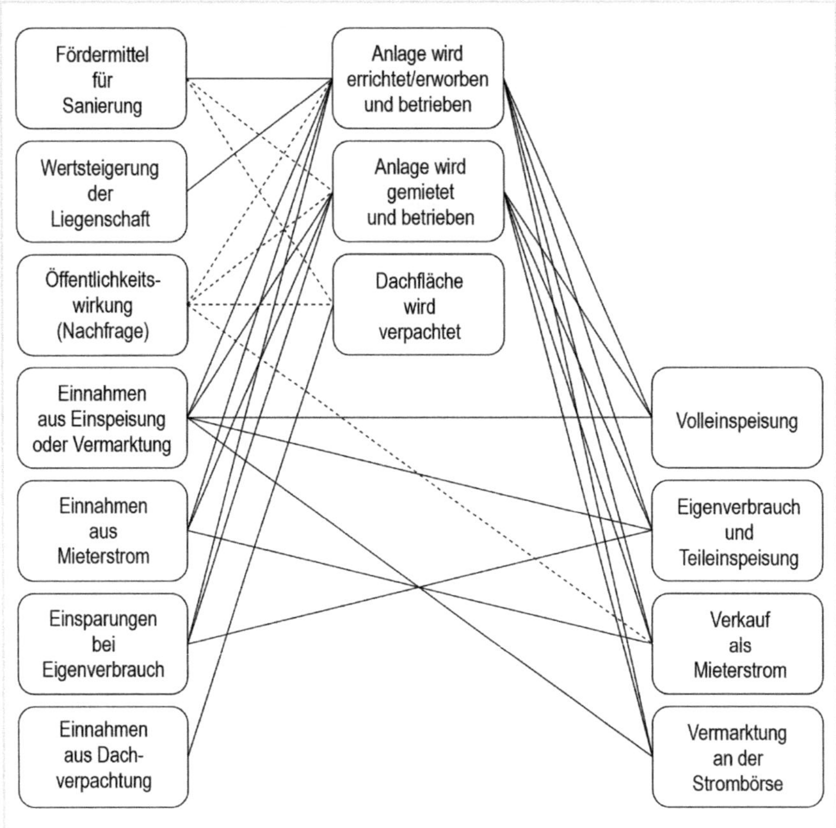

Abb. 28: Möglichkeiten des Betriebs von Photovoltaikanlagen (Darstellung: Dr. Mario H. Kraus)

8.4 Ausschreibungen der Bundesnetzagentur

Die Energiewende in Deutschland hat sich zu einem zentralen Antrieb für Innovationen, Effizienzsteigerungen und die verstärkte Integration erneuerbarer Energien in das nationale Energieportfolio entwickelt. In diesem fortschreitenden Wandel spielen die gesetzlichen Rahmenbedingungen und insbesondere die Ausschreibungen der Bundesnetzagentur eine entscheidende Rolle. Die Einführung des Ausschreibungsverfahrens für erneuerbare Energien markiert einen Paradigmenwechsel – weg von festen Einspeisetarifen hin zu einem marktwirtschaftlichen Ansatz. Dieser Schritt hat nicht nur Auswirkungen auf die Struktur der Energielandschaft, sondern auch auf die Art und Weise, wie Projekte entwickelt, finanziert und umgesetzt werden. Diese gesetzlichen Instrumente, die die Energiewirtschaft beeinflussen, sollen dazu dienen, Anreize für Innovationen zu schaffen, und zugleich sicherstellen, dass erneuerbare Energien eine tragende Säule der deutschen Energieversorgung werden. Diese rechtlichen Rahmenbedingungen sind nicht nur Schlüsselelemente für Investierende und

Projektentwickelnde, sondern prägen maßgeblich die Zukunft unserer Energieinfrastruktur. In den nachfolgenden Abschnitten werden die verschiedenen Gesetzesauszüge vorgestellt, von denen eine signifikante Wirkung auf die Energiewirtschaft und auf den Beitrag zum Erreichen der ehrgeizigen Klimaziele ausgeht.

Größere Vorhaben, die über die Aus- und Nachrüstung eines einzelnen Gebäudes hinausgehen, erfordern die Teilnahme an einer Ausschreibung der Bundesnetzagentur für Anlagen des 2. Segments »auf, an oder in einem Gebäude oder einer Lärmschutzwand« (§ 3 Nr. 41b EEG). Das betrifft in der Wohnungswirtschaft Anlagen zwischen 1 und 20 MWp Nennleistung (§§ 30 Abs. 2, 38c Abs. 2 EEG), wobei die Untergrenze mit einer Wohnanlage aus vier bis sechs Mehrfamilienhäusern durchaus erreicht werden kann. Die entsprechenden Verfahren werden am 1. Februar, 1. Juni und 1. Oktober jedes Jahres bundesweit für insgesamt 900 MWp (2024) und jeweils 1.100 MWp (2025–2029) durchgeführt (§ 28b EEG). Einzelheiten sind bei der Bundesnetzagentur zu erfragen, grundsätzliche Regelungen dem Gesetz zu entnehmen (§§ 29, 30, 30a, 31, 32, 33, 34, 35, 38c EEG).

Erneuerbare-Energien-Gesetz (Stand Januar 2024)
§ 38e Höchstwert für Solaranlagen des zweiten Segments
(1) Der Höchstwert bei den Ausschreibungen für Solaranlagen des zweiten Segments beträgt 9 Cent pro Kilowattstunde.
(2) Der Höchstwert verringert sich ab dem 1. Januar 2024 um 1 Prozent pro Kalenderjahr gegenüber dem im jeweils vorangegangenen Kalenderjahr geltenden Höchstwert und wird auf zwei Stellen nach dem Komma gerundet. Für die Berechnung der Höhe des Höchstwerts aufgrund einer erneuten Anpassung nach Satz 1 ist der nicht gerundete Wert zugrunde zu legen.

§ 39h Dauer des Zahlungsanspruchs für Solaranlagen des zweiten Segments
(1) Abweichend von § 25 Absatz 1 Satz 3 beginnt der Zeitraum nach § 25 Absatz 1 Satz 1 für bestehende Biomasseanlagen nach § 39 g Absatz 1 mit dem Tag nach § 39 g Absatz 2 und für sonstige Biomasseanlagen spätestens 36 Monate nach der öffentlichen Bekanntgabe des Zuschlags.

§ 48 Solare Strahlungsenergie
(1) Für Strom aus Solaranlagen, deren anzulegender Wert gesetzlich bestimmt wird, beträgt dieser vorbehaltlich der nachfolgenden Absätze 7 Cent pro Kilowattstunde, wenn die Anlage
1. auf, an oder in einem Gebäude oder einer sonstigen baulichen Anlage angebracht ist und das Gebäude oder die sonstige bauliche Anlage vorrangig zu anderen Zwecken als der Erzeugung von Strom aus solarer Strahlungsenergie errichtet worden ist,
1a. auf einem Grundstück innerhalb eines im Zusammenhang bebauten Ortsteils im Sinn des § 34 des Baugesetzbuchs errichtet worden ist, auf diesem

Grundstück zum Zeitpunkt der Inbetriebnahme der Anlage ein Wohngebäude besteht, das nach Maßgabe der Verordnung nach § 95 Nummer 3 nicht dazu geeignet ist, dass auf, an oder in ihm eine Solaranlage errichtet werden kann, die Grundfläche der Anlage die Grundfläche dieses Wohngebäudes nicht überschreitet und die Anlage eine installierte Leistung von nicht mehr als 20 Kilowatt hat,

(1a) Für Strom aus Solaranlagen mit einer installierten Leistung von mehr als 1 Megawatt, deren anzulegender Wert gesetzlich bestimmt wird, beträgt dieser den Durchschnitt aus den Gebotswerten des jeweils höchsten noch bezuschlagten Gebots der Gebotstermine für Solaranlagen des ersten Segments in dem der Inbetriebnahme vorangegangenen Kalenderjahr. Für Strom aus Solaranlagen mit einer installierten Leistung von mehr als 1 Megawatt, die auf, an oder in einem Gebäude oder einer Lärmschutzwand errichtet werden und deren anzulegender Wert gesetzlich bestimmt wird, beträgt dieser abweichend von Satz 1 den Durchschnitt aus den Gebotswerten des jeweils höchsten noch bezuschlagten Gebots der Gebotstermine für Solaranlagen des zweiten Segments in dem der Inbetriebnahme vorangegangenen Kalenderjahr. Die Bundesnetzagentur veröffentlicht den Durchschnitt aus den Gebotswerten für das jeweils höchste noch bezuschlagte Gebot aller Ausschreibungsrunden eines Kalenderjahres jeweils bis zum 31. Januar des darauf folgenden Kalenderjahres.

(2) Für Strom aus Solaranlagen, die ausschließlich auf, an oder in einem Gebäude oder einer Lärmschutzwand angebracht sind, beträgt der anzulegende Wert

1. bis einschließlich einer installierten Leistung von 10 Kilowatt 8,6 Cent pro Kilowattstunde,
2. bis einschließlich einer installierten Leistung von 40 Kilowatt 7,5 Cent pro Kilowattstunde und
3. bis einschließlich einer installierten Leistung von 1 Megawatt 6,2 Cent pro Kilowattstunde.

(2a) Wenn der Anlagenbetreiber den gesamten in einem Kalenderjahr in der Anlage erzeugten Strom mit Ausnahme des Stroms, der in der Solaranlage oder in deren Neben- und Hilfsanlagen zur Erzeugung von Strom im technischen Sinn verbraucht wird, in das Netz eingespeist und dies dem Netzbetreiber im Jahr der Inbetriebnahme der Anlage vor der Inbetriebnahme und im Übrigen vor dem 1. Dezember des vorangegangenen Kalenderjahres in Textform mitgeteilt hat, erhöht sich der anzulegende Wert nach Absatz 2

1. bis einschließlich einer installierten Leistung von 10 Kilowatt um 4,8 Cent pro Kilowattstunde,
2. bis einschließlich einer installierten Leistung von 40 Kilowatt um 3,8 Cent pro Kilowattstunde,

3. bis einschließlich einer installierten Leistung von 100 Kilowatt um 5,1 Cent pro Kilowattstunde,
4. bis einschließlich einer installierten Leistung von 400 Kilowatt um 3,2 Cent pro Kilowattstunde und
5. bis einschließlich einer installierten Leistung von 1 Megawatt um 1,9 Cent pro Kilowattstunde.

8.5 Stromversorgung im Quartier

Im Zeitalter der Energiewende und des verstärkten Umweltbewusstseins gewinnt die nachhaltige Stromversorgung von Quartieren zunehmend an Bedeutung. Die Integration von Photovoltaik und anderen regenerativen Energiequellen in die Quartiersentwicklung ist nicht nur ein technologischer Fortschritt, sondern auch ein strategischer Schritt hin zu energieeffizienten, klimafreundlichen Gemeinschaften.

In Quartieren besteht die Chance, Nachbarschaftsmodelle zu entwickeln, bei denen beispielsweise energetisch überproduzierende Liegenschaften ältere Liegenschaften mitversorgen, um ihnen die Chance zu geben, sich koordiniert auf die Zukunft einzustellen, sei es in Form von energetischen Sanierungen oder zu gegebener Zeit Ersatzneubauten. Auch hier wirkt das Hybridprinzip und das Prinzip der Brückentechnologien im Verbund mit Best Practices im städtebaulichen Kontext. Von den grundlegenden Prinzipien der Photovoltaik bis hin zu innovativen Konzepten der Quartiersentwicklung wird saubere Energie nicht nur die Umwelt schonen, sondern auch die Lebensqualität und Wirtschaftlichkeit von Wohnvierteln entscheidend steigern. Vor diesem Hintergrund lohnt sich ein Blick auf die Herausforderungen und Chancen bei der Implementierung regenerativer Energiequellen in Quartieren.

Nachhaltige Quartiersentwicklung ist für soziale und ökonomische Auswirkungen im Sinne von Nachhaltigkeit eine entscheidende Chance. Quartiere können in Sachen Nachhaltigkeit einen signifikanten Beitrag zur Energiewende leisten. Von der Minimierung des ökologischen Fußabdrucks bis hin zur Schaffung energieautarker Gemeinschaften können Quartiere nicht nur Teil der Lösung für unsere Herausforderungen sein, sondern auch eine Schlüsselrolle in der Gestaltung einer nachhaltigen, grünen Gesellschaft spielen. Es erscheint daher sinnvoll, die Strom- und Wärmeversorgung nicht nur einer Wohnanlage eines einzelnen Wohnungsunternehmens räumlich zusammenzufassen, sondern auch nahe beieinander liegende Bestände mehrerer Wohnungsunternehmen.

Der Begriff des Quartiers ist rechtlich noch nicht hinreichend gefasst (Triebel u. a. 2022), entsprechend gibt es wenig Erfahrungen. Denkbar ist vor allem die Zusammenarbeit von Wohnungsgenossenschaften untereinander oder mit städtischen

Wohnungsgesellschaften. Gegebenenfalls ist die Gründung eines gemeinsamen Versorgungsunternehmens geboten, was rechtlich und steuerlich zu erwägen ist. Während eine örtliche Wärmeversorgung insbesondere durch Blockheizkraftwerke heutzutage nicht außergewöhnlich ist, gibt es für eine gemeinsame Stromversorgung mehrerer Grundstückseigentümer noch rechtliche Hürden. Es wird davon ausgegangen, dass auch bei Betrieb eigener PV-Anlagen keine Vollversorgung (»Insel-Lösung«) möglich ist, sondern zumindest zeitweilig auch Strom aus dem Netz bezogen wird und daher eine herkömmliche Vertragsbeziehung zumindest über die Grundversorgung nötig ist. Selbst wenn diese Fragen geklärt sind, wird eine entsprechende Zusammenarbeit zwischen Wohnungsunternehmen nur möglich sein, wenn

- die unternehmerischen Ziele in Sachen langfristiger und nachhaltiger Bestandsentwicklung ähnlich sind,
- umfangreiche Regelungen zur Verfahrensweise bei Eigentümerwechseln und baulichen Maßnahmen wie Sanierungen, Aufstockungen und Erweiterung der Anlagen bestehen und
- Einigungen zur Verwendung von Gewinnen getroffen werden.

Ähnlich wie beim Mieterstrom-Modell ist zu beachten, dass Mietende die freie Wahl des Stromanbieters haben, also nicht gezwungen sind, Strom ihres Vermieters zu beziehen, auch wenn dieser günstig angeboten wird.

8.6 Beratung zur Sach- und Rechtslage

Die Klärung von Sachverhalten und die Beachtung rechtlicher Rahmenbedingungen sind von entscheidender Bedeutung. Insbesondere in Deutschland, wo eine Vielzahl von Gesetzen und Verordnungen existiert, ist es unabdingbar, sich bei Unsicherheiten oder Problemen fachkundige Beratung einzuholen. Von Fragen des Arbeitsrechts über komplexe Vertragsangelegenheiten bis hin zu familiären und erbrechtlichen Belangen: Die Bandbreite der Themen, die einer Klärung bedürfen, ist breit gefächert.

Sachkundige Beratung dient nicht nur dazu, mögliche rechtliche Fallstricke zu vermeiden, sondern sie kann auch inmitten der Gesetzesvielfalt Orientierung bieten. Es ist grundsätzlich wichtig, die zentralen Aspekte zur Sach- und Rechtslage zu adressieren und ihre Bedeutung für Einzelpersonen, Unternehmen und Organisationen zu verstehen. Experten, seien es Anwältinnen, Steuerberater oder andere Fachleute, die durch ihre Fachkenntnisse und Erfahrung dazu beitragen, individuelle und unternehmensrelevante Fragestellungen zu klären, sind mögliche Ansprechpartner. Aufgrund der zahlreichen, teils erheblichen rechtlichen und volkswirtschaftlichen Veränderungen in den letzten Jahren ist dringend zu raten, vor Entscheidungen die jeweils geltenden Grenzwerte, Kennzahlen, Vergütungssätze und sonstigen verbindlichen Angaben zu studieren. Erste sinnvolle Anlaufstellen sind folgende Onlineplattformen:

- **Bundesnetzagentur** (https://www.bundesnetzagentur.de)
- **Clearingstelle EEG/KWKG** (https://www.clearingstelle-eeg-kwkg.de)
- **Landesbaubehörden** oder **Gemeindebehörden**

9 Darlehen und Fördermittel

Die Planung nachhaltiger Maßnahmen ist alternativlos. Die staatlichen Organe übernehmen die Aufgabe, durch den Einsatz ökologisch und sozialverträglicher Fördermittel klimafreundliche Maßnahmen bei der Erstellung oder bei der Sanierung von Gebäuden massiv zu unterstützen. Deutschland ist führend in Sachen Förderprogramme und berücksichtigt kontinuierlich die Weiterentwicklung klimapolitischer Maßnahmen, insbesondere vor dem Hintergrund neuer internationaler Vereinbarungen und Verpflichtungen.

Die Förderlandschaft umfasst eine Vielzahl von Programmen, Maßnahmen und finanziellen Anreizen. In der Verpflichtung, Treibhausgasemissionen zu reduzieren und erneuerbare Energien auszubauen, fördert Deutschland alle erneuerbaren Energien, darunter Solarenergie für Strom und Wärme, Wind, Biomasse und Wasserkraft. Das Erneuerbare-Energien-Gesetz (EEG) ist ein zentrales Instrument, das Einspeisevergütungen für erneuerbare Energien bereitstellt. Programme zur Steigerung der Energieeffizienz, insbesondere in Gebäuden und Unternehmen, sowie Fördermittel für energetische Sanierungen, energieeffiziente Technologien und Beratungsleistungen gehören zum Maßnahmenpaket. Um den Übergang zu emissionsfreier Mobilität zu fördern, gibt es verschiedene Anreize wie Kaufprämien für Elektrofahrzeuge und den Ausbau der Ladeinfrastruktur.

Deutschland investiert signifikant in Forschung und Innovation im Bereich erneuerbare Energien, klimafreundliche Technologien und nachhaltige Entwicklung und engagiert sich darüber hinaus international im Klimaschutz. Entwicklungs- und Schwellenländer werden bei der Umsetzung von Klimaschutzmaßnahmen unterstützt. Neben Maßnahmen zur Emissionsreduktion fördert Deutschland auch Projekte zur Anpassung an den Klimawandel, insbesondere in Bezug auf Wasserwirtschaft, Landwirtschaft und städtische Infrastruktur.

Kommen wir zurück zur Liegenschaft. Der kaufmännische Ansatz für eine Liegenschaft ist immer ein Einzelansatz. Es gibt nur wenige Faustregeln. In den wenigsten Fällen ist es jedoch möglich oder sinnvoll, auf die üblichen Förderungen zu verzichten, wenngleich es in Deutschland bereits große Freiflächenanlagen gibt, die Erträge nur über die Vermarktung und nicht über die Einspeisevergütung erwirtschaften. Vor diesem Hintergrund möchte ich folgende Förderlandschaften vorstellen:

- Kreditanstalt für Wiederaufbau (KfW)
- Bundesamt für Wirtschaft und Ausfuhrkontrolle (BAFA) des Bundesministeriums für Wirtschaft und Klimaschutz (BMWK)
- Wohnungsbauförderung, verschiedene Förderprogramme der Bundesländer
- Förderung durch Einspeisevergütungen
- Ausförderung

9.1 Förderdarlehen der KfW

Die KfW (Kreditanstalt für Wiederaufbau) ist eine deutsche Förderbank, die 1948 gegründet wurde. Sie spielt eine zentrale Rolle bei der Umsetzung von politischen Zielen der Bundesregierung, insbesondere in den Bereichen Wirtschaftsförderung, Umweltschutz, Bildung und Wohnraumförderung. Die KfW unterstützt eine Vielzahl von Projekten und Initiativen in verschiedenen Feldern, darunter Energieeffizienz, Mittelstandsförderung und Entwicklungszusammenarbeit. Sie nimmt eine Schlüsselposition in Deutschland bei der Umsetzung von Programmen zur Förderung von Umwelt- und Klimaschutzprojekten ein. Dazu gehören Finanzierungen für erneuerbare Energien, Energieeffizienzmaßnahmen und nachhaltige Mobilität.

Einer der bedeutendsten Bereiche ist die Unterstützung des Wohnungsbaus und der Sanierung von Wohngebäuden. Dafür bietet die KfW zinsgünstige Kredite und Fördermittel für Bauherren, Eigentümerinnen und Mietende an.

Die KfW fördert außerdem Projekte im Bereich Forschung und Innovation. Das Ziel ist, die Wettbewerbsfähigkeit Deutschlands zu stärken und technologische Entwicklungen voranzutreiben.

Die Förderbank ist auch auf internationaler Ebene aktiv und unterstützt Entwicklungsprojekte in verschiedenen Ländern. Hierbei arbeitet sie mit internationalen Organisationen, Regierungen und Institutionen zusammen. Sie bietet verschiedene Finanzierungsinstrumente, darunter zinsgünstige Kredite, Zuschüsse und Bürgschaften an.

Obwohl die KfW eine staatliche Förderbank ist, arbeitet sie als selbstständige Bank. Sie refinanziert sich größtenteils am Kapitalmarkt und vergibt Darlehen zu marktüblichen Konditionen. Rückzahlbare Mittel für die Planung und Errichtung einer Anlage können über die Hausbank bei der KfW direkt beantragt werden. Derzeit wird das Programm »Erneuerbare Energien – Standard 270« angeboten. Gefördert wird hier u. a.

- die Errichtung oder Erweiterung von PV-Anlagen mit oder ohne Stromspeicher einschließlich Planung,
- die Nachrüstung moderner Steuerungs- und Messeinrichtungen sowie
- der Erwerb bestehender Anlagen, die den einschlägigen gesetzlichen Vorschriften genügen müssen.

Die Fördermittel können beantragt werden von Wohnungsunternehmen jeglicher Rechtsform sowie von Eigenheimbesitzerinnen und Landwirten für noch nicht begonnene Vorhaben. Es werden also Privatpersonen, Unternehmen und öffentliche Einrichtungen, Körperschaften, Stiftungen und Anstalten des öffentlichen Rechts, kommunalen Zweckverbänden, Privatpersonen und gemeinnützigen Antragstellern Kredite ab 4,72% (Stand: Dezember 2023) effektivem Jahreszins gewährt für:

- Anlagen zur Erzeugung von Strom und Wärme, für Netze und Speicher
- Photovoltaik, Wasser, Wind, Biogas

Mit dem Förderprodukt »Erneuerbare Energien – Standard 270« finanziert die KfW Investitionen in Deutschland und im Ausland bei größenunabhängigen privaten und öffentlichen Unternehmen und Freiberuflern, die einen Teil des erzeugten Stroms oder der erzeugten Wärme einspeisen. Dies umfasst die Errichtung, die Erweiterung und den Erwerb von Anlagen zur Nutzung erneuerbarer Energien und der zugehörigen Kosten für die Planung, Projektierung und Installation. Für den Einsatz von Photovoltaikanlagen sind Gegenstand der Förderung:

- Photovoltaikanlagen auf Dächern, an Fassaden und Balkonen oder auf Freiflächen selbst
- alle Anlagen zur Strom- und Wärmeerzeugung in Kraft-Wärme-Kopplungsanlagen (KWK-Anlagen) auf der Basis von fester Biomasse, Biogas oder Erdwärme
- Batteriespeicher
- Wärme-/Kältenetze und Wärme-/Kältespeicher, die aus erneuerbaren Energiequellen gespeist werden

Das Förderprodukt kommt nicht bei folgenden Vorhaben infrage:

- Investitionen im Bereich fossiler Brennstoffe
- Treuhandkonstruktionen
- Umschuldungen und Nachfinanzierungen bereits begonnener beziehungsweise abgeschlossener Vorhaben
- In-sich-Geschäfte, wie zum Beispiel der Erwerb eigener Unternehmensanteile

Tipp

Solarthermische Anlagen und Wärmepumpen für Wohngebäude werden im Förderkredit »Wohngebäude – Kredit 261« gefördert. Alternativ kann man einen Zuschuss beim Bundesamt für Wirtschaft und Ausfuhrkontrolle (BAFA) beantragen.[41]

Eine Kredithöhe und Auszahlung sind bis zu 150 Millionen Euro pro Vorhaben und bis zu 100% der Investitionskosten bei 100% Auszahlung möglich. Der Kredit ist nach Genehmigung innerhalb von zwölf Monaten wahlweise in einer Summe oder in Teilbeträgen möglich. Die Bereitstellungsprovision von 0,15% pro Monat beginnt bei Nichtabrufung des Kredits sechs Monate nach Zusage. Die Zinssätze und Laufzeiten sind mit der Hausbank zu verhandeln. Dabei werden Standort und Art der Liegen-

41 https://www.kfw.de/inlandsfoerderung/Privatpersonen/Bestandsimmobilie/F%C3%B6rderprodukte/Eneuerbare-Energien-Standard-(270)/, zugegriffen am 09.11.2023

schaft, der Umfang und die voraussichtliche Wirtschaftlichkeit sowie die beizubringenden Sicherheiten erwartet.

Während der tilgungsfreien Zeit zahlt man ausschließlich die Zinsen und danach gleich hohe vierteljährliche Raten zuzüglich Zinsen auf den noch zu tilgenden Kreditbetrag. Man kann den Kredit ganz oder teilweise außerplanmäßig tilgen und gegen Zahlung einer Vorfälligkeitsentschädigung ablösen. Die Rückzahlung erfolgt über die gewählte Hausbank. Die Mindestlaufzeit beträgt zwei Jahre. Da die über die Jahre anfallenden Gesamtkosten wesentlich davon abhängig sind, welche Bedingungen mit der Hausbank vereinbart werden, ist es auch ratsam, sich über am Markt verfügbare nichtstaatliche Solarkredite kundig zu machen.

Zur Verhandlungsgrundlage sollten in jedem Fall hinreichend aussagekräftige Unterlagen zum geplanten Vorhaben gehören:

- Beschreibung der Liegenschaft einschließlich Lage, Bauzustand, Nutzungsarten
- Grundbuchauszug
- Beschreibung des Vorhabens (Größe, Ausrichtung und Nennleistung der Anlage anhand des ausgewählten Angebots)
- Ertragsgutachten, gegebenenfalls Verschattungsgutachten
- der kaufmännische Ansatz für das Vorhaben

9.2 Förderung des BAFA

Das BAFA (Bundesamt für Wirtschaft und Ausfuhrkontrolle) ist eine deutsche Bundesoberbehörde, die im Geschäftsbereich des Bundesministeriums für Wirtschaft und Klimaschutz (BMWK) verortet ist. Es wurde 1954 gegründet und hat seinen Sitz in Eschborn. Das BAFA ist verantwortlich für die Umsetzung von Außenwirtschaftsrecht und Exportkontrollen. Dazu gehört die Überwachung und Genehmigung von Exporten, insbesondere von Dual-Use-Gütern und Rüstungsgütern. Im Bereich Energiepolitik fördert das BAFA Maßnahmen zur Steigerung der Energieeffizienz und zur Nutzung erneuerbarer Energien. Es setzt verschiedene Förderprogramme um, die darauf abzielen, den Energieverbrauch zu reduzieren und den Einsatz nachhaltiger Technologien zu unterstützen.

Das BAFA unterstützt Projekte im Umweltbereich, insbesondere solche, die den Schutz natürlicher Ressourcen fördern und umweltfreundliche Technologien vorantreiben. Dazu gehören Programme zur Förderung von Energieeffizienz, erneuerbaren Energien und Klimaschutz. In diesem Zusammenhang bietet das BAFA verschiedene Förderprogramme für Unternehmen an, um Innovationen, Umweltschutzmaßnahmen und den Einsatz energieeffizienter Technologien zu unterstützen.

Neben der Förderung bietet das BAFA auch Beratungsdienstleistungen an, um Unternehmen und Verbrauchende bei Fragen zu Energieeffizienz, Umweltschutz und Exportkontrollen zu helfen. Das BAFA arbeitet wie auch die KfW auf internationaler Ebene mit anderen Organisationen und Behörden zusammen, insbesondere im Rahmen von Exportkontrollen und Umweltschutzinitiativen. Dem BAFA unterliegt die »Bundesförderung für effiziente Gebäude« (BEG), unter der alle Fördermaßnahmen abgewickelt werden. Die BEG gewährt Unterstützung bei der Sanierung von Gebäuden, die dauerhaft Energiekosten einsparen und damit das Klima schützen. Die BEG fasst frühere Förderprogramme zur Förderung von Energieeffizienz und erneuerbaren Energien im Gebäudebereich zusammen und unterstützt unter anderem

- den Einsatz neuer Heizungsanlagen,
- die Optimierung bestehender Heizungsanlagen,
- Maßnahmen an der Gebäudehülle und
- den Einsatz optimierter Anlagentechnik.

Kurz gesagt alles, was sich in Einzelmaßnahmen definieren lässt und im aktuellen Förderprogramm Würdigung findet. Die BEG besteht aus drei Teilprogrammen:

- Bundesförderung für effiziente Gebäude – Wohngebäude (BEG WG)
- Bundesförderung für effiziente Gebäude – Nichtwohngebäude (BEG NWG)
- Bundesförderung für effiziente Gebäude – Einzelmaßnahmen (BEG EM)

Die schlechte Nachricht gleich vorweg: Obwohl die Förderung der Einzelmaßnahme »Photovoltaik« bisher grundsätzlich immer im Verbund mit sehr vielen anderen Einzelmaßnahmen zum Förderprogramm des BAFA gehörten, so ist diese gezielte Förderung im aktuellen Programm nicht mehr enthalten. Dennoch ist es sinnvoll, auf die aktuelle Förderlandschaft des BAFA einzugehen, da dort mannigfaltige arrondierende Maßnahmen gefördert werden, die beispielsweise direkt an die Eigenverbrauchsleistung von Strom und damit an die eigene bei der KfW förderfähige Photovoltaikanlage geknüpft sind. Hier kommen die Technologien der Kraftwärmekopplung ins Spiel. Eine Kraft-Wärme-Kopplung (KWK) benötigt Strom, um Energie in Form von Wärme und elektrischem Strom gleichzeitig zu erzeugen. Bei der KWK handelt es sich um eine effiziente Technologie, bei der der erzeugte Strom und die dabei entstehende Wärme für verschiedene Zwecke genutzt werden.

Sollte also im Rahmen einer Gesamtmaßnahme neben der eigenen Stromproduktion u.a. auch eine KWK vorgesehen werden, kann dies bei der BAFA genauso gefördert werden wie die dazugehörigen Fachplanungsleistungen der Ingenieurinnen und Energieexperten. Es ist aber wichtig zu beachten, dass KWK nicht in allen Situationen wirtschaftlich ist und stark von den spezifischen Anforderungen des Standorts abhängt.

- Förderfähig sind alle Maßnahmen an Gebäuden, die die Energieeffizienz verbessern.
- Darüber hinaus wird die Fachplanung und Baubegleitung der Maßnahmen durch Energieeffizienz-Experten bezuschusst.

Antragsberechtigt sind alle Investoren, Hauseigentümerinnen, Unternehmen, gemeinnützige Organisationen und Kommunen von förderfähigen Maßnahmen im Rahmen von energetischen Sanierungen an Wohngebäuden und Nichtwohngebäuden. Bei der energetischen Sanierung von Wohngebäuden werden folgende Maßnahmenfelder gefördert:

- Einzelmaßnahmen an Bestandsgebäuden, die zur Erhöhung der Energieeffizienz des Gebäudes an der Gebäudehülle, wie beispielsweise Fenster oder Türen sowie Dämmung der Außenwände oder des Daches, beitragen
- der Einbau von Anlagentechnik in Bestandsgebäuden zur Erhöhung der Energieeffizienz des Gebäudes, wie beispielsweise einer energieeffizienten raumlufttechnischen Anlage
- der Einbau von effizienten Wärmeerzeugern und von Anlagen zur Heizungsunterstützung sowie die Errichtung, der Umbau, die Erweiterung eines Gebäudenetzes oder der Anschluss an ein Gebäude- oder an ein Wärmenetz
  Achtung: Hier sind die Wärmepumpen und KWK-Anlagen subsumiert.
- Optimierungen von Heizungsanlagen in Bestandsgebäuden, die älter als zwei Jahre und bei einer Wärmeerzeugung mit fossilen Brennstoffen nicht älter als zwanzig Jahre sind, mit denen die Energieeffizienz des Systems erhöht wird, wie beispielsweise der hydraulische Abgleich oder der Austausch der Heizungspumpe
- energetische Fachplanungs- und Baubegleitungsleistungen im Zusammenhang mit der Umsetzung von geförderten Maßnahmen im Sinne dieses Förderprogramms

9.3 Fördermittel in den Bundesländern

Die Fördermöglichkeiten für Photovoltaik in Deutschland können je nach Bundesland variieren. Sie gelten meist für Neubauten und werden von verschiedenen Institutionen bereitgestellt. In einigen Bundesländern gibt es darüber hinaus auch Zuschüsse für die Modernisierung von Wohnbauten sowie für eine Nachrüstung mit PV-Anlagen. Auskünfte erteilen die jeweils zuständigen Umwelt- oder Baubehörden. Die Bundesregierung bietet zudem ein nützliches Portal: https://www.foerderdatenbank.de. Nachfolgend sind einige der Hauptförderprogramme aufgeführt, die auf Landesebene angeboten werden.

9.3.1 Baden-Württemberg

Für Baden-Württemberg gibt es verschiedene Fördermöglichkeiten und Programme auf Landesebene. Das Ministerium für Umwelt, Klima und Energiewirtschaft Baden-Württemberg bietet das Programm »PV-Speicherförderung Baden-Württemberg«. Die L-Bank, die Förderbank des Landes Baden-Württemberg, bietet verschiedene Förderprogramme für erneuerbare Energien, darunter auch für Photovoltaikanlagen. Dazu gehören Zuschüsse oder zinsgünstige Darlehen.

Einige Kommunen in Baden-Württemberg bieten zusätzliche lokale Förderungen für Photovoltaikanlagen an. Diese können von Gemeinde zu Gemeinde variieren. Zusätzlich gibt es Förderprogramme, die sich auf die Beratung und Planung von erneuerbaren Energieprojekten, einschließlich Photovoltaikanlagen konzentrieren, um beispielsweise Investitionsentscheidungen zu unterstützen. Um genaue Informationen zu den aktuellen Fördermöglichkeiten zu erhalten, ist es ratsam, die offizielle Website der L-Bank und anderer relevanter Institutionen in Baden-Württemberg zu konsultieren. Zudem können örtliche Energieagenturen und Beratungsstellen für erneuerbare Energien hilfreiche Informationen bieten.

9.3.2 Bayern

Bayern fördert über das Bayerische Staatsministerium für Wirtschaft, Landesentwicklung und Energie verschiedene Maßnahmen im Bereich erneuerbare Energien. So gibt es beispielsweise das sogenannte Bayern-Darlehen für Energieeffizienz und Wohnkomfort.

Die Bayerische Landesbank bietet zinsgünstige Darlehen für Maßnahmen zur Steigerung der Energieeffizienz. Dazu gehört auch die Installation von Photovoltaikanlagen.

Auch einige bayerische Kommunen, darunter München, bieten zusätzliche Förderprogramme für erneuerbare Energien an. Und auch hier stellen Energieagenturen und Beratungsstellen Informationen zu lokalen Fördermöglichkeiten zu Verfügung.

9.3.3 Nordrhein-Westfalen

Das Land Nordrhein-Westfalen bietet das Programm »progres.nrw – Markteinführung von innovativen Umwelttechniken«. Darunter fallen ebenfalls PV-Anlagen.

Die NRW.BANK ist die Förderbank des Landes Nordrhein-Westfalen. Sie bietet verschiedene Programme und Fördermöglichkeiten für erneuerbare Energien, darunter Photovoltaik. Die Förderung kann von privaten Hausbesitzern, Unternehmen und Kommunen in Anspruch genommen werden.

Zahlreiche Städte und Gemeinden in Nordrhein-Westfalen bieten eigene Förderprogramme für erneuerbare Energien an. Es gibt Förderprogramme, die sich auf die Beratung und Planung von erneuerbaren Energieprojekten, einschließlich Photovoltaikanlagen, konzentrieren.

Tipp

Es ist wichtig zu beachten, dass sich die Förderlandschaft ändern kann. Neue Programme können hinzugefügt und bestehende aktualisiert werden. Interessierte sollten die jeweiligen Förderprogramme regelmäßig überprüfen und sich direkt bei den zuständigen Behörden oder Energieagenturen informieren. Zudem sind regionale Stadtwerke und Energieversorger manchmal auch an lokalen Initiativen beteiligt und bieten eigene Fördermöglichkeiten an.

9.4 Förderung durch Einspeisevergütungen

Die Einspeisevergütung in Deutschland ist Teil des Erneuerbare-Energien-Gesetzes (EEG) und wurde eingeführt, um den Ausbau erneuerbarer Energien zu fördern. Das Grundprinzip der Einspeisevergütung ist recht einfach: Betreibende von erneuerbaren Energieanlagen wie Photovoltaikanlagen produzieren Strom, der in das öffentliche Stromnetz eingespeist wird. Die Betreibenden erhalten für einen bestimmten Zeitraum eine festgelegte Vergütung pro eingespeiste Kilowattstunde (kWh). Der produzierte Strom wird in der Regel an den Netzbetreiber verkauft.

In Deutschland gilt das »Eigenverbrauchsprivileg«, das es Betreibenden von Photovoltaikanlagen ermöglicht, selbst produzierten Strom zunächst selbst zu nutzen, bevor Überschüsse in das öffentliche Netz eingespeist werden. Das bedeutet, dass der produzierte Strom direkt im Haushalt oder im Unternehmen verbraucht werden kann. Für den eingespeisten Überschuss erhalten die Betreiber eine Einspeisevergütung, deren Höhe durch das EEG festgelegt ist.

Dabei gibt es einige rechtliche und technische Aspekte zu beachten: Um das Eigenverbrauchsprivileg in Anspruch nehmen zu können, müssen Betreibende eine geeignete Messeinrichtung installieren, um den Eigenverbrauch und die eingespeiste Menge genau zu erfassen, und es besteht eine Meldepflicht aufseiten des Betreibenden. Der selbst genutzte Strom und die eingespeiste Menge müssen dem Netzbetreiber gemeldet werden. Dabei sind die Netzbetreiber verpflichtet sicherzustellen, dass die Einspeisung und der Eigenverbrauch technisch ins Netz integriert werden können, ohne die Netzstabilität zu gefährden.

Tipp

Es ist ratsam, sich bei der Planung und Umsetzung einer Photovoltaikanlage von Fachleuten beraten zu lassen, um optimale Bedingungen für den Eigenverbrauch zu schaffen und alle rechtlichen Anforderungen zu erfüllen.

Einspeisung und Vergütung werden durch die Netzbetreiber koordiniert, da diese auch für den Betrieb und die Instandhaltung des Stromnetzes verantwortlich sind. Die Bundesnetzagentur (BNetzA) ist wiederum die zuständige Bundesbehörde, die die

Höhe der Einspeisevergütung festlegt und somit reguliert. Die Festlegung basiert auf den Vorgaben des EEG. Die Grundlage für die Einspeisevergütung bildet das Erneuerbare-Energien-Gesetz (EEG), das durch die Politik, insbesondere das Bundesministerium für Wirtschaft und Energie, gestaltet wird und die Rahmenbedingungen für den Ausbau erneuerbarer Energien enthält. Die Einspeisevergütung wird regelmäßig überprüft und angepasst, um den technologischen Fortschritt und die Kostenentwicklung berücksichtigen zu können. Neue Anlagen erhalten oft höhere Vergütungssätze als ältere. Die Vergütungsdauer kann je nach Art der Anlage variieren.

Tipp

Es ist wichtig zu beachten, dass die Details der Einspeisevergütung im EEG festgelegt sind und sich im Laufe der Jahre ändern können. Interessierte sollten sich daher regelmäßig über die aktuellen Bestimmungen informieren.

Laut Bekanntmachung der Bundesnetzagentur gelten für PV-Anlagen, die im Zeitraum von Januar 2023 bis Januar 2024 in Betrieb genommen werden, folgende Einspeisevergütungen (Tabelle 4), die abgestufte Minderung dieser Fördersätze (Degression) ist bis 2024 ausgesetzt.

Auslegung	**bis 10 kW**	**bis 40 kW**	**bis 100 kW**	**bis 400 kW**	**bis 1 MW**
Marktprämienmodell*					
Teileinspeisung	8,6	7,5	6,2	6,2	6,2
Volleinspeisung	13,4	11,3	11,3	9,4	8,1
Feste Einspeisevergütung*					
Teileinspeisung	8,2	7,1	5,8		
Volleinspeisung	13,0	10,9	10,9		
Mieterstrommodell**	2,67	2,48			1,67

Tab. 4: Vergütungen für Strom aus neuen PV-Anlagen (Angaben in Cent/kWh für Gebäude und Lärmschutzwände i. S. d. §§ 48 Abs. 2 und 2a, 48a EEG) nach Angaben der Bundesnetzagentur (Stand: Herbst 2023).
* Sonstige Anlagen i. S. d. § 48 Abs. 1 EEG 7 und 6,6 Cent/kWh
** Sockelvergütung, die ergänzt wird durch die von den beteiligten Haushalten erhobenen Kosten

Erneuerbare-Energien-Gesetz (§ 41 Deponie-, Klär- und Grubengas) (Stand Januar 2024)

(4) Die anzulegenden Werte nach den Absätzen 1 bis 3 verringern sich ab dem 1. Januar 2024 jährlich jeweils für die nach diesem Zeitpunkt in Betrieb genommenen Anlagen um 1,5 Prozent gegenüber den im jeweils vorangegangenen Kalenderjahr geltenden anzulegenden Werten und werden auf zwei Stellen nach dem Komma gerundet. Für die Berechnung der Höhe der anzulegenden Werte aufgrund einer erneuten Anpassung nach Satz 1 sind die ungerundeten Werte zugrunde zu legen.

Der Marktwert nach dem Marktprämienmodell (§ 3 und Anlage 1 EEG) ist

> **Erneuerbare-Energien-Gesesetz (§ 3 Begriffsbestimmungen) (Stand Januar 2024)**
> 34. ... der für die Berechnung der Höhe der Marktprämie für den Strom aus einer Anlage nach Anlage 1 Nummer 2 maßgebliche Wert:
> a) der energieträgerspezifische Marktwert von Strom aus erneuerbaren Energien oder aus Grubengas, der sich nach Anlage 1 Nummer 3 aus dem tatsächlichen Monatsmittelwert des Spotmarktpreises bezogen auf einen Kalendermonat ergibt (Monatsmarktwert), oder
> b) der energieträgerspezifische Marktwert von Strom aus erneuerbaren Energien oder aus Grubengas, der sich nach Anlage 1 Nummer 4 aus dem tatsächlichen Jahresmittelwert des Spotmarktpreises bezogen auf ein Kalenderjahr ergibt (Jahresmarktwert),
> soweit der Marktwert maßgeblich ist für Strom, der in einer Veräußerungsform einer Einspeisevergütung veräußert wird, ist »Marktwert« der Wert, der maßgeblich wäre, wenn dieser Strom direkt vermarktet würde ...

9.5 Ausförderung

Die »Ausförderung« von Photovoltaikanlagen bezieht sich darauf, dass viele der ersten PV-Anlagen, die seit 1991 in Deutschland gefördert wurden, nun das Ende der festgelegten Förderperiode erreichen. Die veranschlagte Betriebszeit der ersten, seit 1991 geförderten PV-Anlagen endet in diesen Jahren. Nach einer Untersuchung im Auftrag des Umweltbundesamtes betrifft das bis 2026 etwa 195.000 kleine Anlagen (Metzger u. a. 2020). Nach Ablauf dieses Zeitraums endet die Förderung, und die Anlagen gelten als »ausgefördert«.

Das bedeutet, dass die Betreibenden ab diesem Zeitpunkt den erzeugten Strom nicht mehr zu den festen, gesetzlich garantierten Vergütungssätzen einspeisen können, die in der Förderperiode galten. Für Betreibende dieser Anlagen ergeben sich nun verschiedene Optionen:

- Sie können den erzeugten Strom für den Eigenverbrauch weiter nutzen und somit ihren Bedarf selbst decken. Sie werden also entweder zu Insellösungen, die nicht mehr mit dem Netz verbunden sind, oder mit abgeregelter Leistung weiter betrieben werden.
- Statt einer Einspeisung zum festen Tarif können sie den erzeugten Strom auf dem freien Markt verkaufen. Dies erfordert jedoch eine eigenständige Vermarktungsstrategie. Dies sollten sie genau prüfen lassen, da eine Einspeisung mit Vermarktung auf eigene Rechnung möglicherweise nicht wirtschaftlich ist.

- In einigen Fällen kann es wirtschaftlich sinnvoll sein, die Anlage stillzulegen oder zurückzubauen, insbesondere wenn die technischen Anforderungen nicht mehr erfüllt werden oder die Betriebskosten zu hoch sind.

Es ist wichtig zu beachten, dass die Ausförderung nicht bedeutet, dass die Anlagen nicht mehr betrieben werden können. Es bedeutet lediglich, dass sie nicht mehr die festen Einspeisevergütungen nach dem EEG erhalten. Die Betreibenden müssen alternative Wege für die Nutzung oder Vermarktung ihres erzeugten Stroms finden. Die Betreiber müssen zum Ende der Förderungsdauer die nötigen Veränderungen selbst durchführen, um einen eventuellen Rechtsstreit mit dem Netzbetreiber zu vermeiden. Derzeit gibt es für diese Fälle leider noch keine verbindliche rechtliche Regelung.

10 Steuerrecht

In Deutschland wird verstärkt auf nachhaltige Energiequellen gesetzt. Steuerliche Überlegungen dazu haben eine zentrale Bedeutung. Insbesondere in einem Land, das sich als Aufgabe gestellt hat, ein globaler Vorreiter in der Förderung erneuerbarer Energien zu sein, ist es essenziell, die Grundlagen des Steuerrechts zu verstehen, um die Potenziale regenerativer Energieprojekte optimal zu nutzen. Die steuerliche Behandlung spielt außerdem eine entscheidende Rolle, wenn es darum geht, Investitionen zu planen, Betriebskosten zu kalkulieren und letztendlich eine wirtschaftlich nachhaltige Energiezukunft zu gestalten.

Auszugsweise und ohne Anspruch auf Vollständigkeit werden im Folgenden die wichtigsten steuerlichen Konstrukte Gewerbesteuer, Körperschafts- und Einkommensteuer sowie Umsatzsteuer vorgestellt. Das Steuerrecht beeinflusst in vielfältiger Weise die Wirtschaftlichkeit von Projekten im Bereich erneuerbarer Energien. Nachfolgend werden auszugsweise Schlüsselaspekte des Steuerrechts gezeigt, die bei Planung, Errichtung und Betrieb von Photovoltaikanlagen von Bedeutung sind. Dabei wird verdeutlicht, wie eine solide Kenntnis der steuerlichen Grundlagen nicht nur rechtliche Sicherheit schafft, sondern auch dazu beiträgt, die Wirtschaftlichkeit und den Erfolg von Projekten im Bereich regenerativer Energien zu maximieren.

Unternehmereigenschaft

Der Begriff »Unternehmereigenschaft« ist von grundlegender Bedeutung im rechtlichen und steuerlichen Kontext und bezieht sich auf die Merkmale, die eine Person oder eine juristische Einheit als Unternehmenden qualifizieren. Diese Eigenschaften legen fest, inwieweit bestimmte rechtliche und steuerliche Regelungen auf eine Person oder Einheit anwendbar sind. Im rechtlichen Sinne bezeichnet die Unternehmereigenschaft eine Person oder Einheit, die eine wirtschaftliche Tätigkeit ausübt. Dabei spielt es keine Rolle, ob die Tätigkeit gewerblicher, freiberuflicher oder sonstiger Art ist. Die Unternehmereigenschaft bestimmt die Teilnahme an rechtlichen Beziehungen, wie Verträgen, Haftung und Handelsregistereintragungen. Im steuerlichen Kontext hat die Unternehmereigenschaft weitreichende Auswirkungen. Ein Unternehmer ist in der Regel umsatzsteuerpflichtig. Das bedeutet, dass er Umsatzsteuer auf seine Leistungen erhebt und gleichzeitig Vorsteuer abziehen kann. Die Unternehmereigenschaft bestimmt auch die Anwendung anderer steuerlicher Regelungen, wie Abschreibungen, Gewinnermittlung und die Teilnahme an Förderprogrammen.

Merkmale der Unternehmereigenschaft

Die genaue Definition und Ausgestaltung der Unternehmereigenschaft variieren je nach Rechtsordnung. Es ist wichtig, die nachfolgenden Merkmale zu verstehen, um die rechtlichen und steuerlichen Pflichten und Vorteile einer Unternehmereigenschaft richtig zu nutzen.

Da ist zunächst die Selbstständigkeit. Ein Unternehmer handelt selbstständig und eigenverantwortlich als juristische Person. Er trifft unabhängig Entscheidungen bezüglich seiner Tätigkeit **(Merkmal Selbstständigkeit)**. Ein Unternehmer ist am wirtschaftlichen Verkehr beteiligt **(Merkmal Teilnahme am wirtschaftlichen Verkehr)**, indem er Waren oder Dienstleistungen anbietet – mit der Absicht, Gewinne zu erzielen **(Merkmal Gewinnerzielung)**. Die Tätigkeit des Unternehmers ist auf Dauer angelegt und nicht nur auf einzelne Transaktionen beschränkt **(Merkmal der Nachhaltigkeit)**. Ein Unternehmer organisiert seine Tätigkeit, entweder durch den Einsatz von Arbeitskräften und Ressourcen oder durch andere organisatorische Strukturen **(Merkmal der Organisation)**.

Der Betrieb von PV-Anlagen ist also grundsätzlich eine unternehmerische (gewerbliche) Tätigkeit mit entsprechenden Aufzeichnungs- und Steuerpflichten. Damit verbunden ist die Pflicht, die Tätigkeit beim örtlich zuständigen Gewerbeamt und Finanzamt anzumelden. Zudem wird eine Pflichtmitgliedschaft in der örtlich zuständigen Industrie- und Handelskammer begründet.

10.1 Gewerbesteuer und Körperschaftsteuer

Es ist wichtig zu beachten, dass Unternehmen sowohl Gewerbesteuer als auch Körperschaftsteuer entrichten können, da sie unterschiedliche Steuerarten für unterschiedliche Aspekte ihres Einkommens darstellen. Um dies besser zu verstehen, werden nachfolgend beide Steuerarten erklärt.

Gewerbesteuer

Die Gewerbesteuer ist eine kommunale Steuer in Deutschland und betrifft vor allem Unternehmen, die ein Gewerbe betreiben. Sie ist eine Betriebssteuer und wird von den Gemeinden erhoben.

Die Höhe der Gewerbesteuer richtet sich nach dem Gewerbeertrag des Unternehmens. Der Gewerbeertrag wird durch Hinzurechnungen und Kürzungen zum steuerlichen Gewinn ermittelt.

Die Gewerbesteuer ist eine wichtige Einnahmequelle für die Städte und Gemeinden, da sie direkt vor Ort verwendet wird. Freiberuflerinnen und Landwirte sind in der Regel nicht gewerbesteuerpflichtig.

Körperschaftsteuer
Die Körperschaftsteuer ist eine Steuer auf das Einkommen von juristischen Personen, insbesondere von Kapitalgesellschaften wie GmbHs, AGs und Genossenschaften. Anders als die Gewerbesteuer, die auf kommunaler Ebene erhoben wird, ist die Körperschaftsteuer eine Bundessteuer.

Sie betrifft die Gesamtheit der Einkünfte, die eine Körperschaft erzielt, und wird auf der Grundlage des Gewinns nach Abzug von Freibeträgen und Verlusten berechnet. Anders als die Gewerbesteuer, die auf den Gewerbeertrag bezogen ist, betrifft die Körperschaftsteuer das gesamte Einkommen des Unternehmens.

Unterschiede und Gemeinsamkeiten
Die Gewerbesteuer richtet sich hauptsächlich an gewerbliche Unternehmen, während die Körperschaftsteuer Kapitalgesellschaften betrifft. Die Gewerbesteuer wird von den Gemeinden autonom festgesetzt, während die Körperschaftsteuer auf Bundesebene geregelt ist. Die Bemessungsgrundlage für die Gewerbesteuer ist der Gewerbeertrag, während die Körperschaftsteuer auf dem gesamten Einkommen der Körperschaft basiert. Gemeinnützige Organisationen und einige andere Einrichtungen können von der Körperschaftsteuer befreit sein, während die Gewerbesteuer in der Regel für alle gewerblichen Unternehmen anfällt. Im Körperschaft- sowie im Gewerbesteuergesetz gibt es besondere Regelungen für Wohnungsgenossenschaften. Diese sind von der Gewerbesteuer befreit, sofern sie von der Körperschaftsteuer befreit sind (§ 3 GewStG i.V.m. § 5 (1) 10 KStG); dies gilt, sofern nicht die Körperschaftsteuerpflicht beantragt wurde (§ 1a KStG). Sonstige Wohnungsunternehmen können eine Kürzung der Gewerbesteuer erwirken.

> **Körperschaftsteuergesetz (§ 5 KStG Befreiungen) (Stand Januar 2024)**
> (1) Von der Körperschaftsteuer sind befreit
> 10. Genossenschaften sowie Vereine, soweit sie
> a) Wohnungen herstellen oder erwerben und sie den Mitgliedern auf Grund eines Mietvertrags oder auf Grund eines genossenschaftlichen Nutzungsvertrags zum Gebrauch überlassen; den Wohnungen stehen Räume in Wohnheimen im Sinne des § 15 des Zweiten Wohnungsbaugesetzes gleich;
> b) im Zusammenhang mit einer Tätigkeit im Sinne des Buchstabens a Gemeinschaftsanlagen oder Folgeeinrichtungen herstellen oder erwerben und sie betreiben, wenn sie überwiegend für Mitglieder bestimmt sind und der Betrieb durch die Genossenschaft oder den Verein notwendig ist.
> Die Steuerbefreiung ist ausgeschlossen, wenn die Einnahmen des Unternehmens aus den in Satz 1 nicht bezeichneten Tätigkeiten 10 Prozent der gesamten Einnahmen übersteigen. Erzielt das Unternehmen Einnahmen aus der Lieferung von Strom aus Anlagen, für den es unter den Voraussetzungen des § 21 Absatz 3 des Erneuerbare-Energien-Gesetzes einen Anspruch auf Zahlung

eines Mieterstromzuschlags hat, erhöht sich die Grenze des Satzes 2 für diese Einnahmen auf 20 Prozent, wenn die Grenze des Satzes 2 nur durch diese Einnahmen überschritten wird. Zu den Einnahmen nach Satz 3 gehören auch Einnahmen aus der zusätzlichen Stromlieferung im Sinne des § 42a Absatz 2 Satz 6 des Energiewirtschaftsgesetzes sowie Einnahmen aus der Einspeisung von Strom aus diesen Anlagen.

Gewerbesteuergesetz (§ 9 GewStG Kürzungen) (Stand Januar 2024)
Die Summe des Gewinns und der Hinzurechnungen wird gekürzt um
1. 1,2 Prozent des Einheitswerts des zum Betriebsvermögen des Unternehmers gehörenden und nicht von der Grundsteuer befreiten Grundbesitzes; maßgebend ist der Einheitswert, der auf den letzten Feststellungszeitpunkt (Hauptfeststellungs-, Fortschreibungs- oder Nachfeststellungszeitpunkt) vor dem Ende des Erhebungszeitraums (§ 14) lautet. An Stelle der Kürzung nach Satz 1 tritt auf Antrag bei Unternehmen, die ausschließlich eigenen Grundbesitz oder neben eigenem Grundbesitz eigenes Kapitalvermögen verwalten und nutzen oder daneben Wohnungsbauten betreuen oder Einfamilienhäuser, Zweifamilienhäuser oder Eigentumswohnungen im Sinne des Wohnungseigentumsgesetzes in der jeweils geltenden Fassung, errichten und veräußern, die Kürzung um den Teil des Gewerbeertrags, der auf die Verwaltung und Nutzung des eigenen Grundbesitzes entfällt. Satz 2 gilt entsprechend, wenn
a) in Verbindung mit der Errichtung und Veräußerung von Eigentumswohnungen Teileigentum im Sinne des Wohnungseigentumsgesetzes errichtet und veräußert wird und das Gebäude zu mehr als 66 2/3 Prozent Wohnzwecken dient,
b) in Verbindung mit der Verwaltung und Nutzung des eigenen Grundbesitzes Einnahmen aus der Lieferung von Strom
aa) im Zusammenhang mit dem Betrieb von Anlagen zur Stromerzeugung aus erneuerbaren Energien im Sinne des § 3 Nummer 21 des Erneuerbare-Energien-Gesetzes oder
bb) aus dem Betrieb von Ladestationen für Elektrofahrzeuge oder Elektrofahrräder,
erzielt werden und diese Einnahmen im Wirtschaftsjahr nicht höher als 10 Prozent der Einnahmen aus der Gebrauchsüberlassung des Grundbesitzes sind; die Einnahmen im Sinne von Doppelbuchstabe aa dürfen nicht aus der Lieferung an Letztverbraucher stammen, es sei denn, diese sind Mieter des Anlagenbetreibers, oder
c) Einnahmen aus unmittelbaren Vertragsbeziehungen mit den Mietern des Grundbesitzes aus anderen als den in den Buchstaben a und b bezeichneten Tätigkeiten erzielt werden und diese Einnahmen im Wirtschaftsjahr nicht höher als 5 Prozent der Einnahmen aus der Gebrauchsüberlassung des Grundbesitzes sind.

10.2 Einkommensteuer

Die Einkommensteuer ist in Deutschland ein recht komplexes Thema, und die genauen Regelungen ändern sich immer wieder. Es ist ratsam, sich bei steuerlichen Angelegenheiten von einem Steuerberater oder dem Finanzamt beraten zu lassen. Die Einkommensteuer ist eine der wichtigsten Steuerarten in Deutschland und wird auf das Einkommen natürlicher und juristischer Personen erhoben.

Die Einkommensteuer dient dazu, den Staatshaushalt zu finanzieren. Sie ist eine direkte Steuer auf das Einkommen von Privatpersonen. Die Einkommensteuer betrifft natürliche, also Einzelpersonen. Unternehmen, die juristische Personen sind, unterliegen anderen Steuerarten wie der Körperschaftsteuer. Die Bemessungsgrundlage für die Einkommensteuer ist das zu versteuernde Einkommen einer natürlichen bzw. juristischen Person. Es setzt sich aus verschiedenen Einkunftsarten zusammen, darunter Einkünfte aus

- nichtselbständiger Arbeit,
- selbständiger Arbeit,
- Kapitalvermögen,
- Vermietung und Verpachtung

sowie sonstige Einkünfte. Die Einkommensteuer unterliegt dem Prinzip der Progression. Das bedeutet, dass der Steuersatz mit steigendem Einkommen zunimmt. Je höher das Einkommen, desto höher der prozentuale Anteil, der an Einkommensteuer zu entrichten ist. Es gibt verschiedene Arten der Veranlagung zur Einkommensteuer – wie die Einzelveranlagung für Alleinstehende, die Zusammenveranlagung für Ehepaare sowie die besondere Veranlagung bei Selbstständigen. Es gibt Steuerfreibeträge, das heißt, ein bestimmter Betrag des Einkommens ist steuerfrei. Zudem gibt es verschiedene steuerliche Vergünstigungen, wie beispielsweise Freibeträge für Kinder, die die Steuerlast mindern. Die meisten Steuerpflichtigen müssen eine jährliche Steuererklärung abgeben, in der sie ihr Einkommen und alle steuerrelevanten Aspekte offenlegen. Auf der Grundlage dieser Erklärung wird die Einkommensteuer festgesetzt.

Mit dem Jahressteuergesetz 2022 wurde die Lage für die Betreibenden kleinerer PV-Anlagen verändert. Einnahmen sind demnach ertragssteuerfrei, also nicht einkommensteuerpflichtig, wenn die Bruttonennleistung der Anlage bei Einfamilienhäusern und Gewerbebauten 30 kWp, bei Mehrfamilienhäusern und gemischt genutzten Gebäuden 15 kWp nicht überschreitet. Diese Steuerbefreiung gilt für einzelne Anlagen oder auch mehrere Anlagen mit insgesamt 100 kWp je Steuerpflichtigen und ist von der Verwendung des gewonnenen Stroms nicht abhängig (Eigennutzung, Einspeisung …). Damit entfallen insbesondere die Anmeldung eines Gewerbes für den Betrieb der Anlage(n) sowie die jährliche Anfertigung der Einnahmen-Überschuss-Rechnung.

> **Einkommensteuergesetz (§ 3 EStG Steuerfreie Einnahmen) (Stand Januar 2024)**
> Steuerfrei sind …
> 72. die Einnahmen und Entnahmen im Zusammenhang mit dem Betrieb
> a) von auf, an oder in Einfamilienhäusern (einschließlich Nebengebäuden) oder nicht Wohnzwecken dienenden Gebäuden vorhandenen Photovoltaikanlagen mit einer installierten Bruttoleistung laut Marktstammdatenregister von bis zu 30 kW (peak) und
> b) von auf, an oder in sonstigen Gebäuden vorhandenen Photovoltaikanlagen mit einer installierten Bruttoleistung laut Marktstammdatenregister von bis zu 15 kW (peak) je Wohn- oder Gewerbeeinheit,
> insgesamt höchstens 100 kW (peak) pro Steuerpflichtigen oder Mitunternehmerschaft. Werden Einkünfte nach § 2 Absatz 1 Satz 1 Nummer 2 erzielt und sind die aus dieser Tätigkeit erzielten Einnahmen insgesamt steuerfrei nach Satz 1, ist kein Gewinn zu ermitteln. In den Fällen des Satzes 2 ist § 15 Absatz 3 Nummer 1 nicht anzuwenden.

Im Fall von Einfamilienhäusern mit vermieteten Einliegerwohnungen oder Wohnungsbeständen in Familienbesitz ergeben sich somit neue Möglichkeiten, den Betrieb von PV-Anlagen unter mehreren Beteiligten aufzuteilen, um die genannten Grenzen für ihre Liegenschaften auszuweiten. Die Miteigentümer- und Mitunternehmerschaft muss jedoch nicht nur vertraglich festgeschrieben, sondern im Tagesgeschäft nachweislich gelebt werden, um amtlichen Prüfungen standzuhalten.

Allerdings ist eine einschlägige Vorschrift des Einkommensteuergesetzes zu beachten: »Ausgaben dürfen, soweit sie mit steuerfreien Einnahmen in unmittelbarem Zusammenhang stehen, nicht als Betriebsausgaben oder Werbungskosten abgezogen werden … « (§ 3c Abs. 1 EStG). Mit anderen Worten: Wenn es keine Erträge zu versteuern gibt, können auch keine Aufwendungen geltend gemacht werden. Über die Laufzeit macht sich die Einsparung bei den Stromkosten bemerkbar.

In einem Wohnungsunternehmen wird letztlich anhand der Größe des Wohnungsbestandes und der zu planenden PV-Anlagen entschieden, welche steuerliche Ausgestaltung sinnvoll ist. Es ist durchaus betriebswirtschaftlich sinnvoll, sowohl die Anschaffungskosten abzuschreiben (Absetzung für Abnutzung AfA), was nach geltendem Recht über 20 Jahre zu gleichen Teilen (linear: 20 Jahre · 5% = 100%) ab dem Monat der Inbetriebnahme zu geschehen hat, als auch Neben- und Folgekosten, etwa für Wartung oder Verwaltung, jährlich geltend zu machen.

Immerhin gilt eine Einkommensteuerbefreiung nun auch für Erträge aus bestehenden Anlagen, was sich für deren Betreibende als vorteilhaft herausstellen kann, sofern der Wartungsaufwand in den Restjahren nicht allzu hoch ausfällt. 2021 war durch Erlass die Möglichkeit eröffnet worden, mit einem formlosen Antrag PV-Anlagen bis zur Bruttonennleistung von 10 kWp steuerlich als »Liebhaberei« ohne Gewinnerzielungsabsicht einordnen zu lassen. Im Einzelfall vereinfacht auch dies die Steuererklärung, verhindert aber die Geltendmachung der Kosten für die Errichtung und Wartung der Anlage. Der Nutzen war damit im Wesentlichen auf Eigenheime beschränkt.

10.3 Umsatzsteuer

Die Umsatzsteuer ist eine indirekte Verbrauchssteuer, die auf den Umsatz von Waren und Dienstleistungen erhoben wird. Unternehmer müssen regelmäßig eine Umsatzsteuererklärung beim Finanzamt abgeben. In dieser Erklärung geben sie ihre Umsätze und Vorsteuern an, und die zu zahlende oder zu erstattende Umsatzsteuer wird berechnet. Die Regelungen zur Umsatzsteuer (auch Mehrwertsteuer genannt) in Deutschland sind grundsätzlich bundeseinheitlich geregelt. Das Umsatzsteuergesetz (UStG) und die Umsatzsteuer-Durchführungsverordnung (UStDV) gelten für das gesamte Bundesgebiet. Die Umsatzsteuer ist somit eine Bundessteuer, und die Grundprinzipien werden auf Bundesebene festgelegt. Allerdings können sich in der Praxis einige Unterschiede ergeben, die auf regionalen Gegebenheiten oder Besonderheiten in den Bundesländern basieren.

Hebesätze bei der Gewerbesteuer
Die Gewerbesteuer ist eine kommunale Steuer, aber sie kann Einfluss auf die Umsatzsteuer haben. Die Gemeinden legen individuelle Hebesätze fest, die auf den bundeseinheitlichen Gewerbesteuer-Messbetrag angewendet werden. Dadurch kann die Höhe der Gewerbesteuer in den verschiedenen Gemeinden und Bundesländern variieren.

Anwendung von ermäßigten Steuersätzen
In bestimmten Fällen können Bundesländer eigene Regelungen hinsichtlich der Anwendung ermäßigter Steuersätze machen. Beispielsweise gibt es für bestimmte Dienstleistungen und Produkte ermäßigte Steuersätze, und es können regionale Unterschiede bestehen, wie diese angewendet werden.

Sonstige lokale Abgaben
Es gibt bestimmte kommunale Abgaben oder Steuern, die je nach Bundesland variieren können und indirekt Auswirkungen auf die Umsatzsteuersituation von Unternehmen haben könnten. Daher ist es auch hier essenziell, die aktuellen Gesetze und Vorschriften zu beachten und einen Steuerberater zu konsultieren.

Auch die Umsatzsteuer ist dazu da, den Staatshaushalt zu finanzieren. Allerdings wird sie – im Gegensatz zur Einkommensteuer – nicht direkt auf das Einkommen einer natürlichen bzw. juristischen Person, sondern auf den Umsatz von Unternehmen erhoben. Grundsätzlich sind Unternehmen steuerpflichtig. Sie erheben die Umsatzsteuer in Form der Mehrwertsteuer von ihren Kunden und leiten sie an das Finanzamt weiter. Der Unternehmer ist daher auch der Steuerschuldner.

Die Bemessungsgrundlage für die Umsatzsteuer ist der Umsatz, den ein Unternehmer mit seinen Lieferungen und Leistungen erzielt. Es handelt sich um einen prozentualen Anteil des Nettoverkaufspreises. Das »Mehrwertsteuerprinzip« bedeutet, dass die Umsatzsteuer auf jeder Stufe der Wertschöpfungskette erhoben wird. Jeder Unternehmer, der Waren oder Dienstleistungen verkauft, ist verpflichtet, Umsatzsteuer zu berechnen. Unternehmen können die Umsatzsteuer, die sie für ihre betrieblichen Ausgaben bezahlen (Vorsteuer), von der Umsatzsteuer, die sie auf ihre Umsätze erheben, abziehen. Dies nennt man Vorsteuerabzug. In den Bundesländern gibt es verschiedene Umsatzsteuersätze für unterschiedliche Waren und Dienstleistungen. Zum Beispiel kann der Satz für grundlegende Güter niedriger sein als der Satz für Luxusartikel.

Lieferung, Einfuhr, Erwerb und Errichtung von Anlagen einschließlich Stromspeicher sind ab dem 1. Januar 2023 nicht mehr umsatzsteuerpflichtig, wenn die Anlagen auf, an oder nahe bei Wohnbauten, aber auch öffentlichen Gebäuden genutzt werden. Die Bruttonennleistung soll dafür 30 kWp nicht überschreiten. Die Kleinunternehmerregelung nach dem Umsatzsteuergesetz bewirkt eine Umsatzsteuerfreiheit bei Umsätzen im Vorjahr von nicht mehr als 22.000 Euro und im laufenden Geschäftsjahr von voraussichtlich nicht mehr als 50.000 Euro (§ 19 UStG). Ihre Anwendung vereinfacht einerseits den regelmäßigen Aufwand für Buchführung und Steuererklärung, verhindert aber andererseits die Rückerstattung der geleisteten Umsatzsteuer für Lieferung und Aufbau der Anlagen. Dem wird mit der Neuerung nun abgeholfen.

Rückwirkende Verrechnungen für vergangene Betriebsjahre bereits errichteter Anlagen bis 2021/22 sind zwar ausgeschlossen, doch ergeben sich nun Vorteile für alle, die bereits seit einigen Jahren PV-Anlagen mit höheren Einspeisevergütungen betreiben und seinerzeit die Vorsteuer geltend gemacht haben. Gegebenenfalls ist es für Betreiber bestehender Anlagen sinnvoll, zum gesetzlich nächstmöglichen Zeitpunkt die Kleinunternehmerregelung zu beanspruchen.

Bei 2022/2023 beendeten oder zu beendenden Sanierungs- und Bauvorhaben ist der jeweilige Vertrag zu beachten: Ist dieser mit der Lieferung, der Errichtung oder der Inbetriebnahme der Anlage erfüllt? Welcher Zeitpunkt ist wesentlich? Bei Neubau und Veräußerung von Gebäuden ist künftig darauf abzustellen, ob Haus und PV-Anlage gemeinsam errichtet oder veräußert werden, es also einen Gesamtvertrag gibt.

Der neue Umsatzsteuer-Anwendungserlasse (UStAE) enthält mittlerweile einige Verdeutlichungen zur Rechtslage. Demnach gilt die Steuerfreiheit auch für Nebenleistungen, die für die Errichtung oder den Erwerb einer PV-Anlage wesentlich sind, wie den Einbau einer neuen Stromzähleranlage, die Bereitstellung von Baugerüsten oder die Anmeldung der Anlage. Wird die PV-Anlage von einem Bauträger einem Neubau hinzugefügt, ist sie umsatzsteuerfrei, der Rest der Bauleistungen jedoch nicht. Bei Mietverträgen sind die Kosten nun zu 90% als steuerfreie Lieferung und zu 10% als steuerpflichtige Zusatzleistungen anzusetzen. Der Erlass regelt ferner, dass die Deckung des Eigenbedarfs mit PV-Anlagen, die 2023 und später in Betrieb genommen werden, nachvollziehbar keine umsatzsteuerpflichtige Leistung darstellt. Bei älteren Anlagen soll es nun bei der bisherigen Besteuerung bleiben, was vermutlich mittelfristig zu rechtlichen Verfahren führt. Was sich im Übrigen nicht ändert, ist die Umsatzbesteuerung von Stromlieferungen sowie von Reinigungs- und Wartungsleistungen.

Umsatzsteuergesetz (§ 12 Absatz 3) (Stand Januar 2024)

(3) Die Steuer ermäßigt sich auf 0 Prozent für die folgenden Umsätze:

1. die Lieferungen von Solarmodulen an den Betreiber einer Photovoltaikanlage, einschließlich der für den Betrieb einer Photovoltaikanlage wesentlichen Komponenten und der Speicher, die dazu dienen, den mit Solarmodulen erzeugten Strom zu speichern, wenn die Photovoltaikanlage auf oder in der Nähe von Privatwohnungen, Wohnungen sowie öffentlichen und anderen Gebäuden, die für dem Gemeinwohl dienende Tätigkeiten genutzt werden, installiert wird. Die Voraussetzungen des Satzes 1 gelten als erfüllt, wenn die installierte Bruttoleistung der Photovoltaikanlage laut Marktstammdatenregister nicht mehr als 30 Kilowatt (peak) beträgt oder betragen wird;
2. den innergemeinschaftlichen Erwerb der in Nummer 1 bezeichneten Gegenstände, die die Voraussetzungen der Nummer 1 erfüllen;
3. die Einfuhr der in Nummer 1 bezeichneten Gegenstände, die die Voraussetzungen der Nummer 1 erfüllen;
4. die Installation von Photovoltaikanlagen sowie der Speicher, die dazu dienen, den mit Solarmodulen erzeugten Strom zu speichern, wenn die Lieferung der installierten Komponenten die Voraussetzungen der Nummer 1 erfüllt.

11 Bedarfsermittlung und Planung

Bevor ich grundsätzlich zu den Planungs-, Ausführungs- und Betriebsthemen komme, möchte ich an dieser Stelle von ganzem Herzen und aus tiefster Überzeugung eine Lanze für ein Prinzip oder vielmehr eine Handlungsempfehlung brechen und Ihnen wärmstens ans Herz legen – egal ob Sie neu bauen oder energetisch sanieren. Es ist eine Erkenntnis, die ich durch meine langjährige Erfahrung als Architekt, Ingenieur und ganzheitlicher Bauschaffender, aber vor allem auch als Techniker und Pragmatiker aus Leidenschaft, gewonnen habe. Nicht nur dass die Anwendung des Prinzips die mit Abstand besten Ergebnisse in meiner Laufbahn nach sich zog, es war auch immer und überall zielführend einsetz-, und anwendbar. Egal in welchem Projekt, in welcher Bauphase oder an welchem Ort, sowohl in Neubauprojekten als auch in Bestandsprojekten, sei es als energetische Sanierungen, Erweiterungen oder sonstige bauliche Repositionierung einschließlich Ersatzneubauten – das Prinzip heißt:

11.1 Hybridlösungen – eine Handlungsempfehlung

Es geht um das Prinzip von integralen und ganzheitlich gedachten Hybridlösungen im Verbund mit dem Einsatz von jeweils verfügbaren und zielführenden Brückentechnologien und technischen Best Practices, die in einen sich fortlaufenden und verändernden Klimafahrplan einzubetten sind.

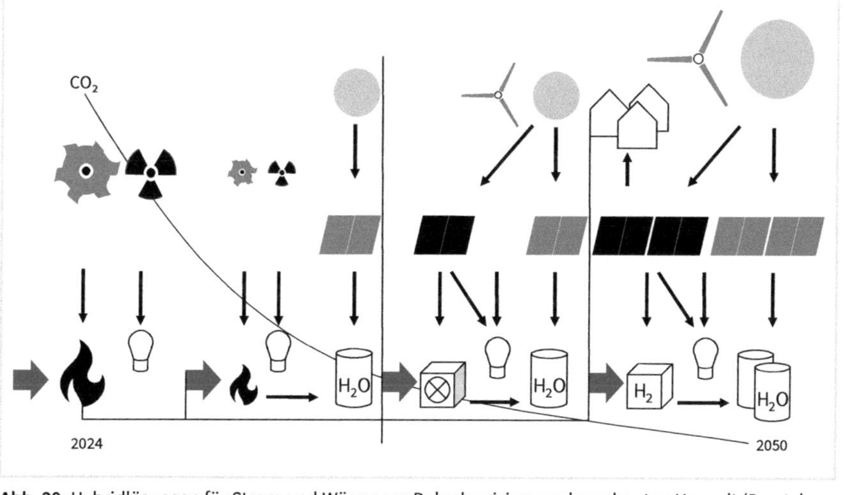

Abb. 29: Hybridlösungen für Strom und Wärme zur Dekarbonisierung der gebauten Umwelt (Darstellung: Thomas A. J. Oebbecke)

11.2 Das Ziel: Klimaresilienz

Das Ziel bei der Anwendung dieser Prinzipien auf jegliche gebäudetechnische Ausrüstung unserer projektierten Gebäude war immer, »klimaresilient« zu werden. Dieses Ziel galt sogar bei meinen Hochhausprojekten in China zwischen 2002 und 2010. In dieser Zeit entstand u. a. das International Financial Center (IFC) in Peking, eine Hochhausgruppe an sehr prominenter Stelle, die nicht nur zu den ersten Gebäude zählte, die in China nach dem internationalen Zertifizierungsstandart für Nachhaltigkeit LEED (Leadership in Energy and Environmental Design) zertifiziert und ausgezeichnet wurden, sondern im Nachgang auch als außergewöhnliches Gebäude mit Strahlkraft zu einem offiziellen »Landmark« der Volksrepublik China ernannt und in einen sehr erlauchten Kreis von gebauten und vollendeten Best-Practice-Beispielen aufgenommen wurde.

Das Ziel war bei allen Projekten größtmögliche Autarkie in der Energie- bzw. Stromversorgung, beim Heizen und Kühlen der Gebäude und beim Umgang mit Wasser. Der Kern dieser Strategie liegt in der Anwendung und intelligenten Kombination von existierenden Technologien eingebettet in einen Betriebsfahrplan. Wenn Forschung und Entwicklung effizientere oder gar neue, marktreife Erfindungen auf den Markt bringen, können veraltete Teile des Systems ausgetauscht oder das bestehende System kann sinnvoll ergänzt werden.

Die Gesamtkonzeption der technischen Anlagen in ihrem Verbund und ihren Abhängigkeiten voneinander ist so auszulegen, dass man im Zuge des technischen Fortschritts stets in der Lage ist, Komponenten der Gesamtanlage zu tauschen oder zu ergänzen, ohne die anderen, noch durchaus sinnvollen Systemelemente durch eine gänzlich neue Lösung obsolet zu machen. Hierbei wird auch stets der Aspekt der individuellen Lebenszyklen der einzelnen Komponenten berücksichtigt. Reparaturarbeiten sind bis zu den eben beschriebenen Zeitpunkten Standardleistungen einer konsolidierten und akribischen Instandhaltung, um die Lebenszeit aller verbauten Bauteile maximal auszureizen – übrigens ein wesentlicher Aspekt von Nachhaltigkeit in unserer Wegwerfgesellschaft.

11.3 Einsatz von Brückentechnologien

Brückentechnologien, sprich die Erfindung, Anwendung und Weiterentwicklung von technischen Hilfsmitteln, sind die erfolgversprechendste Strategie, die Klimaziele entlang der Klimafahrpläne mit bewältigbaren Kosten und Investitionen umzusetzen. Brückentechnologien sind im Grunde nichts anderes als koordinierte und geplante technische Zwischenstufen in einer unendlichen Kette von Zwischenstufen. Diese

Erkenntnis ist von entscheidender Bedeutung, da sie ein klares Bewusstsein dafür schafft, in welcher Position man sich befindet. Dadurch ist es auch möglich, eine realistische Einschätzung vorzunehmen, wie dringlich oder entspannt man mit den technischen Herausforderungen umgehen sollte.

Aber diese Erkenntnis darf auf keinen Fall eine falsche Sicherheit vorgaukeln, da in Anbetracht von nahenden Kipppunkten im Erdklimasystem Katalysatoren gebraucht werden, die entweder für eine sehr schnelle Sequenz mehrerer aufeinanderfolgender Brücken sorgen oder Brücken überspringen und direkt große Lösungen in den Blick nehmen. Im Idealfall wird es alle Entwicklungen parallel geben, die kleinen auf privater Ebene und die möglichen großen auf gesellschaftlicher, staatlicher Ebene.

Als eine sehr wichtige Brückentechnologie ist hier sicher die Elektromobilität im Rahmen der Verkehrswende zu sehen, ebenso die Wasserstofflösung sowohl für die Mobilität als auch für den Gebäudesektor und natürlich die flächendeckende Dezentralisierung der Energiegewinnung über Photovoltaik, um die es hier geht. Doch solche Veränderungen stoßen zwangsläufig auf erheblichen Widerstand in der Zivilgesellschaft, da sie bedeuten, sich aus etablierten Komfortzonen zu bewegen. Kaum jemand tauscht begeistert seinen nagelneuen SUV gegen ein Elektrofahrrad und ein Jobticket ein. Ebenso wenig ist es populär, die erst vor wenigen Jahren erneuerte Gas-Zentralheizung gegen Solarthermie, Photovoltaik als Kraftwärmekopplung mit Wärmepumpentechnologie oder möglicherweise in Zukunft gegen Miniblockheizkraftwerke auszutauschen.

Die Fragen stellen sich eigentlich nicht, da bei fehlender Freiwilligkeit der Zivilgesellschaft der Zwang zur Umsetzung verstärkt vonseiten des Gesetzgebers kommen wird. Da die bisherige gesetzliche Regulierung bei Weitem nicht ausreicht, um die vorgeschriebenen Ziele zur Begrenzung der Erderwärmung einzuhalten, ist mit zunehmenden strengeren gesetzlichen Vorgaben zu rechnen. Daher bilden sich bei jedem Zyklus der Veränderung kleinere Fraktionen von Innovatoren und Protagonisten sowie eine größere Gruppe von Konsolidierenden und Blockierenden. Eine besonders große und damit maßgebliche kritische Masse ist dabei immer die Gruppe der Unentschiedenen. Der sukzessive Entscheidungsprozess dieser Gruppe darüber, welche Seite sie wählt, ist jeweils ausschlaggebend für die Größe und Durchschlagskraft einer Entwicklung. Daher ist es von immenser Bedeutung, Mehrheiten zu gewinnen und die kritische Masse von den Vor- oder Nachteilen einer Entwicklung zu überzeugen. Die Macht des Faktischen spielt dabei stets eine entscheidende Rolle. Daher kann ich Sie alle nur von Herzen ermutigen, in Ihren Bereichen intelligent, mit Augenmaß und vor allem unter Zuhilfenahme von Fachexpertise im Sinne der Empfehlung zu Hybridlösungen Fakten zu schaffen.

11.4 Best Practices

Der Einsatz von Brückentechnologien im Rahmen der Hybridstrategie wäre vergebens, wenn man nicht bei allem Tun immer auch im Auge behält, was derzeit technisch möglich ist. Auch wenn es erst einmal nicht finanzierbar scheint, ist es wichtig, diesen Fokus als Zielmarke oder Benchmark zu setzen. Wir sprechen hier von Best Practices. Das sind im Bereich des Bauwesens i. d. R. technische Entwicklungen, die sich auf eine konstant weiterentwickelnde Wissensbasis stützen und bei denen zukunftsweisende Technik nicht nur entsteht, sondern bereits umgesetzt wurde. Damit werden Maßstäbe des unter aktuellen Bedingungen Möglichen und Erreichbaren gesetzt.

Best Practices

Best-Practice-Beispiele sind in der Wohnungswirtschaft ganze Gebäude bzw. Gebäudeteile oder technologische Lösungen und Konzeptionen, die sich durch grundlegende, wegweisende und vor allem praktische Problemlösungen auszeichnen – sei es energetisch, funktional oder baukonstruktiv. Diese Gebäude, Gebäudeteile und/oder Technologien schaffen Referenzen, die weit über dem Durchschnitt liegen.

Gebäude, die nur die jeweils gültigen Regeln der Technik anwenden, erfüllen lediglich die aktuellen gesetzlichen Anforderungen. Sie beziehen die allgemeine Entwicklungsstufe von Technik und von anderen, zur Erfüllung der Aufgabe notwendigen aktuellen Bereiche und Erkenntnisse zwar mit ein, generieren aber keinen Fortschritt. In der Regel handelt es sich hier um Gebäude mit zeitgemäßer durchschnittlicher Performance ohne den Anspruch, einen Beitrag zur Weiterentwicklung zu leisten.

Best-Practice-Beispiele hingegen erheben sich immer weit über den gesetzlich geforderten Standard und sind ein Produkt höchster Innovations- und Erfindungskraft. Viele Best-Practice-Beispiele zeichnen sich nicht dadurch aus, dass sie etwas Neues oder gar Bahnbrechendes zeigen und damit Strahlkraft bekommen. Sie setzen vielmehr bereits bestehende Techniken, Verfahren und Prozesse in einer überraschenden neuen und bis dato einzigartigen Weise so zusammen, dass sich eine überragende Weiter- bzw. Neuentwicklung ergibt, die wegweisend ist. Damit schließt sich der Kreis zur Strategie des sich ständig in Schritten verbessernden Hybridlösungsansatzes.

Fazit

Erst dann, wenn wir es schaffen, als kulturelle, politische und wirtschaftliche Global Player die Geisteshaltung »Umsetzung von Best Practices« dauerhaft nicht nur zu kultivieren, sondern zum Selbstverständnis unseres täglichen Handelns werden zu lassen, hat Deutschland den Titel »Vorreiter« in Sachen Klimaschutz verdient. Erst dann werden wir auch unserem schon etwas angestaubten Nimbus, das Volk der Dichter und Denker zu sein, auf einer völlig neuen Ebene wieder gerecht.

11.5 Neubau versus Bestand

Kommen wir zum Diskurs der Vor- und Nachteile im Spannungsfeld zwischen Neubau und bestehender gebauter Umwelt im Kontext regenerativer Energien. Die Wahl zwischen Neubau und dem nachträglichen Einsatz regenerativer Energien in bestehenden Gebäuden stellt einen zentralen Aspekt dar, wenn es um die Gestaltung einer umweltfreundlichen und ressourceneffizienten Zukunft geht. Während der Neubau die Möglichkeit bietet, von Beginn an innovative Technologien zu integrieren, steht der Bestand vor der Herausforderung, nachhaltige Energiesysteme nachträglich zu implementieren. Diese Differenzierung zwischen Neubau und Bestand geht über die Bauphase hinaus und spielt auch im laufenden Betrieb eine entscheidende Rolle für die Umweltbilanz von Liegenschaften.

Neubau

Im Neubausektor bieten sich im Gegensatz zu Bestandsgebäuden deutlich bessere Bedingungen, um sämtliche wesentlichen Prinzipien und Ausrichtungen, die zur Einhaltung neuer Vorschriften erforderlich sind, von sämtlichen Baubeteiligten in sämtlichen Phasen des Projekts zu definieren und umzusetzen. Dies gilt von der Entwicklungsphase der Projektidee über alle Planungs- und Bauprozesse bis zur Fertigstellung und Inbetriebnahme. Nicht nur das Erfüllen der Vorschriften steht hier im Fokus, sondern es ist im Vergleich zu Bestandsgebäuden auch leichter möglich, eine vollständigen Dekarbonisierung zu erreichen. Diese betrifft nicht nur das Bauprojekt selbst, sondern auch alle damit verbundenen Prozesse. Dieses Ziel schafft eine ausgezeichnete Grundlage, um neue Brückentechnologien einzuführen, innovative Wege zu beschreiten und wegweisende Best-Practice-Beispiele zu etablieren, die dem Markt als Motivation, Orientierung und Leitfaden dienen können.

Als Architekt möchte ich im Namen meiner Kolleginnen und Kollegen betonen, dass es schon immer unsere grundlegende Aufgabe war und weiterhin ist, sämtliche Anforderungen im Zusammenhang mit einem Neubauprojekt in Einklang zu bringen. Dabei streben wir stets danach, neue und optimale Lösungen in Bezug auf Raum, Form und Material zu entwickeln – das ist also nichts Neuartiges oder Außergewöhnliches. Ebenso wenig ungewöhnlich ist es, dass sich die Anforderungen fortlaufend ändern und komplexer werden – wir sind es gewohnt, den ständigen Wandel zu gestalten und voranzutreiben. Es kommen lediglich neue Anforderungen hinzu.

Die Möglichkeit beim Neubau besteht also darin, Projekte völlig frei zu entwerfen, zu erfinden und zu planen. Es gibt im Grunde keine Grenzen bei der Festlegung neuer Anforderungen, selbst wenn die Umsetzbarkeit auf den ersten Blick nicht oder nur sehr schwer erscheint. Obwohl steigende Baustoffpreise, regulatorische Hindernisse, finanzielle Herausforderungen oder der Fachkräftemangel ernsthafte Schwierigkeiten darstellen können, zeigen meine Erfahrungen im Bauwesen, dass es keine echten Probleme gibt, sondern immer nur Lösungen. Es ist also möglich und lediglich eine Frage des Engagements, Wohnimmobilien zu schaffen, die den Herausforderungen der Zukunft gerecht werden – sei es in Bezug auf die Eigenversorgung mit Strom und Wärme oder den CO_2-freien und sparsamen Einsatz lokaler Werkstoffe.

Der Architekt als Erfinder

Es ist die Pflicht des Architekten in seiner prominenten Stellung in der Wertschöpfungskette einer Immobilie permanent in all seinem Tun immer Best-Practice-Beispiele zu erfinden. Der Architekt ist in erster Linie Erfinder.

Es ist wichtig zu betonen, dass der Schlüssel zum kollektiven Erfolg unserer Branche nicht in einem bedeutungslosen Wettbewerb und dem Streben nach »Landmark«-Projekten liegt, die oft eher dem Wunsch nach Alleinstellung oder Wettbewerbsvorteilen geschuldet sind. Im Fokus steht vielmehr die positive Nachahmung, wenn solche Erfolge dazu verwendet werden können, die erlangte Exzellenz in der nächsten eigenen Projektierung zu replizieren oder zumindest bestehenden Best-Practice-Beispielen auf gleicher qualitativer Ebene nachzueifern, um Teil der kritischen Masse zu sein, die am Ende etwas verändern wird. Kopieren, verbessern, umwandeln und umsetzen ausdrücklich erlaubt!

Lektüreempfehlung: Zertifizierungssysteme für Nachhaltigkeit

An dieser Stelle möchte ich für alle Suchenden ausdrücklich die Lektüre der bereits bestehenden und im Markt längst etablierten Zertifizierungssysteme für Nachhaltigkeit im Bauwesen empfehlen. Alle Systemkriterien der DGNB, von BREEAM oder LEED, egal ob für Neubau oder Bestand, sind Leitfäden, die die zusätzlichen Anforderungen im Entwurfsprozess für nachhaltiges, integrales und ganzheitliches Bauen bestens beschreiben.

Die Orientierung an und Nachahmung von Best Practices würde zu einem neuen Verhaltensstandard in der Wohnungswirtschaft führen, der von der gesamten Branche akzeptiert wird. Auf diese Weise könnten wir als Kollektiv Standards setzen und unser Verhalten würde sich in Bezug auf Richtungsänderungen einer Art »Schwarmintelligenz« annähern. Dabei wäre zu beachten, dass die gleichzeitige Koordination, die die Schwarmintelligenz auszeichnet, nicht vollständig erreicht wird.

Die Idee, fortwirkend bereits entwickelte Exzellenz zu replizieren und im großen Stil auf den Markt zu bringen, brachte Ludwig Mies van der Rohe bereits 1958 auf den Punkt. Nach der Vollendung seines ikonischen »Seagram Building« in New York, damals ein technologischer Meilenstein des 20. Jahrhunderts, wurde er von einem seiner Studenten am Illinois Institute of Technology in Chicago gefragt, was wohl sein nächstes technologisch und architektonisches Meisterwerk sein würde, woraufhin er den unvergesslichen Satz prägte: »You know, you don't have to invent new architecture on every Monday morning.«

Bestand

Dem Neubau gegenüber steht der existierende Gebäudebestand, dessen Betrieb und Nutzung. Dieser Bereich ist aus zwei Gründen die beste Chance, die wir haben. Einfach deshalb, weil er bereits existiert. Die Dach- und Fassadenflächen sind bereits gebaut und haben so mit Abstand das größte Potenzial, Flächen zu aktivieren und mit Photovoltaik bzw. Solaranlagen nachzurüsten. Es bietet sich hier eine unfassbar geniale Möglichkeit, gleich zwei der kritischen Faktoren zu bedienen, die wir zwingend zur Eingrenzung der Erderwärmung brauchen: signifikante Masse und enorme Geschwindigkeit!

Insgesamt gibt (Stand 2021) etwa 19,4 Millionen Wohngebäude in Deutschland. Davon sind rund 12,91 Millionen Einfamilienhäuser, 3,2 Millionen Zweifamilienhäuser und 3,3 Millionen Mehrfamilienhäuser. Neben den rund 19 Millionen Wohngebäuden gibt es ca. zwei Millionen Nichtwohngebäude (NWG), die GEG-relevant (Gebäudeenergiegesetz) sind. Diese zwei Millionen NWG gehen auf eine statistische Auswertung von 2019 zurück. Insgesamt beläuft sich der Gebäudebestand somit auf rund 21 Millionen.[42]

Die Zahl der Wohneinheiten 2021 lag bei ca. 42 Millionen. Zuzüglich der 1,4 Millionen Wohneinheiten in Nichtwohngebäuden war ein Bestand von insgesamt 43,1 Millionen Wohneinheiten in Deutschland zu verzeichnen. Während es in Deutschland etwa fünfmal so viele Ein- und Zweifamilienhäuser wie Mehrfamilienhäuser gibt, befinden sich mehr als die Hälfte aller Wohnungen in Mehrfamilienhäusern. Insgesamt gab es 2021 22,4 Millionen Wohneinheiten (52 %) in Mehrfamilienhäusern, 19,3 Millionen Wohneinheiten (45 %) in Ein- und Zweifamilienhäusern und 1,4 Millionen Wohneinheiten in Nichtwohngebäuden.[43]

Ein beträchtlicher Teil, etwa 7,0 Millionen Gebäude, stammt aus den Nachkriegsjahren bis zu den 1970er-Jahren, das sind fast ein Drittel aller Wohngebäude. Hierbei handelt es sich zu 80 % um Ein- und Zweifamilienhäuser und zu 20 % um Mehrfamilienhäuser. Der Bauboom in den späten 1950er- und in den 1960er-Jahren bis 1977 führte zur Errichtung von 11,6 Millionen Wohngebäuden – das entspricht 60,1 % des gesamten Wohnungsbaubestandes. Diese Gebäude entstanden in einer Zeit, in der es noch keine Wärmeschutzverordnung gab, und repräsentieren somit drei Fünftel des gesamten Wohngebäudebestandes in Deutschland. Der deutsche Wohngebäudebestand ist also äußerst vielfältig und setzt sich aus verschiedenen Gebäudetypen und Baualtersklassen zusammen. Er ist durch eine höchst unterschiedliche Modernisierungshistorie sowie eine Vielzahl von Eigentumsformen und Besitzverhältnissen geprägt.

42 DENA Gebäudereport 2023
43 DENA Gebäudereport 2023

Derzeit sind 53% der Wohnungen in Deutschland vermietet, während 47% im Eigentum der Bewohnenden stehen. Wohnungen mit drei oder mehr Wohneinheiten sind zu 81% vermietet. Von diesen Mehrfamilienhäusern wurden 90% vor 1977/78 erbaut.[44]

Ab diesem Zeitpunkt wurden zahlreiche gesetzliche Anforderungen zum Wärmeschutz und zur Haustechnik eingeführt, die sich kontinuierlich weiterentwickelten und die in mehreren Novellierungen stetig verschärft wurden. Dies geschah parallel zur Thematik der Bauschadstoffe und zu den schrittweisen Verboten bestimmter Baumaterialien, wobei Asbest hier das prominenteste Beispiel ist.

Diese Entwicklungen haben zu einer vielgestaltigen Landschaft unterschiedlicher Bauqualitäten und unterschiedlicher Eignung zur Erreichung von Klimaschutzzielen geführt. Die kontinuierlichen energetischen Voll- und Teilsanierungen, die mehrfach an Gebäudebeständen aller Typen und Altersklassen durchgeführt wurden, bilden ein vielschichtiges Mosaik energetischer Gebäudeleistung und stehen so in der Tradition von Brückentechnologien im Verbund mit Hybridlösungsansätzen. Die Bandbreite reicht von komplett ungedämmten und unsanierten Gebäuden mit Schadstoffen bis hin zu komplett schadstofffreien Energie-Plus-Gebäuden nach heutigem Stand der Technik. Diese Entwicklung gilt sowohl für den gewerblichen als auch für den Wohnungsbau. Ein Blick auf diese Zahlen und Fakten verdeutlicht den weiteren erheblichen Bedarf an energetischen Sanierungen in Deutschland und die damit verbundene Chance des massiven Einsatzes von Photovoltaik und Solartechnik.

In Deutschland gibt es ca. 42 Millionen Wohneinheiten in ca. 19 Millionen Wohngebäuden, deren Gebäudehüllen, Dächer und Fassaden für Photovoltaik zur Verfügung stehen. Das technische Potenzial lässt sich auf eine Größenordnung von 1.000 GWP beziffern. Die Analyse stammt aus dem Bericht »Aktuelle Fakten zur Photovoltaik in Deutschland«[45] vom Fraunhofer Institut und berücksichtigt nur solche Flächen, die mindestens 500 kWh/(m^2a) Einstrahlung erhalten und eine zusammenhängende Mindestgröße aufweisen. Bisher genutzt werden weniger als 10% des Dachpotenzials und weniger als 1 ‰ des Fassadenpotenziales.

Bisher konzentrierte sich die Nutzung von Flächen hauptsächlich auf sogenannte Aufdachanlagen. Das sind Photovoltaikanlagen, bei denen die Solarmodule auf einem bestehenden Dach montiert werden. Aufdachmontagen haben den Vorteil, dass sie nahezu auf allen Dächern montier- und nachrüstbar und weniger stark an Bau- und Sanierungszyklen gebunden sind. Diese Art der Installation erfolgt über die Montage von Halterungen oder Gestellen auf der Oberfläche des bestehenden Daches. Die So-

44 DENA Gebäudereport 2023

45 Aktuelle Fakten zur Photovoltaik in Deutschland, Harry Wirth, Fraunhofer ISE, Download von www.pv-fakten.de Fassung vom 27.09.2023

larmodule werden dann auf diesen Halterungen angebracht. Diese Technik hat den Vorteil, dass sie relativ einfach zu installieren ist und keinen zusätzlichen Platzbedarf auf dem Boden hat. Aufdachanlagen sind in der Regel wirtschaftlich und besonders für bestehende Gebäudestrukturen geeignet, da sie eine effiziente Nutzung der verfügbaren Fläche ermöglichen.

Außerdem gibt es – kommerziell verfügbare und zugelassene – sogenannte gebäudeintegrierte Photovoltaikanlagen (BIPV), bei denen die Photovoltaik-Module Teil der Struktur des Gebäudes sind, wie zum Beispiel in Fassaden, Fenstern oder Dachziegeln. Hier wird Solartechnologie in das Design des Gebäudes nahtlos integriert. Dazu gehören PV-Platten und PV-Ziegel für Steildächer, PV-Leichtbausysteme für Dächer mit geringer Tragfähigkeit, PV-Systeme für Gründächer, PV-Module für Kaltfassaden (vorgehängte, hinterlüftete Fassaden), Wärmedämm-Verbundsysteme (WDVS) mit PV, opake und semitransparente PV-Isoliergläser sowie PV-Sonnenschutzlamellen oder Balkongeländer. BIPV bietet material- und ressourceneffiziente Lösungen und ermöglicht im Steildach-Segment die Nutzung von Flächen, die aus ästhetischen Gründen nicht für eine Aufdachmontage geeignet sind.

11.6 Planungsgrößen

Eine erfolgreiche Integration von Photovoltaikanlagen in Bauvorhaben erfordert eine gründliche Planung, bei der verschiedene Größen und Faktoren berücksichtigt werden müssen. Die Planungsgrößen bilden das Fundament für die Effizienz, Wirtschaftlichkeit und Ästhetik solcher Anlagen. Ein nachhaltiges und zukunftsorientiertes Bauvorhaben geht heute weit über die bloße Errichtung von Gebäuden hinaus und die Photovoltaikanlagen spielen eine entscheidende Rolle bei der Integration erneuerbarer Energien in die Bauinfrastruktur. Die erfolgreiche Einbindung von PV-Anlagen erfordert jedoch nicht nur technische Expertise, sondern auch eine umfassende Planung unter Berücksichtigung verschiedener Größen und Parameter. Die Planungsgrößen für PV-Bauvorhaben sind vielfältig und reichen von der optimalen Ausrichtung der Module über die architektonische Integration bis hin zu wirtschaftlichen Überlegungen, die Sie als Bauherrn, Ihre Architekten und Ingenieurinnen berücksichtigen sollten, um nicht nur die Energieeffizienz zu maximieren, sondern auch ästhetische und ökonomische Ziele zu erreichen. Die sorgfältige Abwägung von Planungsgrößen ebnet den Weg für eine nachhaltige und effektive PV-Integration.

Die Ertragsmaximierung bei Bauvorhaben für Photovoltaikanlagen steht hierbei im Zentrum eines effektiven Einsatzes erneuerbarer Energien. Bei allen Überlegungen spielen die Ertragsgrößen eine entscheidende Rolle, um nicht nur ökologische Ziele zu erreichen, sondern auch wirtschaftlich effizient zu agieren. Die Maximierung des Ertrags sollte eine zentrale Rolle einnehmen. Neben der optimalen Ausrichtung und der Auswahl der Technik – der Ertrag bildet das entscheidende Element für den Erfolg einer PV-Integration in Bauvorhaben. Der Ertrag einer PV-Anlage unterliegt aber bekanntlich starken Schwankungen durch Jahreszeit, Tageszeit und Wetterlage – im engeren Sinn durch Leistung und Dauer der Einstrahlung sowie den Einfallswinkel des Sonnenlichts. Diese Faktoren bei der Planung, Installation und dem Betrieb von PV-Anlagen zu berücksichtigen ist der Schlüssel zum Erfolg, um eine optimale Leistung zu gewährleisten. Die hier entscheidenden Faktoren sind:

- die Intensität des Sonnenlichts an sich, die entscheidend für die Leistung von PV-Anlagen ist
- der Einstrahlungswinkel der Sonnenstrahlen auf die PV-Module, der die Menge des eingefangenen Lichts und somit die Leistung stark beeinflusst
- zu hohe Temperaturen der Paneele, die die Leistung der PV-Zellen reduzieren (die meisten PV-Module haben einen Temperaturkoeffizienten, der angibt, um wie viel die Leistung mit steigender Temperatur abnimmt)

Der Ort der Liegenschaft ist ebenfalls von Bedeutung. Angewendet auf die örtlichen baulichen Bedingungen im Einzelfall ergeben sich bei etlichen Gebäuden folgende Beschränkungen:

- eine dauerhafte Verschattung von Dächern mit nordseitiger Neigung
- eine dauerhafte oder zeitweilige Verschattung durch benachbarte Bebauung oder Baumbestände
- eine fehlende Baufreiheit aufgrund erforderlicher Anlagen auf dem Dach durch Schornsteine, Be- und Entlüftung, Filteranlagen, Zugänge zu bereits vorhandenen Solaranlagen, Blitzschutzanlagen u. a.

Natürlich sind auch bestimmte Einschränkungen zu beachten, die dann in der Folge – vornehmlich im Betrieb der Anlagen – die Effizienz und somit den Ertrag weiter einschränken können:

- Die Verschmutzung der Paneele durch Verunreinigungen, Staub oder andere Ablagerungen behindert die Lichtabsorption und verringert somit die Leistung.
- Die Alterung der Module verringert über die Zeit die Effizienz der Module ebenfalls. Es handelt sich hier um einen graduellen Prozess, der mit der Lebensdauer der Module zusammenhängt.
- Die Inverter-Effizienz: Der Wechselrichter, der Gleichstrom in Wechselstrom umwandelt, hat ebenfalls einen signifikanten Einfluss auf die Gesamtleistung der Anlage. Inverter können unterschiedliche Wirkungsgrade haben.
- Die Netzspannung, die Frequenz und mögliche Schwankungen beeinflussen die Leistung von PV-Anlagen, besonders wenn keine geeigneten Regulierungseinrichtungen vorhanden sind.
- Die betriebsbedingten und zumeist unvorhergesehenen Ereignisse wie technische Ausfälle, Defekte oder fehlerhafte Verkabelung führen ebenfalls zu Leistungsschwankungen.

Und es gibt noch mehr:

- Wenn es beispielsweise im jeweiligen Bundesland eine gesetzliche Pflicht zur PV-Aus- oder Nachrüstung gibt, kann ein Verschattungsgutachten sinnvoll sein, um die Wirtschaftlichkeit nicht zu hoch einzuschätzen oder um eine Ausnahmegenehmigung zu beantragen.
- Bei Neubauvorhaben sind vor allem die baulichen Gegebenheiten auf den Nachbargrundstücken zu beachten: Zeigen sich einschränkende Bedingungen schon vor Baubeginn, können sie später schwerlich vor Gericht geltend gemacht werden.
- Ferner ist den Landesgesetzen zu entnehmen, gegebenenfalls bei den Fachbehörden zu erheben, ob es Mindestgrößen für Dachflächen oder PV-Anlagen gibt. Ausnahmeregelungen und Fristverlängerungen sind ebenfalls frühzeitig bei den jeweiligen Landes- und Gemeindebehörden zu erfragen, auch um Bußgelder oder Auflagen zu vermeiden.

Besteht Klarheit über die grundsätzlichen Zwecke der geplanten Anlage und damit die möglichen Betriebsmodelle, ist im Rahmen der Angebotseinholung mit den Elektrofirmen die Auslegung der Anlage zu beraten. Es gibt zahlreiche handelsübliche Lösungen – die Auswahl verändert sich durch den Fortschritt von Jahr zu Jahr. Allerdings sind auch in dieser Branche Fachkräftemangel, Preissteigerungen und Lieferengpässe nicht ohne Wirkung geblieben. Es gibt jedoch auch immer wieder überraschende Entwicklungen, 2023 etwa einen Preisverfall für bestimmte Arten von Solarmodulen.

Sind im Straßenbild derzeit vorrangig die klassischen Solarmodule auf Siliziumbasis auffällig, gibt es jedoch auch lichtdurchlässige Solarmodule für Gründächer, Terrassen/Veranden, Lichthöfe und Gartenanlagen, die eine Mehrfachnutzung von Gemeinschafts- und Nebenflächen ermöglichen. Dünnschicht-Lösungen oder Solarfolien erlauben die Verwendung von Solarmodulen als Gestaltungselemente etwa von Bürogebäuden und Gewerbebauten.

11.7 Genehmigungen

Die zunächst gute Nachricht gleich vorweg: Photovoltaikanlagen in Form von kleinen Aufdachanlagen erfordern i. d. R. keine Baugenehmigung. Aber es empfiehlt sich, frühzeitig mit den zuständigen Behörden zu sprechen. Bei geplanten umfassenden Sanierungen von Wohnanlagen mit Aufstockungen, Balkonanbauten und Lückenschließungen, bei denen die Errichtung der PV-Anlage ein Teil des Vorhabens ist, ist immer das übliche Baurecht zu befolgen. Da wir in unserem föderalen System leider keine synchronisierten Bauordnungen und Genehmigungspflichten haben, ist es wichtig, sich über die lokalen Bauvorschriften und Genehmigungsverfahren zu informieren, bevor Sie eine Photovoltaikanlage installieren. Allgemein lässt sich Folgendes sagen:

- Die Bauvorschriften im Baugesetzbuch (BauGB) regeln viele Aspekte des Baurechts in Deutschland. Aufgrund der regionalen Unterschiede sollten Sie die spezifischen Regelungen Ihrer Gemeinde oder Ihres Bundeslandes prüfen.
- Kleinere Aufdachanlagen, die für den Eigenverbrauch in Privathaushalten genutzt werden, sind oft genehmigungsfrei. Jedoch können größere Anlagen, insbesondere Freiflächenanlagen, zusätzliche Genehmigungen erfordern.
- Wenn Ihr Gebäude unter Denkmalschutz steht, können zusätzliche Auflagen gelten. In solchen Fällen ist eine denkmalschutzrechtliche Genehmigung erforderlich.
- Selbst wenn die Bauordnung eine Genehmigung nicht ausdrücklich verlangt, kann es sinnvoll sein, das Einverständnis Ihrer Nachbarn einzuholen, insbesondere wenn die Anlage deren Eigentum beeinträchtigen könnte.

Es ist ratsam, vor Beginn eines Projekts mit dem örtlichen Bauamt zu sprechen, um zu klären, ob Ihr Vorhaben genehmigungspflichtig ist oder nicht. Falls ja, benötigen Sie in Deutschland höchstwahrscheinlich gleich mehrere Genehmigungen, um eine Photovoltaikanlage zu errichten und zu betreiben. Auch die genauen Anforderungen können je nach Standort und den örtlichen Bauvorschriften variieren und folgende Genehmigungspflichten nach sich ziehen:

- Bei Neubauvorhaben und signifikanten baulichen Veränderungen müssen Sie in der Regel einen Bauantrag bei der örtlichen Baubehörde einreichen, um die Photovoltaikanlage zu errichten. Dies betrifft die Installation der Module, Montagestrukturen und eventuell den Einbau von Wechselrichtern.
- Wenn sich Ihr Gebäude in einem denkmalgeschützten Bereich befindet, benötigen Sie möglicherweise eine Denkmalschutzgenehmigung, um Änderungen an der Fassade vorzunehmen.
- Wenn Ihr Standort in einem Naturschutzgebiet liegt, kann eine naturschutzrechtliche Genehmigung erforderlich sein. Dies betrifft vor allem Freiflächenanlagen.
- Sie müssen Ihre Photovoltaikanlage eventuell bei der Bundesnetzagentur anmelden. Zusätzlich fallen je nach Größe, Inbetriebnahme und Datum möglicherweise bestimmte gesetzliche Abgaben wie die EEG-Umlage an.
- In den meisten Fällen, vor allem bei sog. Grenzbebauungen wird es erforderlich sein, die Zustimmung Ihrer Nachbarn einzuholen, insbesondere wenn Ihre Anlage Auswirkungen auf deren Nutzung oder Bebauung haben könnte.
- Wenn Sie zusätzlich zu den Modulen auch bauliche Strukturen errichten, wie z. B. spezielle Carports oder Überdachungen, kann eine separate Baugenehmigung erforderlich sein.

Tipp

Es ist ratsam, sich auch mit dem Finanzamt in Verbindung zu setzen, um steuerliche Aspekte zu klären. Zudem sollten Sie die Photovoltaikanlage versichern.

Um hier etwas Licht in unseren Bauverordnungswald zu bringen, auf der sicheren Seite zu sein und eine zuverlässige Auskunft über die Verordnungen des eigenen Bundeslandes zu erhalten, empfiehlt es sich, auf der Website des zuständigen Bauamtes nachzusehen oder auch schriftlich nachzufragen. So lässt sich bei Unklarheiten vermeiden, dass Neuerungen in den Landesbaubestimmungen übersehen werden, wie etwa die derzeit gültigen Regelungen von 2021 in den Bundesländern bezüglich einer Baugenehmigung von PV-Anlagen. Der folgenden Übersicht ist zu entnehmen, welche Anlagen in den jeweiligen Bundesländern genehmigungsfrei und welche genehmigungspflichtig sind. »Genehmigungsfrei« heißt hier, dass das Bauvorhaben nicht von einer Behörde auf seine baurechtliche Zulässigkeit überprüft wird. Sie sind aber als Bauherr immer selbst für die Einhaltung der baurechtlichen Vorschriften verantwortlich.[46]

DIGITALE EXTRAS

Baden-Württemberg – Landesbauordnung, LBO (§ 50 Abs. 1/Anhang 3c)

- **genehmigungsfrei:** seit 2015 Solaranlagen auf und an Gebäuden und PV-Anlagen auf den Dächern Dritter
- **genehmigungspflichtig:** gebäudeunabhängige Solaranlagen mit einer Höhe von mehr als drei Metern und einer Länge von mehr als neun Metern wie z. B. Freiflächenanlagen

Bayern – Bayrische Landesbauordnung, BayBo (§ 57 Art. 1)

- **genehmigungsfrei:** PV-Anlagen auf Flachdächern, an Gebäudewänden und auf Dachflächen
- **genehmigungspflichtig:** gebäudeunabhängige PV-Anlagen mit einer Höhe von mehr als drei Metern und einer Länge von mehr als neun Metern wie z. B. Solarparks

Berlin – Bauordnung für Berlin, BauOBln (§ 62 Abs. 1)

- **genehmigungsfrei:** auf, an und in Gebäuden installierte Solarmodule und die damit verbundenen Nutzungsänderungen
- **genehmigungspflichtig:** gebäudeunabhängige PV-Anlagen mit einer Höhe von mehr als drei Metern und einer Länge von mehr als neun Metern wie z. B. Solarparks

Brandenburg – Landesbauordnung, BbgBO (§ 55 Abs. 3)

- **genehmigungsfrei:** PV-Anlagen in, auf und an Dächern und Außenwänden, außer bei Hochhäusern, sowie die damit verbundenen Änderungen der Nutzung oder der äußeren Gestaltung des Gebäudes.
- **genehmigungspflichtig:** Freiflächenanlagen und Solaranlagen auf Flachdächern mit einer Höhe von mehr als 60 cm und einer Gesamtfläche von mehr als 10 qm.

46 https://photovoltaik.one/solaranlage-baugenehmigung zugegriffen am 12.11.2023

Bremen – Landesbauordnung, BremLBO (§ 65 Abs. 2)

- **genehmigungsfrei:** Solaranlagen auf Dächern, an Gebäudewänden und auf Flachdächern
- **genehmigungspflichtig:** gebäudeunabhängige Solaranlagen mit einer Höhe von mehr als drei Metern und einer Länge von mehr als neun Metern, wie z.B. Freiflächenanlagen

Hamburg – Hamburgische Bauordnung, HBauO (§ 60 Abs. 1 u. 2)

- **genehmigungsfrei:** Anlagen zur solaren Stromerzeugung auf Dächern und Außenwänden sowie auf Gebäuden mit einer Höhe von mehr als drei Metern und einer Länge von mehr als neun Metern
- **genehmigungspflichtig:** alle nicht unter die Genehmigungsfreiheit fallenden Solaranlagen

Hessen – Hessische Bauordnung, HBO (§ 54 Abs. 1)

- **genehmigungsfrei:** Solarenergiesysteme, einschließlich Sonnenkollektoren und photovoltaischer Systeme in der Dachfläche, in der Fassade oder auf Flachdächern bis zu einer Fläche von 10 m^2
- **genehmigungspflichtig:** PH-Anlagen auf Flachdächern und an Fassaden ab 10 m^2 sowie Freiflächenanlagen

Mecklenburg-Vorpommern – Landesbauordnung, LBauO M-V (§ 61 Abs. 2)

- **genehmigungsfrei:** Photovoltaikanlagen auf Dachflächen, an Fassaden und auf Flachdächern
- **genehmigungspflichtig:** gebäudeunabhängige Solaranlagen mit einer Höhe von mehr als drei Metern und einer Länge von mehr als neun Metern wie z.B. Freiflächenanlagen.

Niedersachsen – Niedersächsische Bauordnung, NbauO (§ 69 Abs. 2)

- **genehmigungsfrei:** Solaranlagen auf Dachflächen und an Fassaden
- **genehmigungspflichtig:** Solaranlagen auf einer Freifläche

Nordrhein-Westfalen – Bauordnung, BauO NRW (§ 65 Abs. 1)

- **genehmigungsfrei:** Photovoltaikanlagen auf Dächern und an Fassaden, auch wenn die Nutzungsart des Gebäudes geändert wird
- **genehmigungspflichtig:** Photovoltaikanlagen auf einer Freifläche

Rheinland-Pfalz – Landesbauordnung, LBauO (§ 62 Abs. 1)

- **genehmigungsfrei:** Solaranlagen auf oder an Gebäuden
- **genehmigungspflichtig:** Solaranlagen auf oder an Kulturdenkmälern sowie in der Umgebung von Kultur- und Naturdenkmälern sowie Freiflächenanlagen

Saarland – Bauordnung für das Saarland, LBO (§ 61 Abs. 1)

- **genehmigungsfrei:** Solaranlagen, die auf Dächern oder an Wänden installiert werden
- **genehmigungspflichtig:** gebäudeunabhängige PV-Anlagen mit einer Höhe von mehr als drei Metern und einer Länge von mehr als neun Metern wie z. B. Freiflächenanlagen.

Sachsen – Sächsische Bauordnung, SächsBO (§ 61 Abs. 1)

- **genehmigungsfrei:** Solaranlagen auf (Flach-)Dächern und an Gebäuden
- **genehmigungspflichtig:** gebäudeunabhängige PV-Anlagen mit einer Höhe von mehr als drei Metern und einer Länge von mehr als neun Metern wie z. B. Freiflächenanlagen

Sachsen-Anhalt – Bauordnung des Landes Sachsen-Anhalt, BauO LSA (§ 60 Abs. 2)

- **genehmigungsfrei:** Solaranlagen sowie Sonnenkollektoren auf Dächern und an Wänden von Gebäuden
- **genehmigungspflichtig:** gebäudeunabhängige PV-Anlagen mit einer Höhe von mehr als drei Metern und einer Länge von mehr als neun Metern wie z. B. Freiflächenanlagen

Schleswig-Holstein – Landesbauordnung (§ 63 Abs. 1)

- **genehmigungsfrei:** gebäudeabhängige Solaranlagen sowie gebäudeunabhängige PV-Anlagen mit Höhen von bis zu 2,75 m und Längen von bis zu neun Metern
- **genehmigungspflichtig:** Solaranlagen auf oder an Kulturdenkmälern und in der Umgebung von Kultur- und Naturdenkmälern sowie Freiflächenanlagen

Thüringen – Thüringer Bauordnung, ThürBO (§ 63 Abs. 2)

- **genehmigungsfrei:** Solaranlagen auf der Dachfläche, an der Gebäudewand und auf dem Flachdach
- **genehmigungspflichtig:** gebäudeunabhängige Solaranlagen mit einer Höhe von mehr als drei Metern und einer Länge von mehr als neun Metern wie z. B. Freiflächenanlagen

Fazit

Das Wichtigste, das Sie aus diesem Kapitel mitnehmen sollten, ist, dass Sie in jedem Fall bei Ihrem Bauamt nachfragen, ob Sie für Ihre geplante PV-Anlage eine Baugenehmigung brauchen oder nicht. Hier gilt das Motto: Sicher ist sicher!

11.8 Dächer

Diejenige Fläche der Gebäudehülle, die mit Abstand am besten zur Installation von Photovoltaikanlagen geeignet ist, ist das Dach. Dächer bieten i. d. R. eine große, ungenutzte Fläche, die eine sehr effiziente Nutzung des verfügbaren Raums ermöglicht. Die Lage zur Sonne, die Neigung und Ausrichtung eines Dachs sind meistens so angepasst, dass das Dach die maximale Sonneneinstrahlung erhält. Dies ist entscheidend für die Effizienz von Solaranlagen. Dächer sind typischerweise nicht von umliegenden Strukturen oder Vegetation blockiert. Das bedeutet, dass sie während des Tages eine ununterbrochene Exposition gegenüber Sonnenlicht bieten können.

Photovoltaikanlagen können, wie bereits erwähnt, als Aufdachsysteme montiert oder mittels gebäudeintegrierte Photovoltaikanlagen (BIPV) auf Dächern installiert werden, ohne das Erscheinungsbild eines Gebäudes signifikant zu verändern. Dies ist wichtig für ästhetische Überlegungen, insbesondere bei Wohngebäuden. Die Dächer sind in der Regel so konstruiert, dass sie das Gewicht von Solarpanels tragen können, insbesondere wenn dieser Faktor von Anfang an in die Bauplanung einbezogen wurde. Die Dächer von Gebäuden befinden sich oft in der Nähe des Strombedarfs, was die Übertragungsverluste minimiert und die Integration von Solarenergie in das Stromnetz erleichtert. Insgesamt bieten Dächer eine praktische und effektive Plattform für die Installation von PV-Anlagen und sind damit eine der beliebtesten Standortoptionen für Solarenergie.

11.9 Ausrichtung und Neigungswinkel

Die Ausrichtung und der Neigungswinkel einer Photovoltaikanlage sind entscheidend für ihre Effizienz und den erzielbaren Energieertrag. Die Solarzellen in Photovoltaikanlagen erzeugen den meisten Strom, wenn sie direktem Sonnenlicht ausgesetzt sind. Eine optimale Ausrichtung nach Süden gewährleistet, dass die Anlage das Maximum an Sonnenlicht während des Tages einfängt. Der Neigungswinkel beeinflusst, wie direkt das Sonnenlicht auf die Solarzellen trifft. In Regionen mit vier Jahreszeiten kann ein einstellbarer Neigungswinkel dazu beitragen, die Ausbeute im Sommer und Winter zu optimieren. Ein flacherer Winkel im Sommer ermöglicht eine bessere Ausnutzung der höherstehenden Sonne, während ein steilerer Winkel im Winter mehr Sonnenlicht einfangen kann, wenn die Sonne niedriger am Himmel steht. Eine falsche Ausrichtung oder ein unpassender Neigungswinkel kann zu Schatten auf den Solarzellen führen.

Schatten von Gebäuden, Bäumen oder anderen Hindernissen reduziert die Energieerzeugung erheblich. Daher ist es wichtig, die Anlage so zu platzieren, dass sie möglichst wenig von Schatten beeinträchtigt wird. Durch die optimale Ausrichtung und den geeigneten Neigungswinkel kann die Photovoltaikanlage mehr Sonnenenergie in Elektrizität umwandeln. Dies erhöht nicht nur die Effizienz, sondern macht die Investition auch wirtschaftlicher, da höhere Erträge erzielt werden. Eine fest montierte Photovoltaikanlage, die sich nicht nach dem Sonnenstand ausrichten kann, erreicht höchstens einmal täglich kurzzeitig ihren maximalen Energieertrag.

Inzwischen gibt es jedoch fortschrittliche Anlagen mit kipp- und drehbaren Gelenken, die der Bewegung der Sonne folgen. Diese erfordern zwar spezielle bauliche Voraussetzungen und sind teurer als herkömmliche Anlagen, bieten jedoch den Vorteil einer optimierten Ausrichtung zur Sonneneinstrahlung. Eine optimale Ausrichtung der Photovoltaikanlage nach Süden ist zwar ideal, aber aus baulichen Gründen nicht immer realisierbar. Bei Ausrichtung nach Osten oder Westen muss der Neigungswinkel größer sein.

- Der empfohlene Neigungswinkel liegt zwischen 20 und 60 Grad als Mindestvoraussetzung.
- Im Idealfall zeigt sich jedoch, dass ein fester Neigungswinkel zwischen 28 und 30 Grad für Photovoltaikanlagen die besten Ergebnisse erzielt.
- Ein geringerer Neigungswinkel kann sich in den Sommermonaten positiv auswirken, während ein höherer Neigungswinkel im Winter für verbesserte Erträge sorgt.
- Selbst eine Nordausrichtung kann in Betracht gezogen werden, insbesondere wenn sich auf der Nordseite des Hauses andere Gebäude mit hellen Fassaden befinden. Diese können dazu beitragen, indirektes Sonnenlicht zu reflektieren und so die Effizienz der Photovoltaikanlage zu steigern.

Fazit

Insgesamt tragen die richtige Ausrichtung und der passende Neigungswinkel dazu bei, die Leistungsfähigkeit einer Photovoltaikanlage zu maximieren und die Investition über die Lebensdauer hinweg rentabler zu machen.

11.10 Dachform

Die optimale Dachform spielt eine entscheidende Rolle bei der Installation von Photovoltaikanlagen, da die Effizienz der Anlage sehr stark von der Dachform abhängig ist, auf die sie montiert wird. Natürlich hat man bei Bestandsimmobilien i. d. R. keinen wirklichen Einfluss mehr – weder auf die Form selbst noch auf die durch das Gebäude oder den Bebauungsplan festgelegte Ausrichtung. Anders ist das bei Neubau- oder bei Umbauprojekten, bei denen auch die Form des Daches verändert werden kann.

Mit der Dachform ist oder wird die Grundvoraussetzung für die optimale Gesamtleistung gelegt. Da es den Rahmen dieses Buches sprengen würde, alle typologisch existierenden Dachformen aufzuzählen und zu beschreiben, geschweige denn all ihre Unterformen und Kombinationen bis hin zu Gauben, Erkern und sonstigen Dachbauteilen zu umschreiben, beschränke ich mich an dieser Stelle auf eine kurze und kompakte architektonische Einführung. Die meisten in Deutschland existierenden Dachformen lassen sich auf drei wesentliche Grundformen für Dachkonstruktionen herunterbrechen. Alle im Folgenden beschriebenen Dachformen sind Varianten oder Unterformen dieser drei Archetypen.

- An oberster Stelle stehen die sogenannten **Steildächer** als **Pultdach**konstruktionen. Das sind im Grunde nichts anderes als schräg gelegte Ebenen, die primär der Funktion der Entwässerung folgen. Satteldächer beispielsweise sind nichts anderes als zwei gegeneinander geschobene Pultdächer mit einem First. Dieses Prinzip lässt sich jetzt mannigfaltig auf jegliche Unterform wie Walmdächer, Zelt- oder Mansarddächer übertragen.
- Der zweite komplett entgegengesetzte Archetypus ist das **Flachdach** in all seinen Facetten. Wenn man nun glaubt, dass Flachdächer eine Errungenschaft der Moderne oder der westlichen Architekturauffassung sind, so wäre man gut beraten, sich bei den Hüttenarchitekturen von beispielsweise indigenen Völkern in Lateinamerika, Afrika und Asien umzusehen sowie einen Abstecher in die Profanarchitektur von der Antike bis zur Neuzeit zu unternehmen.
- Der dritte Archetyp sind **Tonnen** bzw. deren Rotationskörper, die **Kuppeldächer**. Diese Dachformen kommen ebenfalls aus der Antike und hatten dort ihre Blütezeit. Kuppeln bestehen konstruktiv aus echten Steinbögen, die damals als einzige in der Lage waren, Spannweiten zu überbrücken, die jenseits normaler Baumlängen oder anderer linearer Konstruktionsmöglichkeiten lagen. Sie wurden daher sehr gern im Sakralbau oder zur Machtdemonstration für Paläste und Burganlagen verwendet.

Nachfolgend werden verschiedene, in Deutschland gebräuchliche Dachformen aufgeführt, die sich alle nicht nur in ihren konstruktiven Prinzipien auf die drei oben genannten Archetypen zurückführen lassen, sondern für die Integration von Photovoltaikanlagen besonders gut geeignet sind. Dabei werden zunächst rein funktionale Faktoren wie Ausrichtung, Neigung und ästhetische Überlegungen berücksichtigt. Damit kommen so gut wie alle Formen von sogenannten Steil-, Flach- und Tonnendächern infrage, aber einige bieten mehr Vorteile als andere. Die Dachformen, die sich besonders gut für Photovoltaikanlagen eignen und auch den höchsten Verbreitungsgrad in Deutschland haben, sind:

11.10.1 Das Pultdach

Bei einem Pultdach gibt es nur eine geneigte Dachfläche, die in eine Richtung abfällt. Ein Pultdach mit Neigung nach Süden ist für die Installation von Photovoltaikanlagen am besten geeignet, da bei dieser Dachform die Gesamtdachfläche zur Sonne zeigt. Bauhistorisch waren Pultdächer nicht sehr verbreitet, dafür werden sie zunehmend in moderner Architektur verwendet.

11.10.2 Das Satteldach

Das Satteldach ist eine der häufigsten Dachformen und bietet eine ideale Fläche für die Installation von Photovoltaik-Modulen. Ein Satteldach ist eine Dachform, die durch zwei geneigte Dachflächen charakterisiert ist, die sich am First, treffen. Ein Satteldach besteht also aus zwei Dachflächen, die von einem First in der Mitte des Dachs ausgehen. Diese Dachflächen sind gleich oder symmetrisch zueinander geneigt. Der First erstreckt sich entlang der horizontalen Mitte des Gebäudes. Der sog. Giebel ist die dreieckige Fläche, die zwischen den Dachflächen und den senkrechten Wänden des Gebäudes entsteht.

Die Neigung der Dachflächen wird durch den Neigungswinkel bestimmt. Dieser Winkel kann je nach architektonischem Design, regionalen Bauvorschriften und funktionalen Anforderungen variieren. Ein Satteldach kann mit einem Dachüberstand versehen sein, bei dem die Dachflächen über die Außenwände des Gebäudes hinausragen. Der bietet Dachüberstand Schutz vor Witterungseinflüssen und verbessert das ästhetische Erscheinungsbild. Die geneigten Flächen ermöglichen eine optimale Sonneneinstrahlung, die aber beispielsweise bei einer reinen Südausrichtung die Morgen- und Abendsonne nicht einfangen kann.

11.10.3 Das Mansarddach

Mansarddächer sind eine sehr beliebte Dachform, besonders in hochverdichteten Stadtgebieten aus der Gründerzeit oder bei freistehenden Stadtvillen aus jener Zeit. Sie sind eine Variante des Satteldaches, wobei in einer Fläche zwei Neigungen existieren, um einem Dachgeschoss beim steileren unteren Teil mehr Raum zu bieten. Der obere flacher Satteldachteil diente i.d.R. als Spitzboden oder Speicher. Mit ihrer zweifachen Neigung bieten sie eine gute Fläche für PV-Module. Der untere Teil des Daches lässt sich oft gut für die Installation nutzen.

11.10.4 Das Walmdach

Walmdächer sind im Grunde Satteldächer mit zusätzlichen Dachschrägen auf den Stirnseiten, die sich hoch bis zum First ziehen. Ein Walmdach ist also eine Dachform, die durch geneigte Dachflächen auf allen vier Seiten eines Gebäudes gekennzeichnet ist. Die Dachflächen treffen sich an einem Punkt oder einer Ridge in der Mitte des Daches. Dieser Punkt wird als auch als »Hüftpunkt« oder »First« bezeichnet. Dieser erstreckt sich entlang der horizontalen Mitte des Gebäudes. Im Gegensatz zu einem Satteldach, bei dem die Enden durch senkrechte Giebelmauern begrenzt sind, sind die Enden eines Walmdachs durch geneigte Flächen, die »Hüftflächen« genannt werden, gekennzeichnet.

Ein Walmdach kann mit einem Dachüberstand versehen sein, bei dem die Dachflächen über die Außenwände des Gebäudes hinausragen. Der Dachüberstand bietet Schutz vor Witterungseinflüssen und verbessert das ästhetische Erscheinungsbild.

Daher gehören auch die Walmdächer zur Gruppe der Dächer, die sich hervorragend dazu eigenen, Photovoltaik-Module zu installieren. Die Walme können, wenn man das Hauptdach nach Süden ausrichtet, auch für die Morgen- und Abendsonne aktiviert werden. Walmdächer bieten eine gewisse Stabilität und eignen sich gut für größere Gebäude.

11.10.5 Das Krüppelwalmdach

Ein Krüppelwalmdach ist eine spezielle Form eines Walmdachs, das durch abgeschnittene oder »krüppelnde« Ecken charakterisiert ist. Es ist eine Variation des traditionellen Walmdachs, das alle vier Seiten eines Gebäudes abdeckt und normalerweise durch abgeschrägte Ecken oder Giebel gekennzeichnet ist. Auch das Krüppelwalmdach erstreckt sich über alle vier Seiten eines Gebäudes. Charakteristisch für das Krüppelwalmdach sind allerdings die abgeschnittenen oder gekürzten Ecken. Anstelle der typischen Giebelform haben die Ecken des Daches nur kurze, schräge Abschnitte. Die abgeschnittenen Ecken ermöglichen es, dass – im Vergleich zu einem traditionellen Walmdach mit geschlossenen Giebeln – mehr Licht in die Räume unter dem Dach gelangt. Wie bei einem Walmdach bietet das Krüppelwalmdach gute Stabilität und Schutz vor Witterungseinflüssen. Das Krüppelwalmdach verfügt oft über ausreichend Fläche für PV-Module, die unterhalb des Firstes i. d. R. einen Giebelwand-Anschluss haben.

11.10.6 Das Zeltdach

Das Zeltdach ist eine pyramidenähnliche Dachform, die in Wohnsiedlungen zunehmend an Beliebtheit gewinnt. Sie stellt eine besondere Variante des Walmdachs dar, bei dem es keinen First gibt, sondern die Dachschrägen wie ein Zelt an der Spitze in einem Punkt zusammenlaufen. Sie werden oft für Pavillons, Türme oder kleinere Gebäude verwendet. Genau wie beim Walmdach lassen sich hier gleich drei Dachflächen (nach Westen, Süden und Osten) mit Photovoltaikanlagen aktivieren.

11.10.7 Das Flachdach

Im modernen Baustil sind Flachdächer sehr beliebt. Sie haben nur eine geringe Neigung oder sind ganz flach. Flachdächer ermöglichen zusätzlichen Wohnraum auf dem Dach und werden oft für moderne Architektur verwendet. Flachdächer sind ebenfalls für PH-Anlagen geeignet, da sie richtungsneutral sind. In solchen Fällen können Neigung und Ausrichtung der PH-Anlage oft angepasst werden, um deren Effizienz zu verbessern.

11.10.8 Das Tonnendach

Das Tonnendach ähnelt, wie der Name schon sagt, einer Tonne und wird oft für große Hallen oder industrielle Gebäude verwendet. Bei entsprechender paralleler Ausrichtung der Wölbung direkt nach Süden oder in Ost-/West-Orientierung eignen sie sich sehr gut für Photovoltaikanlagen, da die Module aufgrund der Dachform im optimalen Winkel zur Sonne montiert werden können.

Fazit

Grundsätzlich eignen sich alle Dachformen für die Installation von Photovoltaikanlagen, sofern sie in einer Süd-, West- oder Ostausrichtung liegen sowie die statischen und konstruktiven Voraussetzungen erfüllen. Ideal sind Dächer mit geneigten oder schrägen Ebenen, da sie über geeignete Neigungswinkel verfügen.

11.11 Dachkonstruktion

Investiert man jetzt in eine Stand-alone-Lösung, die durchaus Vorteile bei der Stromversorgung bietet, oder wäre es nicht sinnvoll, die Installation einer PH-Anlage in einen Kanon von Maßnahmen zu integrieren? Hierbei geht es nicht um die Integration in eine komplette energetische Sanierung, bei der ohnehin alle baulichen und technischen Maßnahmen zum Zuge kommen müssen, sondern ich spreche nur von der grundsätzlichen Beschaffenheit und vom Zustand der Dachdeckung. Hier stellen sich drei grundsätzliche Fragen:

Ist die Dachhaut grundsätzlich dicht?
Gerade die Dächer sind am meisten der Witterung ausgesetzt und die Ziegel oder sonstigen Dachhauteindeckungen sind eventuell schon in die Jahre gekommen. Undichtigkeiten und Leckagen sind keine Seltenheit. Je nach Ausmaß dieser Umstände kann es sein, dass es mit einfachen Reparaturen nicht mehr getan und die Dachhaut grundsätzlich auszutauschen ist.

Hat die Dachhaut noch eine Restlebensdauer von mindestens 10 bis 15 Jahren?
Hier ist unbedingt zu prüfen, ob man im Zuge der Montage nicht auch die Dachpfannen einer alten oder bereits in die Jahre gekommenen Dachhaut gleich mit erneuert. Man läuft sonst Gefahr, eine Anlage mit einer Restlaufzeit zu montieren, die deutlich unter ihrer Amortisationszeit der liegt.

Sind keine gesundheitsschädlichen Schadstoffe verbaut?
Das bekannteste Beispiel ist Asbest: Seit dem 31. Oktober 1993 ist in Deutschland die Herstellung, das Inverkehrbringen und die Verwendung von Asbest sowie asbesthaltiger Produkte verboten. Dringend erforderlich wird eine Entsorgung, wenn eine Gefahr für die Gesundheit besteht. Dies ist der Fall, wenn die Asbestprodukte beschädigt sind, Brüche aufweisen oder stark verwittert sind.

Tipp

Wenn Sie die ersten beiden Fragen mit Ja beantworten können, kann es jetzt losgehen. Wenn sie eine der Fragen mit Nein beantworten müssen, besteht Handlungsbedarf. Es wäre zwingend zu empfehlen, das Dach dann nicht einfach nur zu reparieren, sondern es als Startpunkt und erste Maßnahme im Zuge einer energetischen Sanierung komplett zu ertüchtigen.

Eine robuste und zuverlässige Dachkonstruktion bildet das Fundament für eine erfolgreiche Montage von PV-Auflageanlagen. Diese Installationen, die auf der Dachoberfläche platziert werden, bringen nicht nur eine nachhaltige Energieerzeugung, sondern auch spezifische Anforderungen an die Stabilität und Dichtigkeit der Dachhaut mit sich. Die Stabilität der Dachkonstruktion und die Dichtigkeit der Dachhaut werden somit zu zentralen Faktoren, die nicht nur die Langlebigkeit der PV-Anlage, sondern auch den Schutz des Gebäudes beeinflussen. Die Anforderungen an die Dachstabilität gehen über die bloße Tragfähigkeit hinaus und erfordern ein tiefgreifendes Verständnis der Wechselwirkungen zwischen der PV-Anlage und der Dachkonstruktion. Zugleich darf die Integrität der Dachhaut nicht gefährdet werden, um Feuchtigkeitseintritt und daraus resultierende Schäden zu verhindern.

Diese Dualität zwischen Leistung und Erhaltung der Bausubstanz erfordert eine präzise Planung und eine sorgfältige Umsetzung, um die gewünschten ökologischen und architektonischen Ziele zu erreichen. Wichtig ist zu ermitteln, wie kurz-, aber vor allem wie langfristig die Stabilität der Dachkonstruktion und die Dichtigkeit der Dachhaut bei der Montage von PV-Auflageanlagen gewährleistet werden. Hier kommt es sehr auf die Auswahl des richtigen Systems, des Herstellers und seinen Befestigungsmethoden und auf Strategien für den dauerhaften Erhalt der Dachabdichtung an. Grundsätzlich sind folgende Aspekte zu beherzigen:

11.11.1 Tragfähigkeit des Daches

Es ist entscheidend sicherzustellen, dass die Dachkonstruktion ausreichend stabil und tragfähig ist, um das Gewicht der PV-Anlage zu tragen. Am besten ziehen Sie den Rat eines Fachmannes hinzu. Statiker, Architektinnen und Gutachter, Zimmerleute, Dachdeckerinnen und alle anderen Fachleute, die im weitesten Sinne mit der Konstruktion von Dächern professionell zu tun haben, können hier zielführend weiterhelfen, profunde Aussagen über die Tragfähigkeit Ihres Daches machen und gegebenenfalls Anpassungen empfehlen.

11.11.2 Dachmaterial und Dacheindeckung

Unterschiedliche Materialien sowohl des Daches selbst, aber auch des gewählten PH-Systems erfordern unterschiedliche Befestigungssysteme, die zueinander passen. Es ist sicherzustellen, dass die Installation die Integrität der Dacheindeckung nicht beeinträchtigt. Einige Dächer erfordern spezielle Befestigungsmethoden, um Undichtigkeiten zu vermeiden.

11.11.3 Befestigungsmethoden

Es gibt verschiedene Methoden, um PV-Module auf Dächern zu befestigen (Aufdachmontage, Indachmontage und Flachdachmontage). Jede Methode hat ihre eigenen Anforderungen, die zwingend mit der vorhandenen Dachkonstruktion abzugleichen sind. Auch hier sind wieder die Fachleute gefragt.

11.11.4 Windlasten und Schneelasten

Die Region, in der sich das Gebäude befindet, bestimmt die Wind- und Schneelasten, denen die PV-Anlage standhalten muss. An dieser Stelle sind Statiker gefragt. Die Befestigungssysteme müssen diesen Belastungen natürlich standhalten. Entgegen der landläufigen Meinung, dass die durch Windlasten auf die PH-Anlage entstehenden Druckkräfte das Hauptproblem sind, sind es meist die Zugkräfte, die auf die Anlage wirken können, die bei Sturmereignissen die PV-Anlagen und die Dächer abdecken.

11.11.5 Dachdurchdringungen

Grundsätzlich sind Dachdurchdringungen zu minimieren, um Orte für potenzielle Undichtigkeiten auf ein Minimum zu reduzieren. Es gibt Systeme, die ohne direkte Durchdringungen installiert werden können. In jedem Fall lohnt sich hier auch wieder, sich Fachexpertise zu holen.

11.11.6 Feuchtigkeitsmanagement

Am Ende aller Arbeiten ist sicherzustellen, dass die Installationen wasserdicht sind und die Dachabdichtung nicht beeinträchtigen. Die Verwendung von geeigneten Dichtungsmaterialien ist hier entscheidend und eine finale Abnahme kann meines Erachtens auch nicht ohne eine Dichtigkeitsprüfung und Dokumentation erfolgen.

11.11.7 Wartungszugang

Der Punkt »Wartungszugang« wird häufig vernachlässigt, weil man glaubt, die alten Schornsteinfegerzugänge seien ausreichend. Das ist aber nur für den Einstieg auf das Dach richtig. Daher sollte die Zugänglichkeit für Wartungsarbeiten inklusive entsprechender Absturzsicherungen an den PV-Modulen sichergestellt sein.

Fazit

Die Sicherung der aufgeführten Schlüsselfaktoren ist für eine erfolgreiche Integration von Photovoltaik in die gebaute Umwelt maßgebend. Die Montage erfordert spezifische Überlegungen und Anpassungen, um sicherzustellen, dass Dachkonstruktion und -eindeckung nicht beeinträchtigt werden. Die Zusammenarbeit mit Fachleuten, einschließlich Solarteuren und Dachdeckern, ist entscheidend, um sicherzustellen, dass die Installation sicher und den geltenden Standards entsprechend erfolgt. Es müssen alle relevanten gesetzlichen Vorschriften und Normen eingehalten werden. Dazu gehören lokale Bauvorschriften und Sicherheitsnormen.

11.12 Intensive und extensive Dachbegrünung versus PV-Anlagen

Nun kommen wir zu einer besonderen Form von Dächern, die mir als Architekt ein besonderes Anliegen sind: die sogenannten Gründächer. In der Architektur und nachhaltigen Stadtplanung erleben Gründächer und Photovoltaikanlagen einen bemerkenswerten Aufschwung als Schlüsselelemente für ökologische Baukonzepte. Die Entscheidung zwischen Gründächern und Photovoltaikanlagen wirft jedoch nicht nur die Frage der Ästhetik, sondern vor allem der Funktionalität auf. Beide Technologien bieten ein breites Spektrum an ökologischen Vorteilen, die weit über die traditionelle Bauweise hinausgehen.

Die grünen Dächer schaffen lebendige Ökosysteme auf Gebäuden und leisten einen signifikanten Beitrag zur Biodiversität und zur Wasserhaltung. In innerstädtischen Ballungsgebieten wirken sie auch dem sogenannten Albedo-Effekt entgegen. Der Albedo-Effekt gibt das Ausmaß an, in dem eine Oberfläche Strahlung, insbesondere Sonnenlicht, reflektiert. Eine hohe Albedo bedeutet, dass die Oberfläche einen beträchtlichen Anteil der eingehenden Strahlung zurückwirft, während eine niedrige Albedo darauf hinweist, dass die Strahlung größtenteils absorbiert wird. Schnee und Eis haben beispielsweise eine hohe Albedo, da sie viel Sonnenlicht reflektieren, während dunkle Oberflächen wie Asphalt eine niedrige Albedo aufweisen und mehr Sonnenlicht und damit Wärme absorbieren.

Die grünen Dächer stehen im Kontrast zu den Photovoltaik- und Solaranlagen, die Sonnenenergie in elektrischen Strom umwandeln und zur Dezentralisierung der Stromversorgung einen signifikanten Beitrag leisten. Beide Ansätze folgen völlig berechtigt ihren individuellen Schutzzielen und wirken in ihren Bereichen der Klimaerwärmung entgegen, leisten so einen erheblichen Beitrag zur nachhaltigen Entwicklung und haben daher im gleichen Maß ihre Daseinsberechtigung.

Die Entscheidung zwischen einer Photovoltaikanlage und einem Gründach hängt von verschiedenen Faktoren ab und die Gründe für eine Photovoltaikanlage sind mit diesem Buch ausführlich beschrieben. Die guten Gründe für ein Gründach sind:

- Natürlich zuallererst die brillante Wärmedämmung. Gründächer bieten nicht nur eine natürliche Isolation, was zu einer sehr guten Wärmedämmung und Energieeffizienz des Gebäudes führt, sondern fördern auch das Raumklima.
- Gründächer bilden einen wesentlichen Aspekt der Stadtökologie in Ballungsräumen: Sie fördern die Biodiversität in städtischen Umgebungen, indem sie Lebensraum für Pflanzen, Insekten und Vögel bieten.
- Gründächer verbessern nachweislich die Außenraum-Luftqualität. Pflanzen auf Gründächern tragen zur Luftreinigung bei, indem sie Schadstoffe filtern, Sauerstoff produzieren und je nach Pflanzenart und abhängig von extensiver oder intensiver Begrünung CO_2 aufnehmen und verarbeiten können.
- Gründächer verbessern die ästhetische Qualität eines Gebäudes und schaffen im Verbund mit entsprechender Begrünung im Stadtraum eine attraktive, naturnahe Umgebung.

Angesichts sich stark verändernder Regenereignisse ist in der Zukunft die Regenwasserbewirtschaftung und Wasserhaltung ein wichtiger Aspekt. Gründächer reduzieren Oberflächenabfluss und tragen so zur nachhaltigen Bewirtschaftung von Regenwasser bei. Die Wahl zwischen einer Photovoltaikanlage und einem Gründach hängt letztendlich von den Zielen des Bauprojekts, den örtlichen Gegebenheiten und den Präferenzen des Bauenden vornehmlich bei Neubaukonzeptionen ab. Da wir aber i. d. R. schon bestehende Gründächer haben, drängt sich unweigerlich die Frage auf, ob auch kombinierte Lösungen in Betracht gezogen werden können, bei denen Photovoltaikanlagen und Gründächer kombiniert werden. Um diese Frage zu beantworten, sind wieder die Fachleute gefragt, die den Konflikt zwischen Gründächern und Photovoltaikanlagen durch gründliche Analysen in Verbindung mit den jeweils höchst unterschiedlichen und individuellen Anforderungen eines Projekts beilegen können. Es gibt grundsätzlich drei Szenarien, die am Ende zielführend sein können:

- Das **Szenario 1** besteht darin, sich konsequent für einen Weg und somit gegen den anderen zu entscheiden. Im Klartext heißt das, dass die gesamte zur Verfügung stehende Dachfläche entweder der Photovoltaikanlage oder der Dachbegrünung zugeschlagen wird, wenn man mit klassischen Auflageanlagen arbeiten will.
- Das **Szenario 2** ist eine Kombination. Die Lösung besteht darin, die zur Verfügung stehende Dachfläche zu teilen, also einen Teil der Photovoltaikanlage und einen anderen Teil der Dachbegrünung zu widmen. Auch hier können klassische Auflageanlagen umgesetzt werden.
- Das **Szenario 3a** besteht darin, idealerweise über die gesamte Grünfläche PV-Anlagen anzuordnen. Dabei werden die PV-Module so hoch und mit genügend Abständen symmetrisch verlegt, dass es bei einer zu empfehlenden extensiven Begrünung keine dauerhafte Verschattung für die Pflanzen gibt. Und die Vegetation ihrerseits darf natürlich auch nicht die PV-Module bzw. Solarthermie-Kollektoren verschatten. Extensiv begrünte Flachdächer haben niedrigwüchsige Pflanzen wie Sukkulenten, Moose und Sedum-Pflanzen. Die Pflanzen sind i.d.R. pflegearm und passen sich gut an die verschiedenen Lichtverhältnisse des Daches an.
- Das **Szenario 3b** wird durch eine Überbauung mit lichtdurchlässigen Solarmodulen umgesetzt. Hier gelten die gleichen Regeln wie im Szenario 3a, wenngleich hier auch durchaus intensive Begrünung mit höheren Pflanzen zum Einsatz kommen kann.

Tipp

Das Bundesinstitut für Bau-, Stadt- und Raumforschung (BBSR) im Bundesamt für Bauwesen und Raumordnung (BBR) betreibt ein Forschungsvorhaben zur Aus- und Nachrüstung von Dächern – unter anderem auch mit transparenten PV-Anlagen und/oder extensiven und intensiven Begrünungen. Zwischenergebnisse werden laufend veröffentlicht (https://www.bbsr-geg.bund.de/GEGPortal).

Fazit

Die Auswahl der besten Dachform hängt von verschiedenen Faktoren ab, darunter von der Ausrichtung des Daches, der Neigung, eventuellen Schattenwürfen durch umliegende Strukturen und von den ästhetischen Präferenzen des Hausbesitzers. Wichtig ist auch, dass das Dach in gutem Zustand ist und die zusätzliche Last der Photovoltaikanlage tragen kann. Fachleute können eine genaue Beurteilung vornehmen und Empfehlungen basierend auf den individuellen Gegebenheiten aussprechen.

11.13 Stromspeicherung

In einer Zeit, in der die Energiewende zunehmend an Bedeutung gewinnt und der Übergang zu erneuerbaren Energiequellen massiv voranschreitet, rücken Innovationen im Bereich der Energiespeicherung in den Mittelpunkt. Stromspeicher und Batteriesysteme spielen eine entscheidende Rolle, um die volatile Natur erneuerbarer Energiequellen wie Wind und Sonne auszugleichen. Doch nicht nur die physischen Speicher sind von Bedeutung, sondern auch die Konzepte virtueller Speicher, die eine intelligente und flexible Nutzung der Energie ermöglichen. Diese Entwicklung bringt nicht nur technologische Fortschritte, sondern auch tiefgreifende Veränderungen in der Art und Weise mit sich, wie Energie erzeugt, verteilt und genutzt wird – von privaten Haushalten über Industrieanlagen bis hin zum Energienetz der Zukunft. Die Integration von Stromspeichern und virtuellen Speicherlösungen verspricht nicht nur eine effizientere Energieversorgung, sondern auch eine nachhaltigere und flexiblere Energieinfrastruktur. Ein hoher Eigenbedarf, der sich üblicherweise anders über den Tag verteilt als die verfügbare Sonneneinstrahlung, macht einen Stromspeicher erforderlich (eine Volleinspeisung wird auf der anderen Seite dank des gesetzlichen Vorranges allerdings auch zu jeder Zeit abgenommen). Zudem kann ein Speicher bei großräumigen Stromausfällen eine Notstromversorgung sichern.

11.13.1 Der Speicher

Der Speicher (Akkumulator) ist somit erforderlich, um Strom aufzunehmen, der gerade nicht selbst genutzt werden kann, aber auch nicht in das öffentliche Netz eingespeist werden soll. Seine Kapazität ist die Fähigkeit, diesen Strom zu speichern. Die für einen Speicher jeweils festgelegten Lade- und Entladeströme bestimmen, wie viel Strom in welchen Zeiträumen höchstens geladen oder entladen werden kann, damit also verfügbar ist. Der Wirkungsgrad der Speichereinheit ist geringer als der Wirkungsgrad der verwendeten Batterie, da Steuer- und Regelungseinheiten einen Teil des Stroms benötigen und Wärmeverluste durch Umwandlungen zwischen Gleich- und Wechselstrom eintreten. Ein Lithium-Ionen-System kann einen Wirkungsgrad von 98 % unter besten Bedingungen erreichen. Im Dauerbetrieb ist der Wirkungsgrad allerdings vom Ladezustand, der Temperatur, dem Alter und Wartungszustand des Speichers abhängig.

Beispiel

Ein vierköpfiger Haushalt benötigt erfahrungsgemäß einen Stromspeicher für 4 bis 5 kWh. Er sollte auf das 1,5-Fache der Anlagen-Nennleistung ausgelegt sein. Damit liegen die Kosten bei 5.000 bis 8.000 Euro. Ein Stromspeicher erhöht somit die Kosten der Anlage und muss nach heutigem Stand innerhalb einer 20-jährigen Betriebszeit ausgetauscht werden.

11.13.2 Batterien

Batterien sind elektrische Energiespeicher, die aus zwei oder mehr miteinander verbundenen galvanischen Zellen bestehen. Jede Zelle besteht aus einem Elektrolyten und zwei Elektroden, einer positiven (Kathode) und einer negativen (Anode). Batterien wandeln chemische Energie in elektrische Energie um und können diese bei Bedarf wieder abgeben. Sie sind weit verbreitet und werden in zahlreichen Anwendungen wie Elektronikgeräten, Fahrzeugen, erneuerbaren Energiesystemen und vielen anderen Bereichen eingesetzt. Herkömmliche Batterien verschleißen durch Alterung, speichern also immer weniger Strom und müssen irgendwann ersetzt werden. Eine betriebsfähige Batterie soll nicht weniger als 80% der ursprünglichen Kapazität haben und nur bis zur Entladeschluss-Spannung entladen werden, da sie sonst beschädigt werden kann. Bei gleichmäßiger, langsamer Entladung bleibt die sogenannte Nennspannung über den größten Teil der Betriebsdauer etwa gleich, erst zum Ende hin sinkt sie stark. Die Entladetiefe ist ein Maß für die Entladung im Verhältnis zur höchstmöglichen Aufladung, Werte unter 80% werden »Tiefenentladung« genannt. Die Ladeschluss-Spannung beim Laden eines Speichers ist höher als die Nennspannung, das Überschreiten des Wertes kann den Speicher beschädigen. Die Entladeschluss-Spannung darf nicht unterschritten werden, um eine beschädigende Tiefenentladung zu vermeiden. Künftige Forschungsvorhaben auch in Deutschland zielen darauf, Speicher zu schaffen, die auch dauerhaft tiefere Entladungen zulassen.

11.13.3 Virtuelle Speicher

Ein virtueller Energiespeicher bezieht sich auf ein Konzept, bei dem verschiedene dezentrale Energiequellen und -verbraucher über eine digitale Plattform miteinander vernetzt sind. Im Gegensatz zu physischen Batterien, die an einem festen Ort vorhanden sind, sind virtuelle Energiespeicher darauf ausgelegt, flexibel auf die Schwankungen von Stromerzeugung und -verbrauch zu reagieren, ohne dass physische Speichereinrichtungen erforderlich sind. Virtuelle Energiespeicher integrieren eine Vielzahl dezentraler Energiequellen und -verbraucher, darunter erneuerbare Energien wie Solar- und Windkraft, Elektrofahrzeuge, Haushaltsgeräte und andere Stromverbraucher.

Durch fortschrittliche Steuerungssysteme und Algorithmen wird die Energieflussrichtung in Echtzeit optimiert. Dies ermöglicht eine effiziente Nutzung, die Speicherung von Überschussenergie und die Bereitstellung von Strom, wenn die Nachfrage hoch ist. Außerdem können sie sich an die sich ständig ändernden Bedingungen des Stromnetzes anpassen, um maßgeschneidert schnell auf Fluktuationen in der Stromerzeugung und -nachfrage zu reagieren. Virtuelle Energiespeicher basieren zunehmend auf KI-getriebenen digitalen Plattformen und vernetzten Systemen. Dies ermöglicht eine nahtlose Kommunikation zwischen verschiedenen Energieträgern und eine zentrale Steuerung und Überwachung. Durch die Integration von virtuellen Energiespeichern kann die Netzstabilität verbessert und die Versorgungssicherheit gewährleistet werden. Überschüssige Energie kann in Zeiten niedriger Nachfrage gespeichert und bei Bedarf bereitgestellt werden.

Virtuelle Energiespeicher werden in Europa bereits in Energiemärkte integriert, um Flexibilitätsdienstleistungen anzubieten. Dies schafft eine Möglichkeit für Verbraucher, aktiv am Energiemarkt teilzunehmen. Die Idee hinter virtuellen Energiespeichern besteht darin, die Effizienz und Flexibilität im Umgang mit erneuerbaren Energien und Netzschwankungen zu maximieren, ohne dass physische Speichereinrichtungen notwendig sind. Es handelt sich um eine intelligente, vernetzte Energieinfrastruktur, die auf fortschrittlichen digitalen Technologien basiert.

11.13.4 Elektromobilität

Die Verbindung von Batterien und Stromspeichern mit der Verkehrswende in Richtung Elektromobilität ist von zentraler Bedeutung und prägt maßgeblich die Zukunft der dezentralen Speicheranlagen von Immobilien und der Mobilität. Die Verkehrswende steht im Zentrum einer tiefgreifenden Umgestaltung unseres Mobilitätssektors und Elektromobilität gilt als treibende Kraft hinter diesem Wandel. In diesem Paradigmenwechsel spielt die Integration von Batterien und Stromspeichern eine entscheidende Rolle und markiert den Übergang zu einer nachhaltigen, emissionsfreien Fortbewegung.

Batterietechnologien, die einst für stationäre Anwendungen entwickelt wurden, haben in den letzten Jahren einen explosionsartigen Aufstieg erlebt, angetrieben durch ihre Schlüsselrolle in Elektrofahrzeugen. Die Reichweite, Ladeinfrastruktur und vor allem die Leistungsfähigkeit von Batterien sind die entscheidenden Faktoren für die Akzeptanz von Elektrofahrzeugen. Gleichzeitig tragen Stromspeicherlösungen dazu bei, die Ladeinfrastruktur zu optimieren und eine effiziente Nutzung erneuerbarer Energien in Verbindung mit Elektrofahrzeugen zu ermöglichen. Die Symbiose zwischen Elektromobilität und Energiespeicherung in Immobilien verspricht nicht nur eine umweltfreundliche Fortbewegung, sondern auch die Schaffung eines intelligenten, vernetzten Energiesystems.

Fazit

Die verschiedenen Facetten von Stromspeicherung, Batterietechnologien, virtuellen Speichern und die Verbindung zur Elektromobilität ist die Zukunft der technologischen Innovationen. Die Welt der Energiespeicherung entwickelt sich rasant weiter und stellt eine Schlüsselkomponente für eine nachhaltige Energiezukunft dar.

12 Gewährleistung und Versicherung

12.1 Garantie und Gewährleistung

Die Investition in eine Photovoltaikanlage ist nicht nur eine finanzielle, sondern auch eine ökologische Entscheidung. Um sicherzustellen, dass diese nachhaltige Energiequelle zuverlässig und effizient funktioniert, sind Garantie und Gewährleistung von entscheidender Bedeutung. Diese beiden Begriffe stehen für die Verpflichtung der Hersteller und Installateure, die Qualität, Leistung und Funktionalität der PV-Anlage sicherzustellen. Die Garantie und Gewährleistung einer PV-Anlage sind nicht nur rechtliche Aspekte, sondern auch maßgebliche Indikatoren für das Vertrauen der Hersteller in ihre Produkte.

In den folgenden Abschnitten werden kurz die spezifischen Bedingungen und Parameter beleuchtet, die bei der Bewertung von Garantie- und Gewährleistungsbedingungen von PV-Anlagen von Bedeutung sind. Dies umfasst unter anderem die Lebensdauer der Garantie, den Umfang der Abdeckung, potenzielle Ausschlüsse sowie die Bedeutung von professioneller Installation und regelmäßiger Wartung für die Aufrechterhaltung der Garantieansprüche. In Deutschland unterliegen PV-Anlagen folgenden verschiedenen rechtlichen Rahmenbedingungen bezüglich Garantie und Gewährleistung:

12.1.1 Die gesetzliche Gewährleistung

Die gesetzliche Gewährleistung beträgt in Deutschland üblicherweise zwei Jahre. Während dieser Zeit ist der Verkäufer oder Hersteller verpflichtet, für Mängel einzustehen, die bereits bei der Übergabe der Ware vorhanden waren. Wenn während dieser Zeit Mängel auftreten, hat der Käufer das Recht auf Reparatur, Ersatz oder Rückerstattung.

12.1.2 Das Produkthaftungsgesetz (ProdHaftG)

Die gesetzliche Produkthaftung in Deutschland ist ein Rechtsinstitut, das Verbraucherinnen und Verbrauchern Schutz gewährt, wenn sie durch fehlerhafte Produkte geschädigt werden. Das Produkthaftungsgesetz wurde geschaffen, um Hersteller für Schäden haftbar zu machen, die durch ihre Produkte verursacht werden. Es gilt unabhängig von einem etwaigen Verschulden des Herstellers. Das Gesetz gilt für bewegliche Sachen (Produkte), einschließlich elektrischer Energie, mit Ausnahme land- und forstwirtschaftlicher Produkte. Haftbar sind in erster Linie der Hersteller des Endprodukts sowie der Importeur, wenn das Produkt aus einem Nicht-EU-Land stammt.

- **Verjährungsfrist von drei Jahren:** Die dreijährige Verjährungsfrist beginnt ab dem Zeitpunkt, zu dem der Geschädigte Kenntnis von Schaden, Mangel und Person des Ersatzpflichtigen erlangt. Der Schaden muss innerhalb dieser Frist geltend gemacht werden, wenn der Geschädigte Schadenersatzansprüche durchsetzen möchte.
- **absolute Verjährungsfrist von zehn Jahren:** Unabhängig von der Kenntnis des Geschädigten verjähren die Ansprüche endgültig nach zehn Jahren nach dem Inverkehrbringen des fehlerhaften Produkts. Das bedeutet, dass selbst wenn der Geschädigte erst nach mehr als drei Jahren von seinem Schaden erfährt, er dennoch innerhalb von zehn Jahren nach dem Inverkehrbringen des Produkts Klage erheben muss.

12.1.3 Herstellergarantie

Die Herstellergarantie ist eine zusätzliche freiwillige Zusage des Herstellers über die gesetzliche Gewährleistung hinaus. Diese Garantie kann je nach Hersteller unterschiedlich ausgestaltet sein und deckt oft einen längeren Zeitraum ab. Zum Beispiel bieten viele Hersteller von Photovoltaik-Modulen Garantien von 10 bis 25 Jahren auf die Leistung ihrer Module. Üblich sind heutzutage 25 Jahre auf 80 % Leistungsabgabe und 10 Jahre auf 90 % Leistungsabgabe für bestimmte Solarmodule. Einige Firmen gewähren bis zu 30 Jahre. Der Umfang ist im Zusammenhang des gesamten Vorhabens zu verhandeln.

12.1.4 Leistungs- und Produktgarantie

Insbesondere bei Photovoltaik-Modulen gibt es oft eine Leistungsgarantie, die sicherstellt, dass das Modul über einen bestimmten Zeitraum eine bestimmte Mindestleistung erbringt. Produktgarantien decken in der Regel andere Komponenten der Anlage wie Wechselrichter ab.

Installationsgarantie

Installateure bieten oft auch Garantien für die Qualität ihrer Arbeit an. Diese können sich auf die Installation der PV-Anlage beziehen und beinhalten typischerweise eine bestimmte Zeitspanne, in der der Installateur für eventuelle Mängel oder Schäden verantwortlich ist.

Fazit

Es ist wichtig zu beachten, dass die genauen Bedingungen und Dauer von Garantien und Gewährleistungen stark variieren können. Bei der Auswahl einer PV-Anlage sollten Sie die Garantiebedingungen der einzelnen Komponenten und des Gesamtsystems sorgfältig prüfen. Zusätzlich ist es ratsam, auf die Professionalität der Installation zu achten, da eine unsachgemäße Installation zu Garantieverlust führen kann.

12.2 Versicherungen

Eine Versicherung für PV-Anlagen wird im Regelfall als Ergänzung zu üblichen Gebäudeversicherungen abgeschlossen. Bei der Sichtung von Angeboten ist insbesondere zu prüfen,

- welche Arten von Ausfällen versichert werden sollen und was die jeweiligen Bezugsgrößen sind,
- welche Teile der Anlage versichert sind,
- wie fertigungsbedingte (Ersatz durch Hersteller/Lieferanten) und betriebsbedingte Mängel und Schäden abgegrenzt werden und
- ob im Schadensfall eine Selbstbeteiligung gefordert wird.

Es ist wichtig zu beachten, dass die genauen Bedingungen und Deckungen je nach Versicherungsanbieter variieren können. PV-Anlagenbetreiber sollten sorgfältig die verschiedenen Optionen prüfen, die ihren Bedürfnissen am besten entsprechen. Oft empfiehlt es sich, mit einem Versicherungsmakler zusammenzuarbeiten, um die beste Deckung und den besten Preis zu erhalten. Außerdem sollten Betreiber sicherstellen, dass sie die geltenden Vorschriften und Sicherheitsstandards für PV-Anlagen einhalten, um die Versicherbarkeit sicherzustellen. In Deutschland stehen verschiedene Versicherungsoptionen für Photovoltaikanlagen zur Verfügung:

12.2.1 Betriebs- und Ertragsausfallversicherung

Eine Betriebs- und Ertragsausfallversicherung für Photovoltaikanlagen deckt in der Regel eine Vielzahl von Risiken und Schäden, die den ordnungsgemäßen Betrieb und den Ertrag der Anlage beeinträchtigen können. Diese sind Schäden an der PV-Anlage, die zu einem Ertragsausfall führen, beispielsweise durch Vandalismus, Diebstahl, Witterungsschäden oder technische Ausfälle.

Die Versicherung umfasst i. d. R. physische Schäden an den PV-Modulen, den Montagestrukturen, den Wechselrichtern und anderen Teilen der Anlage. Die Schäden können durch verschiedene Ursachen entstehen, darunter Feuer, Blitzschlag, Sturm, Hagel, Überschwemmung, Vandalismus und Diebstahl. Sie deckt auch den Ertragsausfall bei Betriebsunterbrechungen, der durch die vorübergehende Stilllegung der PV-Anlage aufgrund von Schäden oder technischen Ausfällen entsteht. Sie erstattet in der Regel entgangene Einnahmen, die während des Ausfallzeitraums verlorengehen. Falls die PV-Anlage aufgrund eines Schadens nicht an das Stromnetz angeschlossen werden kann, erstattet die Versicherung die entgangenen Erträge. Einige Versicherer bieten Garantien für die Ertragsleistung der Anlage für den Fall, dass die tatsächlichen Erträge unter die garantierten Werte fallen und die Versicherung die Differenz erstattet.

12.2.2 Sachversicherung

Eine Sachversicherung für Photovoltaikanlagen deckt in der Regel Schäden, die an den physischen Komponenten der Anlage auftreten. Dazu gehören beispielsweise Schäden an den PV-Modulen, den Montagestrukturen und den Wechselrichtern durch Feuer, Blitzschlag, Sturm, Hagel und andere Gefahren. Die Schäden können aber auch durch andere Ursachen entstehen wie Überschwemmung, Vandalismus, Diebstahl und andere unvorhergesehene Ereignisse.

Einige Sachversicherungen bieten einen erweiterten Schutz, der Schäden aufgrund von technischen Ausfällen oder Fehlfunktionen der Anlagenkomponenten abdeckt, selbst wenn keine äußeren Einflüsse vorliegen. Wenn PV-Module oder Anlagenteile transportiert werden, sei es von einem Hersteller oder im Rahmen einer Anlageninstallation, kann die Sachversicherung auch Schutz während des Transports bieten. Je nach Versicherer und Vertrag können weitere zusätzliche Abdeckungen verfügbar sein, beispielsweise der Schutz vor Schäden an Masteinrichtungen, Kabeln und anderen Anlagenteilen.

12.2.3 Haftpflichtversicherung

Die Haftpflichtversicherung für Photovoltaikanlagen schützt vor Ansprüchen Dritter im Fall von Schäden, die durch die PV-Anlage verursacht wurden, z. B. wenn Module von einem Sturm heruntergeweht werden und Schäden auf dem Grundstück eines Nachbarn verursachen. Sie deckt Schäden, die Dritte aufgrund der PV-Anlage erleiden, sei es auf dem eigenen Grundstück oder auf dem Grundstück eines Nachbarn. Dies kann Schäden an Gebäuden, Ausrüstung oder Personen umfassen.

Eine Haftpflichtversicherung kann den Betreiber der PV-Anlage vor Ansprüchen schützen, die aus fehlerhaften Komponenten oder Materialien der Anlage resultieren. Dies kann insbesondere dann relevant sein, wenn es zu Defekten in den PV-Modulen oder anderen Teilen der Anlage kommt. Falls die PV-Anlage Umweltschäden verursacht, sei es durch Leckagen von Schadstoffen oder andere Umweltauswirkungen, kann die Versicherung den Betreiber vor Haftungsansprüchen und den Kosten für die Schadensbehebung schützen. Die Haftpflichtversicherung kann auch die Kosten für die rechtliche Verteidigung des Betreibers abdecken, falls ein Dritter Klage gegen ihn erhebt.

12.2.4 Allgefahrenversicherung

Eine Allgefahrenversicherung für Photovoltaikanlagen ist eine der umfassendsten Versicherungen, die Schutz vor einer sehr breiten Palette von Risiken und Schäden bietet. Im Allgemeinen deckt sie »alle Gefahren«, es sei denn, eine Gefahr ist ausdrücklich ausgeschlossen. Diese Versicherung deckt physische Schäden an den PV-Modulen, den Montagestrukturen, den Wechselrichtern und anderen Teilen der Anlage, die durch physische Ursachen entstehen. Dazu gehören Schäden durch Feuer, Blitzschlag, Sturm, Hagel, Überschwemmung, Vandalismus, Diebstahl und andere unvorhergesehene Ereignisse. Eine Allgefahrenversicherung kann Schäden aufgrund von technischen Ausfällen oder Fehlfunktionen der Anlagenkomponenten abdecken, auch wenn keine äußeren Einflüsse vorliegen.

Diese Versicherung erstattet den Ertragsausfall, der durch die vorübergehende Stilllegung der PV-Anlage aufgrund von Schäden oder technischen Ausfällen entsteht. Sie erstattet in der Regel entgangene Einnahmen, die während des Ausfallzeitraums nicht generiert werden können. Sie deckt ebenfalls anlog zur bereits oben erwähnten Betriebs- und Ertragsausfallversicherung die entgangenen Erträge. Einige Versicherer bieten Garantien für die Ertragsleistung der Anlage. Je nach Versicherer und Vertrag können zusätzliche Deckungen verfügbar sein, wie z. B. Schutz vor Schäden an Masteinrichtungen, Kabeln und anderen Anlagenteilen.

12.2.5 Ertragsversicherung

Man kann auch isoliert eine reine Ertragsversicherung abschließen. Diese schützt analog zu den beiden oben genannten Versicherungen vor reinen Ertragsverlusten, die auf unvorhergesehene Umstände wie schlechtes Wetter, technische Ausfälle oder andere Ereignisse zurückzuführen sind, die die Stromerzeugung beeinträchtigen. Allerdings sind hier meist die Ursachen breiter gestreut. So deckt die Versicherung Ertragseinbußen, die durch physische Schäden an der PV-Anlage verursacht werden. Dazu gehören Schäden durch Feuer, Blitzschlag, Sturm, Hagel, Überschwemmung, Vandalismus, Diebstahl und andere unvorhergesehene Ereignisse sowie Ertragseinbußen aufgrund von technischen Ausfällen oder Fehlfunktionen der Anlagenkomponenten, auch wenn keine äußeren Einflüsse vorliegen. Auch Ertragsausfälle für Betriebsunterbrechungen sind gedeckt: Diese Versicherung erstattet die Ertragseinbußen, die durch die vorübergehende Stilllegung der PV-Anlage aufgrund von Schäden oder technischen Ausfällen entstehen. Sie erstattet in der Regel entgangene Einnahmen, falls die PV-Anlage aufgrund eines Schadens nicht an das Stromnetz angeschlossen werden kann. Auch hier bieten einige Versicherer analog zu oben Garantien für die Ertragsleistung der Anlage, wenn die tatsächlichen Erträge unter die garantierten Werte fallen.

12.2.6 Diebstahl- und Vandalismusversicherung

Die Inhalte der Diebstahl- und Vandalismusversicherung ist in einigen Universalversicherungen bereits abgedeckt (s.o.). Sie kann aber auch individuell abgeschlossen werden und deckt Schäden und Verluste, die durch Diebstahl und Vandalismus an der Anlage verursacht werden. Sie deckt gezielt den Diebstahl sowohl einzelner Komponenten von PV-Modulen, Wechselrichtern, Montagestrukturen und anderen Anlagenteilen als auch den Verlust der gesamten Anlage sowie alle Schäden, die mutwillig durch Vandalismus verursacht wurden. Auch Einbruch ist abgedeckt. Falls die Diebe in das Gebäude oder den Anlagenbereich einbrechen, um die PV-Komponenten zu stehlen, kann die Versicherung auch alle nachweislich mit dem Einbruch verbundenen Schäden, die nicht direkt die PV-Anlage oder deren Bauteile betreffen, abdecken – also aufgebrochene Schlösser, beschädigte Türen, Fenster, Boden, Wände, Mobiliar und die Kosten sowie den Ersatz oder die Reparatur der Beschädigungen oder der gestohlenen oder beschädigten Teile der PV-Anlage.

12.2.7 Versicherung gegen Moduldegradation

Es gibt auch Versicherungen, die die Leistungsgarantien der Module erweitern und Schutz bieten, wenn die Modulleistung unter die garantierten Werte fällt. Eine Versicherung gegen Moduldegradation bei Photovoltaikanlagen deckt die Ertragseinbußen ab, die durch die allmähliche Verschlechterung der Leistung der PV-Module im Laufe der Zeit verursacht werden. Diese Art der Versicherung kann auch als »Leistungsversicherung« oder »Degradationsversicherung« bezeichnet werden. Alle PV-Module unterliegen im Laufe der Zeit einer natürlichen Degradation. Die Versicherung deckt dann die Ertragseinbußen, die durch diese schrittweise Verschlechterung verursacht werden. Sie kann für den Energieertrag, der unter den erwarteten Werten liegt, Entschädigungen leisten. Einige Versicherer bieten auch Garantien für die Leistung der PV-Module an. Allerdings verlangen die Versicherungen i.d.R., dass die PV-Anlage regelmäßig überwacht und gewartet wird, um sicherzustellen, dass die Moduldegradation nicht schneller erfolgt als erwartet.

Grundsätzlich gilt es für alle Versicherungsarten zu beachten, dass sie sich zum Teil überlappen und man sehr genau darauf achten sollte, keine Mehrfachversicherungen abzuschließen. Im Ernstfall würde das zu Auseinandersetzungen um die Zuständigkeit führen, da i.d.R. die Deckungssummen je Versicherer unterschiedlich sein können. Alle Inhalte, Bedingungen und Deckungen der oben beschriebenen Versicherungen können je nach Versicherer variieren und in unterschiedlichen Kombinationen angeboten werden. Daher lohnt sich nicht nur der grundsätzliche und kritische Vergleich, sondern auch der genaue Blick in die tatsächlich angebotenen Leistungen und vor allem Leistungsausschlüsse. Insbesondere sollten die PV-Anlagenbetreiber die Police sorgfältig prüfen und sicherstellen, dass sie die individuell zur Anlage passenden Anforderungen und Risiken maßgeschneidert abdeckt. Zudem sollten die Betreiber die geltenden Vorschriften und Sicherheitsstandards für PV-Anlagen einhalten, um die Versicherbarkeit zu gewährleisten.

13 Betrieb

13.1 Wartung und Reinigung

Die regelmäßige fachgerechte Wartung und das Reinigen der Anlage sind zwingend notwendig, um den optimalen Betrieb dauerhaft zu gewährleisten. Auf diese Weise werden nicht nur Störungen oder gar Ausfälle vermieden, sondern die zu erwartende Lebens- und Betriebsdauer der Anlage wird maximal verlängert. Mit einer entsprechenden Pflege ist auch für den dauerhaften Werterhalt der Anlage gesorgt, der beispielsweise bei einem Verkauf der Immobilie in den entsprechenden Wertgutachten aufgeführt und eingepreist wird. Eine Photovoltaikanlage, die dauerhaft in einem hervorragenden Zustand gehalten wird, wirkt sogar wertsteigernd für die Immobilie. Außerdem ist eine fachmännische Wartung und Reinigung, die i. d. R. durch Fachfirmen durchzuführen und zu dokumentieren ist, wichtig, um den Bedingungen und Voraussetzungen Genüge zu tun, die in den meisten oben beschriebenen Versicherungen gefordert sind, um im Fall des Falles auch sicher sein zu können, dass die Versicherungen je nach Schadenseintritt und -ausprägung auch bezahlen.

Um die Auswirkungen von Verschmutzung und Erblinden zu minimieren, sollten Reinigung und Wartung je nach Standort und Umweltbedingungen geplant werden. Die Verwendung von professionellen Reinigungssystemen und -methoden kann dazu beitragen, die Leistung der PV-Anlage auf einem optimalen Niveau zu halten.

13.1.1 Reinigung

Natürlich liegt bei handwerklich begabten Hausbesitzern und Anlagenbetreibern die Idee nahe, die Reinigung selbst vorzunehmen. Die Sonne scheint und man holt mal eben schnell die Leiter und steigt am besten mit einem Hochdruckreiniger aufs Dach und los geht es. Davon ist dringend abzuraten! Es handelt sich hier um Anlagen, die unter Strom stehen. Photovoltaik-Module produzieren bei Lichteinfall immer eine elektrische Spannung, sodass bei Anschluss eines Verbrauchers sofort Strom fließt. Ein handelsübliches Photovoltaik-Modul mit 72 Zellen liefert eine maximale Spannung von 46 V und einen maximalen Strom von 5,2 A. Am Arbeitspunkt (bei 36 V und 4,5 A) erreicht dieses PV-Modul eine Spitzenleistung (Peak-Leistung) von 165 Watt Peak (WP).[47]

Der elektrische Schlag, den Sie eventuell abbekämen, würde Sie zwar nicht töten, aber ein Sturz vom Dach oder vom Balkon unmittelbar danach könnte für Sie tödlich

47 Die häufig noch angegebenen 220 Volt sind veraltet. Bis 1987 betrug die Netzspannung in Deutschland 220 V mit einer Toleranz von ±10 %. Danach erfolgte zunächst eine stufenweise Umstellung auf 230 V.

enden. Außerdem würden Sie Ihre Anlage mit der Anwendung eines Hochdruckreinigers der Gefahr eines Kurzschlusses aussetzen. Wasser und Strom sind keine Freunde. Sie würden grob fahrlässig handeln und in so einem Fall wären sie selbst Verursacher des Schadens und – schlimmer noch – könnten gegebenenfalls sogar einen Brand verursachen. All Ihre Versicherungen wären dann obsolet und Sie müssten allein für die Schäden aufkommen. Es ist also grundsätzlich empfehlenswert, Firmen mit der Reinigung zu beauftragen. Eine fachgerechte Reinigung ist hierzulande mindestens einmal jährlich erforderlich. Die meisten Verunreinigungen haben profane Gründe und verringern die Lichtabsorption und damit die Leistung der Anlage. Die PV-Module sollten daher regelmäßig gereinigt werden, insbesondere in Regionen mit geringer Niederschlagsmenge.

- Es handelt sich beispielsweise um starke Verstaubungen, sprich starke Staubverwirbelungen bei trockenem Wetter, die von (Rück-)Bautätigkeiten oder der Bestellung von Ackerflächen in der Nachbarschaft herrühren können.
- Auch der Laubabwurf von benachbarten Bäumen im Herbst sowie der Blütenstaub im Frühjahr sind grundsätzliche Quellen für Verschmutzungen.
- Schneefall, Vereisung und auch Regen führen dauerhaft zu Schmutzablagerungen.
- Vogelkot und andere tierische Ablagerungen auf den PV-Modulen sind ungünstig.
- Luftverschmutzungen, die aus nahe gelegenen Industrie- und Gewerbegebieten stammen, setzen den Paneelen zu.
- Und nicht zuletzt auch ein falscher Aufstellwinkel der Anlage (zu flach) begünstigt die Verschmutzung.

Die Gründe mögen profan sein, aber die Auswirkungen sind es nicht, denn sowohl die Verschmutzungen selbst als auch – schlimmer noch – das Erblinden der PV-Anlage als unweigerliche Folge haben zunehmend irreversiblen und erheblichen Einfluss auf die Leistungsfähigkeit. Es ist wichtig zu beachten, dass die Art und Intensität der Verschmutzung und das Risiko des Erblindens je nach Standort und Umgebung variieren können.

Folgen von Verschmutzung

Die Verschmutzung der Paneele zieht eine verminderte Lichtabsorption nach sich. Die Ablagerungen auf den PV-Modulen blockieren das einfallende Sonnenlicht. Dadurch wird weniger Licht in Elektrizität umgewandelt. Da die Lichtabsorption beeinträchtigt ist und die Anlage weniger Energie erzeugt, führt dies natürlich zu einem geringeren Stromertrag. Die Verschmutzungen sorgen zudem für eine Erhöhung der Betriebstemperatur der PV-Module. Gerade eine Überhitzung kann die Leistung und somit die Effizienz der Module deutlich beeinträchtigen.

Folgen des Erblindens

Das Erblinden von PV-Modulen ist ein typischer Alterungsprozess, der auftreten kann. Dadurch wird die Oberfläche der Module mit der Zeit trüb. Dies liegt in der Natur der

Sache und kann auf bestimmte Materialien und/oder Umwelteinflüsse zurückzuführen sein. Dennoch wird dieser Effekt grundsätzlich verstärkt, wenn nicht gereinigt wird. Dauerhaft vorhandene Verschmutzungen tragen nicht nur zu verminderter Lichtdurchlässigkeit bei, sondern beschleunigen den Erblindungsprozess des Materials. Im Laufe der Zeit kann die Oberfläche der PV-Module auch durch UV-Strahlung und Witterungseinflüsse beeinträchtigt werden. Auch dies kann zu einer allmählichen Trübung der Oberfläche führen. Physische Schäden wie Kratzer, Risse oder Abplatzungen auf der Oberfläche der Module können ebenfalls zu Eintrübungen führen, sodass weniger Licht in die Solarzellen gelangt. In einigen Fällen können je nach Art der Verschmutzung chemische Reaktionen auf der Oberfläche der Module die Transparenz beeinträchtigen und stellenweise Erblindungen im Paneel nach sich ziehen. Dies kann beispielsweise durch Korrosion von Metallen oder chemische Ablagerungen verursacht werden.

13.1.2 Wartung

Die Wartung von Photovoltaikanlagen ist entscheidend, um die maximale Leistung und Effizienz der Anlage sicherzustellen. Hierzu gehört die regelmäßige Inspektion. PV-Anlagen sollten regelmäßig inspiziert werden, um sicherzustellen, dass alle Komponenten ordnungsgemäß funktionieren. Die Inspektion umfasst die Überprüfung der PV-Module, Wechselrichter, Verkabelung und anderer Komponenten auf sichtbare Anzeichen von Schäden, Verschleiß oder Verschmutzung. Die Leistung der PV-Anlage sollte kontinuierlich überwacht werden. Die meisten Anlagen verfügen über Monitoring-Systeme, die den Energieertrag und den Zustand der Anlage überwachen. Abweichungen von den erwarteten Leistungswerten sollten zeitnah untersucht und behoben werden.

Die Sicherheit der PV-Anlage und derjenigen, die sie warten, muss gewährleistet werden. Dies schließt die Überprüfung der elektrischen Sicherheit, die Prüfung der Befestigungen und Strukturen sowie die Einhaltung der örtlichen Vorschriften ein. Der Wechselrichter ist eine systemkritische Komponente der PV-Anlage und sollte regelmäßig auf ordnungsgemäße Funktion überprüft werden. Bei Bedarf sollten Reparaturen oder der Austausch durchgeführt werden. Auch die Verkabelung der Anlage sollte auf Anzeichen von Beschädigungen oder Verschleiß geprüft werden. Lockere oder beschädigte Kabel können die Leistung beeinträchtigen und ein Sicherheitsrisiko darstellen. Das frühzeitige Erkennen und Beheben von Problemen sind entscheidend, um teure Reparaturen zu vermeiden. Eine genaue Dokumentation der Wartungsarbeiten und Inspektionen ist wichtig. Sie dient dazu, den Zustand der Anlage über die Zeit zu verfolgen und kann bei Garantieansprüchen hilfreich sein.

Bei Arbeiten an PV-Anlagen sind geeignete Sicherheitsmaßnahmen zu beachten. Dazu gehören das Abschalten des Systems, das Tragen von Schutzausrüstung und die Beachtung elektrischer Sicherheitsstandards. Darüber hinaus müssen die Herstellerempfehlungen und örtlichen Vorschriften zwingend beachtet werden und die Wartungsarbeiten sind entsprechend wiederkehrend zu planen.

Wartungsvertrag

Ein guter Wartungsvertrag sollte beide Seiten, den Anlagenbetreiber und das Wartungsunternehmen, schützen und sicherstellen, dass die PV-Anlage optimal funktioniert und eine lange Lebensdauer hat. Bevor Sie einen Vertrag abschließen, ist es ratsam, die Bedingungen sorgfältig zu prüfen und gegebenenfalls rechtliche Beratung in Anspruch zu nehmen. Der Wartungsvertrag ist ferner auf Kleinigkeiten zu prüfen, um im Bedarfsfall Mehrkosten zu vermeiden:

- Ist der Ersatz üblicher Verschleißteile inbegriffen? Wie ist der Ersatz größerer Anlagenteile (z. B. Stromspeicher) geregelt?
- Werden Aufpreise für die Instandsetzung und Störungsbeseitigung oder auch für Stör- und Notfälle verlangt?
- Gibt es nach bestimmten Ereignissen (Hagel, Blitzschlag) ereignisabhängige, außerplanmäßige Prüfungen?
- Werden Fristen für Instandsetzungsmaßnahmen nach Störfällen garantiert?

Ein guter Wartungsvertrag für PV-Anlagen sollte alle wesentlichen Aspekte der regelmäßigen Wartung und den Schutz der Anlage abdecken. Ganz oben auf der Liste stehen die Wartungstermine und die Wartungshäufigkeit. Der Vertrag sollte klare Angaben dazu enthalten, wie oft die Wartung durchgeführt wird und wann die Termine geplant sind. Dies kann je nach Anlagengröße und Standort variieren, sollte jedoch regelmäßig und häufig genug sein, um die optimale Leistung sicherzustellen.

Der Vertrag sollte eine umfassende Checkliste enthalten, die alle Aspekte der Anlage abdeckt – einschließlich der Überprüfung der PV-Module, Verkabelung, Montagestruktur und anderer Komponenten. Ein wesentliches Element ist die Überprüfung der Funktionsfähigkeit der Wechselrichter, da er eine Schlüsselkomponente der Anlage ist.

Der Vertrag sollte außerdem festlegen, in welcher Form, mit welchem Fachpersonal und mit welchen Mitteln die Reinigung der PV-Module durchgeführt wird, einschließlich der Häufigkeit und der Methoden, um Ablagerungen und Verschmutzungen zu entfernen. Bei den turnusmäßigen Wartungen sollte auch eine Inspektion auf Schäden, Kratzer, Risse oder andere Probleme an den Modulen und anderen Teilen der Anlage inkl. der Dokumentation und Meldepflicht festgeschrieben sein.

Natürlich ist die elektrische Überprüfung ein Kern des Vertrags. Das System muss im Ruhezustand und vor allem im Betrieb geprüft werden. Damit werden alle elektrischen Verbindungen und Systeme kontrolliert, um sicherzustellen, dass sie einwandfrei funktionieren.

Der Vertrag kann die Installation eines Datenüberwachungssystems vorsehen, das die Leistung der Anlage im Ist-Zeitmodus überwacht und somit jederzeit etwaige Abweichungen oder Probleme sowohl dem zuständigen Verantwortlichen der Produktfirma als auch dem Betreiber meldet.

Der Vertrag sollte daneben Sicherheitsprotokolle für die Wartungsteams festlegen. So wird gewährleistet, dass die Arbeiten sicher und ohne Unfälle durchgeführt werden können.

Der Vertrag kann darüber hinaus regeln, wie Notfallreparaturen bei Schäden oder Störungen durchgeführt werden. Falls Ersatzteile oder Reparaturen erforderlich sind, sollte der Vertrag klären, wie diese beschafft und installiert werden. Der Vertrag sollte Anforderungen an die Dokumentation und Berichterstattung über den Zustand und die Leistung der Anlage festlegen. Vor allem sollten die Kosten für die Wartung und etwaige zusätzliche Arbeiten im Vertrag klar dargelegt sein, ebenso wie die Zahlungsmodalitäten. Die Verantwortlichkeiten und Haftung sowohl des Anlagenbetreibers als auch des Wartungsunternehmens sollten im Vertrag geklärt sein. Eventuelle Garantien sollten ebenfalls aufgeführt werden.

Da sich Vorschriften und Normen ändern können, sollte der Vertrag eine Klausel enthalten, die besagt, wie mit Gesetzesänderungen umgegangen wird. Im Vertrag sollte zudem angegeben werden, wie lange er gilt und unter welchen Bedingungen er gekündigt werden kann. Und zu guter Letzt sollte der Vertrag mit den gewählten Versicherungspaketen bezüglich der Voraussetzungen synchronisiert werden, derer es bedarf, damit die Versicherungen wirken können.

13.2 Windlast

Die Kraft des Windes birgt neben dem Blitzschlag die größten Gefahren für eine Photovoltaikanlage. Schon bei geringen Windstärken wirken immense Kräfte auf die Anlage. Die Belange der Statik und in der Folge die gewählte Robustheit der Konstruktion werden zum Schlüsselthema bezüglich der konstruktiven Langlebigkeit der Anlage.

Eine Photovoltaikanlage ist wie das Segel eines Schiffes. Sie bietet allein schon aufgrund ihrer schieren Größe im Vergleich zum marginalen Eigengewicht enorm große Angriffsflächen für Winddruck. Ein durchschnittliches Solarmodul ist 1,72 m · 1,13 m groß. Dabei werden 54 Solarzellen des Formats M10 (18,2 cm · 18,2 cm) eingesetzt. Die Rahmenstärke oder Tiefe des PV-Moduls beträgt 30 bis 35 mm. Das Gewicht eines gewöhnlichen monokristallinen Solarmoduls beträgt 20 bis 22 kg. Das ist nicht sehr viel bei einer Fläche von knapp 2 m^2/Paneel.[48]

Auch die Lage, Höhe und Exponiertheit zu den vorherrschenden Winden spielen hier eine entscheidende Rolle. Anlagen insbesondere auf Hochhäusern müssen einen hohen Winddruck aushalten. Eine reine Ballastbeschwerung genügt hier nicht, die Anlage muss am Gebäude verankert werden. Unter Umständen ist ein Einbau in die Fassade möglich, der aber nur bei ohnehin anstehenden umfassenden Sanierungen kaufmännisch zu vertreten ist.

Aber es geht nicht allein um den Winddruck. Es geht, um beim Bild des Segels zu bleiben, auch um den Windsog. Auf der dem Wind abgewandten Seite entstehen Windwirbel, die, wenn sie auf die Fläche der Photovoltaikanlage treffen, gewaltig an ihr ziehen. Das kann beispielsweise passieren, wenn die Anlage zu nahe an den First eines Steildaches gelegt wird. Der Wind, der über die Dachseite bläst, bricht am First ab und bildet diese gefährlichen Wirbel. Wenn die Anlage zu hoch über der Dachhaut angebracht wurde oder ungünstig zu der dem Wind zugewandten Seite installiert wurde, kann der Wind auch unter die Paneele greifen und die Paneele von der Dachhaut wegdrücken. Es ist also naheliegend,

- eine genaue ganzheitliche Berechnung der Windlasten auf die PV-Anlage von Profis durchführen zu lassen. Dies umfasst Aspekte wie Windgeschwindigkeiten in der Region, die Höhe der Anlage über dem Boden und die spezifische Geometrie der Anlage.
- die Ausrichtung, Neigung und Verortung der Module auf der Dachfläche genau planen zu lassen. Die Ausrichtung und Neigung der Solarmodule beeinflussen direkt die Angriffsfläche für Wind. Ein optimaler Neigungswinkel und die Ausrichtung nach Süden können dazu beitragen, die Windlast zu minimieren.
- die Statik aller Tragstrukturen zu beherzigen. Die Statik und die Tragstrukturen der Photovoltaikanlage müssen so gestaltet sein, dass sie den Windkräften, also dem Winddruck und den Windsogkräften grundsätzlich standhalten. Dies umfasst nicht nur die Module selbst, sondern auch die Montagesysteme, die Halterungen und Befestigungen und vor allem die Beschaffenheit des Daches selbst.

Tipp

Die Wahl von Modulen mit einer hohen Windwiderstandsfähigkeit ist hier sehr wichtig. Einige Module sind so konzipiert, dass sie den Luftströmungen besser standhalten und weniger Angriffsfläche bieten.

Insgesamt ist die Berücksichtigung von Windsog und Winddruck entscheidend für die Stabilität und Leistungsfähigkeit von Photovoltaikanlagen. Eine solide Konstruktion,

48 https://echtsolar.de/pv-modul-groesse/, zugegriffen am 15.11.2023.

die diesen Windkräften standhält, ist notwendig, um die Langlebigkeit der Anlage zu gewährleisten und potenzielle Sicherheitsrisiken zu minimieren. Durch die Einhaltung von Baustandards und Vorschriften sowie durch die Nutzung geeigneter Materialien und Konstruktionstechniken kann die PV-Anlage nicht nur gegenüber Windkräften widerstandsfähig gemacht, sondern auch ihre optimale Leistungsfähigkeit kann über einen längeren Zeitraum sichergestellt werden.

Fazit

Das Verständnis und die sorgfältige Planung im Hinblick auf Windsog und Winddruck sind somit von entscheidender Bedeutung für eine erfolgreiche, sichere und effiziente Nutzung von Photovoltaikanlagen.

13.3 Blitzschutz und Brandgefahr

Der Wandel zu erneuerbaren Energien, insbesondere durch die Installation von Photovoltaikanlagen, ist ein entscheidender Schritt hin zu einer nachhaltigen Energiezukunft und bringt zweifellos viele ökologische und ökonomische Vorteile mit sich. Die Nutzung der Sonnenenergie zur Stromerzeugung ist nicht nur umweltfreundlich, sondern trägt auch erheblich zur Reduzierung von Treibhausgasemissionen bei. Doch während die Vorteile dieser Technologie unbestreitbar sind, ist es unerlässlich, die potenziellen Risiken und Herausforderungen zu erkennen, um eine sichere und zuverlässige Nutzung zu gewährleisten. Besonders der Blitzschutz und die potenzielle Brandgefahr sind Aspekte, die bei der Errichtung von PV-Anlagen sorgfältig berücksichtigt werden müssen.

13.3.1 Blitzschutz

Ein besonders wichtiger Aspekt, der bei der Implementierung von PV-Anlagen beachtet werden muss, ist der Blitzschutz. Die naturgegebene Unvorhersehbarkeit von Blitzentladungen stellt eine ernsthafte Gefahr für elektrische Systeme dar, und PV-Anlagen sind hier keine Ausnahme. Der Blitzschutz bei Dächern und Gebäuden mit Photovoltaikanlagen ist entscheidend, um die Anlage vor Blitzschäden zu schützen.

- Da ist zunächst der äußere Blitzschutz. Ein äußerer Blitzschutz besteht aus Blitzableitern, auch als Blitzschutzanlagen bekannt. Diese Ableiter sind Metallstangen oder -seile, die auf dem Dach installiert werden und bis zum Erdboden reichen. Sie leiten den Blitz sicher ab und verhindern so Schäden an der Photovoltaikanlage.
- Außerdem gibt es den inneren Blitzschutz oder sogenannten Potenzialausgleich. Er stellt sicher, dass alle metallenen Teile des Gebäudes einschließlich der Photovoltaikanlage auf dem gleichen elektrischen Potenzial liegen. Dies reduziert das

Risiko von Schäden durch Blitzschlag, indem es den Blitzstrom über das gesamte Gebäude verteilt.

- Die Photovoltaikanlage selbst ist über eine eigene Potenzialausgleichsschiene mit dem inneren Blitzschutz des Gebäudes verbunden. Damit werden zunächst die verschiedenen Metallteile der Photovoltaikanlage selbst verbunden, um dann zusammen mit dem inneren Blitzschutz des Gebäudes ein einheitliches elektrisches Potenzial sicherzustellen.
- Zusätzlich gibt es optional Blitzstromableiter speziell für Solarmodule. Diese speziellen Ableiter werden direkt auf den Solarmodulen installiert, um Blitzenergie direkt abzuleiten und Schäden zu minimieren. Die Installation ist abhängig vom Gesamtblitzschutzkonzept, der Einsatz sollte von Fachleuten geprüft werden.
- Darüber hinaus gibt es »surge protection devices (spd)« oder Überspannungsschutzgeräte. Diese Geräte werden in der Elektroinstallation verwendet, um vor Überspannungen zu schützen, die durch Blitzschläge verursacht werden können. Sie werden i.d.R., sofern baulich möglich, in der Nähe des Wechselrichters der Photovoltaikanlage installiert, um die empfindliche Elektronik zu schützen.

Natürlich ist es nötig, die Blitzschutzanlage zyklisch im Rahmen der geforderten technischen Überprüfungen in Augenschein nehmen zu lassen, um sicherzustellen, dass sie ordnungsgemäß funktioniert. Darüber hinaus ist zu beachten, dass der Blitzschutz individuell auf die Gegebenheiten des Gebäudes und der Photovoltaikanlage abgestimmt sein sollte. Ein zertifizierter Blitzschutzexperte oder der TÜV kann eine genaue Bewertung vornehmen und die am besten geeigneten Maßnahmen empfehlen.

13.3.2 Brandgefahr

Die intensive Nutzung von elektrischer Energie bringt das Risiko von Bränden mit sich. PV-Anlagen können, da stromführend, Brände auslösen. Dies geschah in den vergangenen 30 Jahren in einer dreistelligen Zahl von Fällen in Deutschland, meist aufgrund mangelhafter handwerklicher Ausführung. Anlagen können zudem die Feuerwehr beim Löschen von (Dach-)Bränden behindern. Brandgefahren bei Dächern und Gebäuden mit Photovoltaikanlagen können verschiedene Ursachen haben:

- Defekte oder fehlerhafte Elektronik in der Photovoltaikanlage oder auch schlechte Belüftung können zu Überhitzung und dadurch zu Bränden führen.
- Wenn es zu Isolationsfehlern bei der Montage oder bei Wartungsarbeiten kommt oder die Photovoltaikanlage generell unsachgemäß installiert wurde, kann dies Brände verursachen. Vorsicht also bei Billiganbietern oder Schnäppchen.
- Eine häufige Ursache sind mechanische Beschädigungen an den Solarmodulen, sei es durch Witterungseinflüsse oder unsachgemäße Handhabung.
- Ein absolutes Tabu ist die ungeprüfte Wiederverwendung von gebrauchten Anlagen, die man günstig im Netz erwerben kann. Hier ist Sparsamkeit fehl am Platz.

Das Risiko von Brandgefahren lässt sich mit einer Vielzahl von geeigneten Strategien minimieren oder gar ausschließen, vorausgesetzt, sie werden beachtet und für den dauerhaften Betrieb der Anlage implementiert.

- Natürlich steht an erster Stelle die professionelle Installation. Lassen Sie die Photovoltaikanlage von einem qualifizierten und zertifizierten Betrieb anbringen, um Fehler bei der Installation zu minimieren. Die Errichtung und der Anschluss müssen von Fachleuten entsprechend den gesetzlichen Vorschriften vorgenommen werden. Insbesondere ist der Blitzschutz nach den jeweils geltenden Vorschriften zu gewährleisten.
- Der Fachbetrieb bietet meist auch eine regelmäßige professionelle, auf die Anlage abgestimmte Wartung an. Dies ist der beste Schutz, um frühzeitig potenzielle Probleme zu erkennen und zu beheben, bevor sie zu Brandgefahren führen. Wartungen sind regelmäßig vorzunehmen und der Versicherungsschutz ist regelmäßig zu überprüfen.
- Verwenden Sie bitte qualitativ hochwertige Komponenten für die Photovoltaikanlage, die u. a. aus Materialien bestehen, die eine geringe Brandlast haben oder brandhemmende Eigenschaften aufweisen. In Anlagennähe dürfen keine brennbaren Baustoffe verbaut oder gelagert werden. Lassen Sie sich diesbezüglich vom Hersteller aufklären und die entsprechenden Produktdeklarationen vorlegen.
- Durch die Einhaltung ausreichender Sicherheitsabstände bei der Montage wird beispielsweise die Wärmeableitung verbessert, um Überhitzung zu verhindern.
- Das Implementieren von Überwachungssystemen, die frühzeitig auf Unregelmäßigkeiten hinweisen können, bevor es zu ernsthaften Problemen kommt, ist genauso effektiv wie die Integration von Feuerschutzsystemen, die im Fall eines Brandes aktiviert werden können.

Tipp

Die Sicherung von PV-Anlagen gehört zu den wichtigen Aufgaben während der gesamten Betriebszeit (GDV/VDE 2017). Zu empfehlen ist die Einsicht in neuere Forschungsergebnisse auf einer Seite des TÜV Rheinland und des Fraunhofer-Instituts ISE (http://www.pv-brandsicherheit.de).

Fazit

Es ist wichtig zu beachten, dass jede Photovoltaikanlage eine individuelle Anfertigung ist. Die oben genannten Maßnahmen sollten je nach den spezifischen Gegebenheiten und Anforderungen angepasst werden. Ein umfassender Ansatz, der auf professioneller Installation, regelmäßiger Wartung, qualitativ hochwertigen Komponenten, Blitzschutz, Überwachung und Brandschutz basiert, gewährleistet die Sicherheit von Photovoltaikanlagen und minimiert die Risiken von Bränden oder Schäden.

13.4 Kraft-Wärme-Kopplung

Die Kraft-Wärme-Kopplung (KWK), die heute für den privaten Gebrauch meist zusammen mit dem Thema Wärmepumpe genannt wird, bietet in Verbindung mit Photovoltaik die Möglichkeit, sowohl elektrische Energie als auch Wärme effizient zu erzeugen und zu nutzen. Die KWK-Technologie verwendet den erzeugten Strom und die dabei entstehende Abwärme, um einen höheren Gesamtwirkungsgrad zu erzielen.

In einer Photovoltaikanlage wird Sonnenlicht direkt in elektrische Energie umgewandelt. Bei der KWK werden auf industrieller Ebene dagegen leider noch oft Blockheizkraftwerke (BHKW) verwendet, die durch Verbrennung fossiler Brennstoffe wie Gas oder Biomasse Strom und Wärme erzeugen. Auch wenn es nicht zielführend ist, weiter nicht erneuerbare und fossile Brennstoffe einzusetzen, liegt der entscheidende Vorteil von KWK darin, dass die bei der Stromerzeugung entstehende Abwärme nicht ungenutzt bleibt. Sie wird in einem System verwendet, das Strom und Wärme kombiniert, was zu einer insgesamt höheren Energieeffizienz führt und somit als Brückentechnologie vorerst und absehbar noch seine Berechtigung hat.

Die Integration von Photovoltaik und Kraft-Wärme-Koppelung in einem Hybridsystem mit einer Wärmepumpe im Ein- und Zweifamilienhausbereich ermöglicht eine flexible und nachhaltige Energieproduktion. In Zeiten mit viel Sonnenlicht kann die PV-Anlage einen Großteil des Strombedarfs decken, während das BHKW bei Bedarf zugeschaltet wird, um zusätzlich Wärme und Strom zu liefern. Dieser Ansatz trägt zur Stabilisierung der Energieversorgung bei und kann den CO_2-Ausstoß reduzieren. Insgesamt bietet die Integration von Photovoltaikanlagen in KWK-Systeme nicht nur eine zukunftsweisende Lösung für eine effiziente, nachhaltige und dezentrale Energieversorgung, sondern auch wirtschaftliche Vorteile, die durch die Einspeisung von überschüssigem Strom in das Netz entstehen.

Fazit

Die Nutzung von Strom aus Photovoltaikanlagen im Kontext der Kraft-Wärme-Kopplung (KWK) eröffnet eine nachhaltige und effiziente Möglichkeit der Energieversorgung. Durch die Kombination von Photovoltaik und KWK können Haushalte und Unternehmen nicht nur elektrische Energie erzeugen, sondern auch die dabei entstehende Abwärme für Heizzwecke nutzen. Dies führt zu einer optimalen Ausnutzung der eingesetzten Energiequellen und reduziert den Gesamtenergieverbrauch.

13.5 Warmwasserbereitung

Die Verwendung von Photovoltaik zur Warmwasserbereitung passiert nicht direkt, da Photovoltaik-Module elektrische Energie erzeugen und nicht Wärme. Normalerweise werden Solarthermieanlagen für die Warmwasserbereitung eingesetzt. Sie nutzen die Sonnenenergie, um Wärme direkt zu erzeugen.

Wenn jedoch der Bedarf an Warmwasser mit elektrischer Energie gedeckt wird, könnte man Photovoltaik-Strom verwenden, um elektrische Warmwasserbereiter zu betreiben. Es gibt Warmwasserbereiter, die elektrisch betrieben werden und somit vom Strom aus Photovoltaikanlagen profitieren können. Sie könnten beispielsweise in Verbindung mit einem Haushaltsspeicher (Batteriespeicher) verwendet werden, um den tagsüber erzeugten PV-Strom für die Warmwasserbereitung am Abend oder in der Nacht zu nutzen.

Die elektrische Energie aus Photovoltaik-Modulen kann also genutzt werden, um Warmwasser zu erzeugen. Ein Warmwasserspeicher mit einem Heizstab kann durch den von den Photovoltaik-Modulen erzeugten Strom direkt bei Sonneneinstrahlung betrieben werden. Überschüssiger Strom kann in einem Batteriespeicher gespeichert und bei Bedarf ebenfalls für die Warmwasserbereitung abgerufen und verwendet werden.

Dies gilt auch für den Betrieb von Wasch- und Spülmaschinen und eigentlich für alle Haushaltsgeräte, die Warmwasser erzeugen, auch Wasserkocher. Hier empfehlen sich ein Umdenken und eine Anpassung der Nutzungsgewohnheiten. Am besten wäscht, spült oder bereitet man Warmwasser, wenn die Photovoltaikanlage voll arbeitet und idealerweise Überschüsse produziert. Abends die Spül- oder Waschmaschine anzustellen, ist nur sinnvoll, wenn der eigenproduzierte Strom in einem Speicher gespeichert und dann bei Bedarf abgegeben werden kann.

Ein Durchlauferhitzer ist eine platzsparende und smarte Lösung für schnelles Warmwasser aus dem Hahn oder der Dusche. Es ist ein Gerät zur dezentralen Warmwasserbereitung, in dem das Wasser erst dann erhitzt wird, wenn es gebraucht wird – im Gegensatz zur Therme, die eine vorab festgelegte Menge Wasser auf eine bestimmte Temperatur aufheizt und sie dann auf Vorrat hält. Durchlauferhitzer können auch zentral für das ganze Haus installiert werden. Solange es genügend Energie gibt, können Durchlauferhitzer unbegrenzt warmes Wasser liefern. Aber die Menge an gleichzeitig verfügbarem Warmwasser ist je nach Kapazität des Geräts begrenzt.

Intelligente Steuerungen können den PV-Strom so lenken, dass er zu Zeiten mit viel Sonnenlicht für die Warmwasserbereitung verwendet wird. Dies kann durch den Einsatz von Smart-Home-Systemen oder speziellen Energiemanagement-Lösungen erreicht werden.

Fazit

Es ist wichtig zu berücksichtigen, dass diese Methoden nicht so effizient sind wie dezidierte Solarthermie-Systeme, die Sonnenlicht direkt in Wärme umwandeln. Bei der Verwendung von PV für die Warmwasserbereitung sollten Effizienz und technische Anforderungen sorgfältig beachtet werden.

13.6 Ladeeinrichtungen für E-Mobilität

Ladeeinrichtungen für E-Mobilität erhalten derzeit im Verbund mit dem Kauf eines Elektrofahrzeugs oder der Installation einer Photovoltaikanlage eine höchst interessante staatliche Förderung. Sie ermöglichen es, Elektroautos, E-Bikes, Pedelecs und andere strombetriebene Fahrzeuge mithilfe des von Photovoltaikanlagen erzeugten Stroms aufzuladen. Parallel dazu unternehmen der Bund, die Länder und viele Kommunen, allen voran die Metropolregionen der »Big 7« – Berlin, Düsseldorf, Frankfurt am Main, Hamburg, Köln, München und Stuttgart – enorme Anstrengungen und investieren massiv in den Ausbau öffentlicher Ladestationen.

Eine Ladeeinrichtung im Verbund mit einer PV-Anlage ermöglicht es, den selbst erzeugten Strom für das Aufladen von Elektrofahrzeugen zu nutzen. Dies wird als »Eigenverbrauchsoptimierung« bezeichnet und trägt dazu bei, den Eigenverbrauch des vor Ort produzierten Stroms zu maximieren. Die Kombination von Photovoltaikanlagen und Elektromobilität ist eine nachhaltige Lösung, die es ermöglicht, im Rahmen der angestrebten Verkehrswende zur Reduzierung der CO_2-Emissionen beizutragen.

Die Ladeleistung, also die Geschwindigkeit, mit der beispielsweise ein Elektrofahrzeug aufgeladen wird, hängt von der Leistungsfähigkeit der Photovoltaikanlage und der Ladeeinrichtung ab. Fortschrittliche Ladestationen ermöglichen höhere Leistungen und kürzere Ladezeiten. Intelligente Ladeeinrichtungen optimieren nicht nur den Ladevorgang basierend auf verschiedenen Faktoren, einschließlich des aktuellen Energiebedarfs im Haushalt, der Verfügbarkeit von Sonnenenergie und der aktuellen Strompreise, sondern machen die eigene Elektromobilität unabhängig vom Netz. In einigen Bundesländern und Kommunen besteht die Möglichkeit, überschüssigen Strom aus der Photovoltaikanlage ins Netz einzuspeisen, wenn das Elektrofahrzeug bereits vollständig geladen ist, was i.d.R. eine Vergütung oder Gutschrift auf der Stromrechnung nach sich zieht. Auch hier dienen Batteriespeicher als Zwischenspeicher, damit die Solarenergie später für das Laden der Elektrofahrzeuge verwendet werden kann, wenn die PV-Anlage nicht genug Strom erzeugt. Natürlich sind die Ladeeinrichtungen kompatibel mit Smart-Home-Systemen, die den Energieverbrauch optimieren.

Fazit

Die Integration von PV-Anlagen und Elektromobilität bietet eine nachhaltige und umweltfreundliche Möglichkeit, sich mithilfe erneuerbarer Energie von A nach B zu bewegen. Die Auswahl der richtigen Ladeeinrichtung und deren Integration in das Gesamtsystem erfordert jedoch eine sorgfältige Planung, um die bestmögliche Effizienz zu erzielen.

13.7 Notstromversorgung

Die Notstromversorgung von Häusern mit Photovoltaikanlagen ist eine wichtige Komponente in der Planung und Implementierung moderner Energiekonzepte. Im Kontext der Energiewende und der verstärkten Nutzung erneuerbarer Energien gewinnt die Möglichkeit, während Stromausfällen auf durch Solarenergie erzeugten Notstrom zurückzugreifen, zunehmend an Bedeutung. Die Einbindung von Photovoltaik in die Notstromversorgung bietet nicht nur ökologische Vorteile, sondern auch eine gewisse Unabhängigkeit von bestehenden Stromnetzen. Dies ist besonders in Regionen mit instabiler Stromversorgung oder in Notfallsituationen von großem Nutzen. Die Integration von Photovoltaikanlagen in die Notstromversorgung ist nicht nur eine nachhaltige Option, sondern stärkt auch die Resilienz von Gebäuden und Haushalten in Krisensituationen. Sie ermöglicht eine gewisse Autonomie und zeigt, wie moderne Energielösungen Sicherheit und Umweltfreundlichkeit verbinden können.

In der letzten Fassung des Gebäudeenergiegesetzes (GEG) gab es keine speziellen Bestimmungen hinsichtlich der Notstromversorgung durch Photovoltaikanlagen. Das GEG befasst sich hauptsächlich mit energetischen Anforderungen an Gebäude und legt Standards für Energieeffizienz fest. Das GEG ist am 1. November 2020 in Kraft getreten und wurde zum 1. Januar 2023 geändert (Reduzierung des zulässigen Jahresprimärenergiebedarfs im Neubau von bisher 75% des Referenzgebäudes auf 55%). Die Notstromversorgung durch Photovoltaik wurde und wird nach wie vor durch die lokale Bauordnung und andere regionale Vorschriften geregelt. In Deutschland finden sich solche Regelungen oft auf Landesebene und können von Bundesland zu Bundesland unterschiedlich sein.

Es empfiehlt sich, den zukünftigen Bedarf frühzeitig abzuschätzen, denn insbesondere die Novelle des Gebäudeenergiegesetzes macht die grundsätzliche Planung zur zukünftigen energetischen Versorgung des Hauses ohnehin erforderlich. Ab dem 1. Januar 2024 muss jede neu eingebaute Heizung (in Neubau und Bestandsgebäuden, in Wohn- und Nichtwohngebäuden) mindestens zu 65% erneuerbare Energie nutzen. Um diese Pflicht zu erfüllen, können die Eigentümer entweder eine individuelle Lösung umsetzen und den Anteil an »Erneuerbaren« rechnerisch nachweisen oder zwischen verschiedenen gesetzlich vorgesehenen pauschalen Erfüllungsoptionen frei wählen:

- Anschluss an ein Wärmenetz
- elektrische Wärmepumpe
- Stromdirektheizung
- Hybridheizung (Kombination aus Erneuerbaren-Heizung und Gas- oder Ölkessel)
- Heizung auf der Basis von Solarthermie[49]

Die Gesetzesnovelle betrifft vornehmlich thermische Energie. Aber Photovoltaikanlagen sind indirekt betroffen, da viele der Heiztechnologien, wie beispielsweise Systeme mit Kraft-Wärme-Kopplung (KWK) aus Photovoltaiksystemen ihren Strom beziehen werden. Allein durch diese gesetzlich geforderten Technologieanpassungen wird regenerativer Storm im weitesten Sinne und Strom aus Photovoltaik im engeren Sinne eine zentrale Rolle beim Betrieb von Heizungsanlagen spielen. Daher gilt es nicht nur, den künftigen Bedarf frühzeitig abzuschätzen, sondern auch redundant, also mit Notstromversorgung zu planen und die entsprechende Lösung dann auszuführen.

Fazit

Insbesondere die Novelle des Gebäudeenergiegesetzes macht eine genaue Planung erforderlich. Es ist ratsam, die aktuellen lokalen Bau- und Energievorschriften in Ihrer Region zu überprüfen oder sich an die zuständige Baubehörde zu wenden, um genaue Informationen über die Notstromversorgung durch Photovoltaikanlagen zu erhalten. Eine technische Komplettlösung ist günstiger als mehrere aufwendige Nachrüstungen in der Zukunft.

13.8 Entsorgung

Die Entsorgung von Photovoltaik-Modulen ist ein wichtiger Aspekt im Lebenszyklus erneuerbarer Energiesysteme. Mit der steigenden Verbreitung von Photovoltaikanlagen wächst auch die Notwendigkeit, veraltete oder defekte Module ordnungsgemäß zu entsorgen. Die umweltfreundliche und nachhaltige Entsorgung von Photovoltaik-Modulen ist von entscheidender Bedeutung, um negative Auswirkungen auf die Umwelt zu minimieren und wertvolle Ressourcen zu recyceln.

Die rechtlichen Regelungen zum Betrieb und damit auch zur Entsorgung von PV-Anlagen, die heute genehmigt werden, sind selbstverständlich nicht abzusehen. Nach heutiger Rechtslage sind die Anlagen von einem zugelassenen Unternehmen zu entsorgen. Laut UBA ist die Energiebilanz einer PV-Anlage nach einem bis zwei Jahren Betrieb ausgeglichen, vorausgesetzt, die Anlage wird vorschriftsmäßig entsorgt (Hengstler 2021). »Entsorgung« bedeutet nicht die Sondermülldeponie, sondern die Rückführung aller Wertstoffe und Materialien in die Stoffkreisläufe. Die Entsorgung

49 https://www.bmwk.de/Redaktion/DE/Pressemitteilungen/2023/04/20230419-bundeskabinett-beschliesst-novelle-des-gebaeudeenergiegesetzes.html, zugegriffen am 15.11.2023

von Photovoltaikanlagen erfordert eine sorgfältige Planung und Umsetzung, um Umweltauswirkungen zu minimieren und gleichzeitig Materialien zu recyceln (siehe auch Kapitel 6).

- **Recycling von Modulen:** Photovoltaik-Module enthalten wertvolle Materialien wie Silizium, Aluminium und Glas. Spezialisierte Recyclinganlagen können diese Materialien zurückgewinnen. In einigen Ländern gibt es Unternehmen, die sich auf das Recycling von PV-Modulen spezialisiert haben.
- **Demontage und Aufbereitung:** Bei größeren Anlagen ist eine professionelle Demontage und Aufbereitung notwendig. Hierbei werden die Module vorsichtig entfernt, um Beschädigungen zu minimieren. Die verschiedenen Komponenten werden dann im Anschluss für das Recycling vorbereitet.
- **Wiederverwendung:** Wenn Module noch funktionsfähig sind, können sie möglicherweise für andere Zwecke wiederverwendet werden. Das könnte der Einsatz in Entwicklungsländern oder in Gemeinschaftsprojekten sein.
- **Energiegewinnung aus defekten Modulen:** Einige Unternehmen erforschen die Möglichkeit, Energie aus defekten PV-Modulen zu gewinnen, indem sie sie in andere energieerzeugende Technologien integrieren.

Tipp

Sollte sich der Hersteller aus irgendwelchen Gründen weigern, die alte Anlage zurückzunehmen und zu recyceln, weil er z. B. insolvent ist oder gar nicht mehr existiert, gibt es in einigen Regionen die Möglichkeit, die Solarmodule bei speziellen Deponien oder Einrichtungen abzugeben, die sich auf die umweltfreundliche Entsorgung von Solarmodulen spezialisiert haben.

Fazit

Es ist wichtig zu betonen, dass die Entsorgung von Photovoltaikanlagen in vielen Ländern durch Gesetze und Vorschriften geregelt ist, um sicherzustellen, dass sie umweltverträglich erfolgt. Daher ist es ratsam, sich an örtliche Vorschriften zu halten und spezialisierte Dienstleister in Anspruch zu nehmen, um eine ordnungsgemäße Entsorgung zu gewährleisten.

14 Kaufmännischer Ansatz

14.1 Wirtschaftlichkeit

Die Wirtschaftlichkeit von Photovoltaikanlagen steht im Zentrum der Betrachtung, wenn es um die Entscheidung für erneuerbare Energien geht. Die Installation von PV-Anlagen ermöglicht nicht nur die Erzeugung umweltfreundlichen Stroms, sondern ist auch mit finanziellen Überlegungen verbunden. Es gibt verschiedene Aspekte, die die Wirtschaftlichkeit von PV-Anlagen beeinflussen – von den Installationskosten über staatliche Förderungen über Einspeisevergütungen bis hin zu langfristigen Energieeinsparungen. Für den eigenen Geldbeutel ist entscheidend zu betrachten, wie sich die Investition in Photovoltaik langfristig auszahlen kann und welchen Beitrag sie zur nachhaltigen Energieversorgung und finanziellen Entlastung leistet.

Die Frage nach der Wirtschaftlichkeit von Photovoltaikanlagen kann nicht pauschal beantwortet werden, da sie im Einzelfall immer von vielen Einflussgrößen abhängig ist (Ritter u. a. 2021). Wer eine neue Anlage plant, kann zu Beginn einer auf 20 Jahre angelegten Betriebszeit bestimmte Entwicklungen lediglich abschätzen. Einerseits bemisst sich die Wirtschaftlichkeit nach berechenbaren Einflussgrößen, andererseits nach Parametern, die zum Zeitpunkt der Planung nicht oder noch nicht bezifferbar sind. Die Wirtschaftlichkeit von Photovoltaikanlagen ist entscheidend für ihre Akzeptanz und Verbreitung als nachhaltige Energiequelle. Die kontinuierlich sinkenden Kosten für Solartechnologien, staatliche Fördermaßnahmen und die steigende Energieeffizienz von PV-Anlagen tragen dazu bei, dass sie zunehmend eine kostengünstige Option zur Stromerzeugung darstellen.

Fazit

Die Wirtschaftlichkeit von Photovoltaikanlagen hängt von verschiedenen Faktoren ab, darunter die örtlichen Solarbedingungen, staatliche Unterstützung, Finanzierungskonditionen und die Größe der Anlage. Eine sorgfältige Planung und Analyse sind entscheidend, um die langfristige Wirtschaftlichkeit zu gewährleisten und einen nachhaltigen Beitrag zur Energieversorgung zu leisten.

14.2 Bauart, Größe, Laufzeit und Ertrag

Die Bauart, Größe, Laufzeit und der Ertrag einer Photovoltaikanlage bilden einen essenziellen Komplex bei der Planung und Implementierung erneuerbarer Energiesysteme. Von der Auswahl der Bauart, die sich auf die Integration in Gebäudestrukturen bezieht, über die richtige Dimensionierung gemäß Energiebedarf und verfügbarer Fläche bis hin zur Laufzeit und dem zu erwartenden Ertrag müssen viele Faktoren berücksichtigt werden. Dabei werden sowohl technische als auch ökonomische Überlegungen beleuchtet, um ein umfassendes Verständnis für die Effizienz und den Nutzen von Photovoltaikanlagen zu vermitteln.

Diese Größen sind immer im Zusammenhang mit der gewählten Betriebsform zu untersuchen. Errichten und betreiben die Eigentümerinnen und Eigentümer einer Liegenschaft die Anlage selbst, mieten sie eine Anlage und betreiben sie sie selbst oder verpachten sie lediglich Dachflächen und lassen einen anderen die Anlage betreiben? Letztgenannte Miet- und Pachtmodelle bedeuten einen geringeren Aufwand und planbare Einnahmen und Ausgaben für Eigentümerinnen und Eigentümer, begrenzen aber vielleicht die möglichen Erträge.

Es gilt, Angebote zu vergleichen, aber auch die Installation einer Photovoltaikanlage gegen andere Vorhaben abzuwägen, die für die betreffende Liegenschaft sinnvoll wären, wie beispielsweise der Einsatz von Windkraftanlagen oder einem Blockheizkraftwerk, der Ausbau bzw. die Sanierung und/oder die Schaffung zusätzlicher Wohneinheiten zur Vermietung. Auch eine nachträgliche Vergrößerung der Anlage bei verändertem Bedarf oder eine Ergänzung durch Stromspeicher oder/und Wärmepumpe erfordert einen neuen kaufmännischen Ansatz.

Die Analyse von Bauart, Größe, Laufzeit und Ertrag einer Photovoltaikanlage gewährleistet eine effiziente und wirtschaftlich rentable Nutzung. Durch die Auswahl der optimalen Bauart, die richtige Dimensionierung gemäß den individuellen Anforderungen, die Berücksichtigung der Lebensdauer der Anlage und die realistische Einschätzung des zu erwartenden Ertrags wird eine nachhaltige und effektive Energieerzeugung ermöglicht.

Fazit

Die Integration dieser Faktoren in eine umfassende Analyse unterstützt nicht nur die Umweltziele durch den Einsatz erneuerbarer Energien, sondern auch die Wirtschaftlichkeit und Rentabilität der Investition in Photovoltaik-Technologien.

14.3 Nutzung des Stroms

Selbst produzierter Strom bietet eine große Bandbreite von Optionen, die weit über das einfache Einspeisen ins Netz hinausgehen. Indem Hausbesitzer und Unternehmen ihren selbst erzeugten Strom direkt verwenden, können sie nicht nur ihre Energiekosten senken, sondern auch einen Beitrag zur Stabilisierung des Stromnetzes und zur Förderung nachhaltiger Energienutzung leisten. Durch verschiedene innovative monetäre Ansätze wird es möglich, den selbst produzierten Strom optimal zu nutzen und gleichzeitig die Unabhängigkeit von konventionellen Energiequellen zu stärken.

Aber was tun? Eigenverbrauch, Einspeisung, Mieterstrom oder gemischter Ansatz? Beim ausschließlichen oder überwiegenden Eigenverbrauch sind zunächst die Stromgestehungskosten über die gesamte Laufzeit zu berücksichtigen. Bei der Planung einer Anlage sind Kosten immer großzügig zu schätzen, da möglicherweise mehr Reparaturen anfallen können, als geplant wurden, oder sich steuerliche Vorschriften ändern. Auch der eventuell erforderliche Zukauf von Strom ist einzurechnen, und zwar der verbrauchsabhängige Arbeitspreis und der monatliche Grundpreis. Letztlich ist das Jahr für Jahr erwirtschaftete Ergebnis im Vergleich zur mittel- bis langfristigen Entwicklung der Strompreise wesentlich, wobei diese nicht seriös vorauszusagen ist. Die besten monetären Möglichkeiten, den selbst produzierten Strom zu nutzen, bieten sich durch die direkte Eigenverbrauchsoptimierung und den Einsatz von Stromspeichern. Mithilfe intelligenter Energiemanagementsysteme, Lastmanagementtechnologien und Speicherlösungen können Verbraucherinnen und Verbraucher nicht nur ihre Energiekosten reduzieren, sondern auch von verschiedenen Anreiz-Programmen und Förderungen profitieren.

Fazit

Die Integration erneuerbarer Energien in den Eigenverbrauch ermöglicht eine maximale Unabhängigkeit von externen Energiequellen und trägt dazu bei, dass sich die Investitionen in Photovoltaikanlagen langfristig auszahlen.

14.4 Veräußerung

Haben Sie Pläne zum Verkauf der Anlage, der Liegenschaft oder des gesamten Wohnungsunternehmens? In diesem Fall muss eine eventuelle Wertsteigerung der Liegenschaft durch eine Photovoltaikanlage gutachterlich ermittelt werden. Dies ist ein guter Anlass für Bestandsaufnahmen innerhalb der Laufzeit, wobei sich der erzielte Verkaufspreis letztlich aus dem Verhältnis von Angebot und Nachfrage ergibt.

Die Förderung von Photovoltaikanlagen durch garantierte Einspeisevergütungen ist im Regelfall die wichtigste Einnahme. Sie wurde allerdings in den letzten Jahrzehnten gemindert. Dahinter stand staatlicherseits die Annahme, dass lediglich eine Anschubförderung nötig wäre und sich der Ausbau der »Erneuerbaren« zunehmend selbst tragen würde. Das hat sich lange Zeit nicht bewahrheitet, aber dazu geführt, dass ältere, kleinere, wenig leistungsfähige Anlagen in den vergangenen Jahren mehr Gewinn erwirtschaftet haben, als dies künftig mit neuen, größeren und leistungsstärkeren Anlagen möglich sein wird. Wer herausfinden will, ob eine geplante, selbst betriebene

PV-Anlage wirtschaftlich sein wird, kann als einfachste Näherung Folgendes gegenrechnen:

- Was kostet die bisherige Art der Stromversorgung, wenn sie längerfristig fortgeschrieben wird? Es wäre allerdings schon wegen der 2022/23 sprunghaft erfolgten Strompreisänderungen fahrlässig, Trends erkennen zu wollen. Auch müsste es möglich sein, den eigenen Bedarf längerfristig zu beziffern, wobei Lebensumstände und Haushaltsgrößen sich mitunter kurzfristig ändern.
- Welche anderweitigen Gewinne werden mit den für die Errichtung der Anlage benötigten (Eigen-)Mitteln zuzüglich Zinsen, Gebühren und anderen Kosten einschließlich marktüblicher Verzinsung erzielt?
- Zu welchem Preis könnte Strom in einem Mehrfamilienhaus nach dem Mieterstrommodell angeboten werden, sofern die baulichen Gegebenheiten nach der Ermittlung des Bedarfs der betreffenden Haushalte und ihrer Wechselbereitschaft eine Anlage in entsprechender Größe zulassen?

Solche Näherungen geben eine Vorstellung von der Größenordnung und helfen, einige Eckwerte des Vorhabens festzuschreiben. Zudem gelten ein paar Faustregeln:

- Die Sonneneinstrahlung ist im Sommer höher, der Strombedarf steigt allerdings im Winter. Den Strombedarf der einzelnen Haushalte im Bestand kennen Vermietende meist nicht. Er ist unter anderem vom Nutzungsverhalten und der Ausstattung mit Geräten abhängig. Eine Abschätzung gelingt mit Branchenwerten.
- Mit zunehmender Größe von Anlagen sinkt der Anteil des möglichen Eigenverbrauchs, das senkt die Menge des zuzukaufenden Stroms. Während bei Eigenheimen der Eigenverbrauch weiterhin eine wichtige Rolle spielen wird, ist bei Mehrfamilienhäusern meist nur zu entscheiden, ob der Strom vermarktet oder als Mieterstrom angeboten werden soll. Denn mit zunehmender Größe von Mehrfamilienhäusern sinkt der Anteil der Dachfläche je Haushalt. Insbesondere bei Hochhäusern (»Punktbauten«) bleibt damit nur der Einbau der Anlage in die Fassade als sinnvolle Möglichkeit übrig.
- Wie groß die Anlage werden kann, ist abhängig von der bebaubaren Dachfläche und dem Wirkungsgrad der verwendeten Solarmodule. Zudem gibt es Werte für die zu erwartende Sonneneinstrahlung und die Stromausbeute. Es ist davon auszugehen, dass es künftig in Deutschland mehr Sonnenstunden geben wird. Doch heißt viel Sonne nicht immer viel Strom, da Solarmodule Leistungskurven haben, die bei starker Bestrahlung insbesondere durch Erwärmung abnehmen.
- Die Errichtung einer PV-Anlage gelingt bei Ein- und Zweifamilienhäusern mit Gesamtkosten i.d.R. im unteren fünfstelligen Bereich, bei kleinen Mehrfamilienhäusern im mittleren bis oberen fünfstelligen Bereich und bei großen Mehrfamilienhäusern (mit mehreren Aufgängen) im unteren sechsstelligen Bereich. Davon entfallen etwa 50% auf die Solarmodule, der Rest auf alle weiteren Bauteile, Leitungen und die Montage (Kost u.a. 2021), die Kosten für Stromspeicher oder

Wärmepumpen sind nicht inbegriffen. Da sich die Preise derzeit stark verändern, sind hier nur Spannen angegeben.
- Übliche Planungsgrößen sind eine Nutzungsdauer von 20 Jahren, ein Ertragsverlust durch Verschleiß von jährlich 0,5% und Betriebskosten einschließlich Wartung von jährlich 1 bis 2% des Anlagenpreises. Der Stromertrag bemisst sich wie erwähnt nach Lage, Ausrichtung und Größe der Anlage und kann anhand von Tabellenwerten berechnet werden. Hierbei sind sinnvollerweise 85% des Anlagenwirkungsgrades anzusetzen.

Das beauftragte Unternehmen wird am Standort Messungen durchführen und damit Ertragsabschätzungen erreichen. Ergebnisse von Klima- und Wetterbeobachtungen können auf einschlägigen Fachportalen wie etwa beim Deutschen Wetterdienst oder bei der Bundesnetzagentur (SMARD-Portal) abgerufen werden.

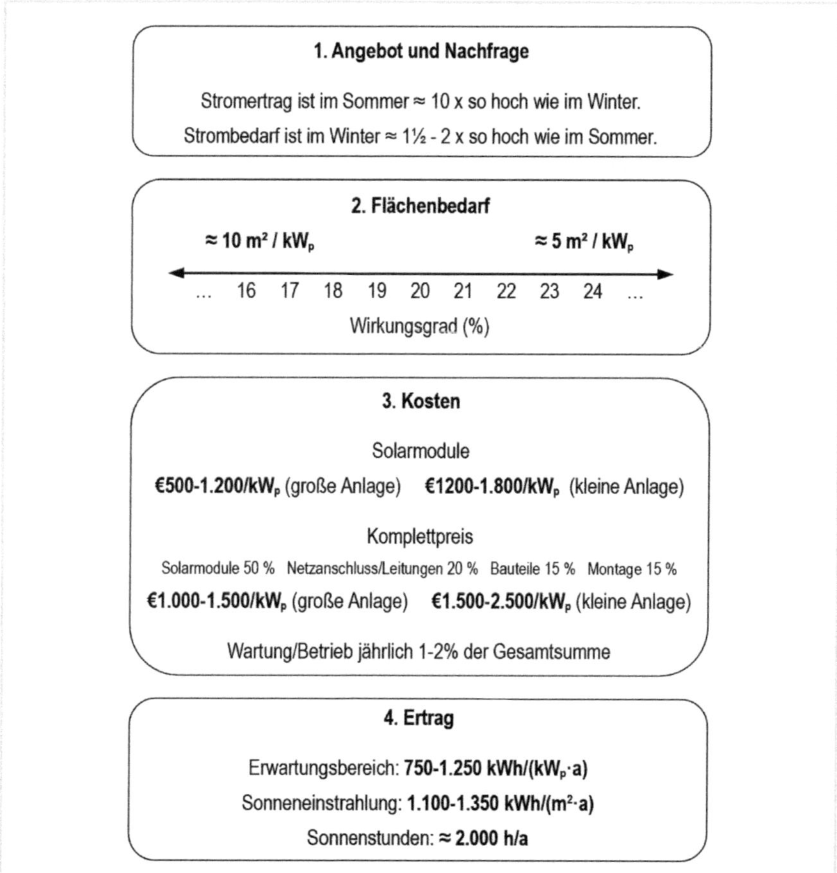

Abb. 30: Faustregeln für die Planung einer Photovoltaikanlage (Darstellung: Dr. Mario H. Kraus)

14.5 Wertsteigerung

Die Nachrüstung mit einer Photovoltaikanlage kann nicht nur einen Beitrag zur nachhaltigen Energieversorgung leisten, sondern auch potenziell den Wert einer Immobilie steigern. Die Integration erneuerbarer Energiequellen wird zunehmend als attraktives Merkmal für Immobilien wahrgenommen. In einer Zeit, in der Umweltbewusstsein und Energieeffizienz an Bedeutung gewinnen, kann eine PV-Anlage ein entscheidender Faktor sein, der die Attraktivität einer Immobilie steigert und sie langfristig wertvoller macht.

Die Bestimmung des Wertes einer Immobilie erfolgt in der Regel durch ein Wertgutachten, das verschiedene Faktoren berücksichtigt. Dabei werden Aspekte wie Lage, Größe, Bauqualität, Ausstattung und der Zustand der Immobilie analysiert. Auch die Marktsituation, vergleichbare Verkäufe in der Region und zukünftige Entwicklungen fließen in die Wertermittlung ein. Ein Wertgutachten ist somit ein umfassendes Instrument, um den realistischen Marktwert einer Immobilie zu bestimmen, und dient als Grundlage für verschiedene Entscheidungen, wie beispielsweise Kauf, Verkauf oder Finanzierung.

14.5.1 Die Immobilienwertermittlungsverordnung (ImmoWertV)

Die Immobilienwertermittlungsverordnung definiert die genauen Anforderungen an die Erstellung von Verkehrswertgutachten für bestimmte Zwecke (z. B. Beleihungswertermittlung). Sie ist die Grundlage für Wertgutachten und benennt die Standards baulicher Anlagen (Gebäudestandards) zur Ermittlung der Kostenkennwerte. »Freistehende Ein- und Zweifamilienhäuser, Doppelhäuser und Reihenhäuser« sowie »Mehrfamilienhäuser, Wohnhäuser mit Mischnutzung« werden unter der Rubrik »Heizung« eingeordnet in die Standardstufe

- 4 (»Fußbodenheizung, Solarkollektoren für Warmwassererzeugung, zusätzlicher Kaminanschluss«) oder
- 5 (»Solarkollektoren für Warmwassererzeugung und Heizung, Blockheizkraftwerk, Wärmepumpe, Hybrid-Systeme, aufwendige zusätzliche Kaminanlage«).

Es gibt in Deutschland aber noch weitere Standards und Richtlinien, die i. d. R. für die Erstellung von Wertgutachten herangezogen werden:

14.5.2 Wertermittlungsrichtlinie (WertR)

Die Wertermittlungsrichtlinie des Bundesverbandes der öffentlich bestellten und vereidigten sowie qualifizierten Sachverständigen (BVS) gibt Empfehlungen für die Erstellung von Verkehrswertgutachten. Sie bietet eine umfassende Anleitung für Sachverständige.

14.5.3 Sachwertrichtlinie (SW-RL)

Die Sachwertrichtlinie ist ein Bestandteil der Wertermittlungsrichtlinien und legt Grundsätze für die Ermittlung des Sachwerts von Grundstücken fest. Sie wird bei der Bewertung von Immobilien verwendet, bei denen der Sachwert im Vordergrund steht.

14.5.4 Ertragswertrichtlinie (EW-RL)

Die Ertragswertrichtlinie ist ebenfalls Teil der Wertermittlungsrichtlinien. Sie enthält Leitlinien für die Ermittlung des Verkehrswerts von Immobilien anhand des Ertragswerts, insbesondere bei vermieteten Objekten.

14.5.5 Vergleichswertrichtlinie (VW-RL)

Die Vergleichswertrichtlinie legt Grundsätze für die Ermittlung des Verkehrswerts von Grundstücken durch den Vergleichswert fest. Sie kommt vor allem bei unbebauten Grundstücken und in bestimmten Fällen bei bebauten Grundstücken zum Einsatz. Es ist wichtig zu beachten, dass die genaue Anwendung dieser Richtlinien je nach Art der Immobilie und dem Zweck des Gutachtens variieren kann. Wie hoch der Wertzuwachs durch eine PV-Anlage tatsächlich ist, muss im Regelfall gutachterlich bestimmt werden und ist in der Regel abhängig von

- der Größe, der Bauweise und dem bisherigen Ertrag der PV-Anlage,
- dem Alter (der Laufzeit) und dem Wartungsbedarf,
- der Betriebsform und den damit zusammenhängenden Vertragsverhältnissen (oder ein Eintrag im Grundbuch) sowie
- der Lage, der Nutzung und dem Zustand der betreffenden Liegenschaft.

Es gibt verschiedene Anlässe, den Wert einer Anlage – gegebenenfalls im Zusammenhang mit der gesamten Liegenschaft – ermitteln zu lassen:

- Erwerb oder Veräußerung der Anlagen sowie Erwerb, Veräußerung (auch Versteigerung) oder Vererbung der Liegenschaft oder (von Teilen) des Unternehmens
- Jahresabschluss des Unternehmens, sofern eine gesetzliche Pflicht besteht
- Aufnahme von Krediten oder Abschluss von Versicherungen
- Abwicklung eines Unternehmens (Liquidation bei Insolvenz)
- Streitfälle aus Vertragsverhältnissen, die die Anlage betreffen, etwa zwischen Eigentümer und beauftragten Solarfirmen oder Eigentümer und Betreiber bei Pachtverträgen, sowie bei vorzeitigen Ablösungen von Verträgen

Bei Bewertungen werden bisher erhaltene und vereinbarte Einspeisevergütungen als Ertrag einbezogen. Dabei wird regelmäßig von der Absicht zur Gewinnerzielung ausgegangen, sofern die Anlage nicht ausschließlich dem Eigenbedarf dient. Der Kapitalwert ist der Barwert aller erwartbar zu erzielenden Reinerträge, bezieht sich also auf die noch zu leistende Laufzeit:

Reinertrag = Anlagengröße (kWp) × Einspeisevergütung (€/kWh) × Ertragsgröße (kWh/kWp)

Die Ertragsgröße bemisst sich nach der üblichen Sonneneinstrahlung für die jeweilige Lage (zu ermitteln aus Zeitreihen) sowie nach laufzeitabhängigen Leistungsminderungen. Bei der Ermittlung von Ertragswerten sind zudem die Kosten für Wartung, Versicherung und Instandhaltung zu berücksichtigen, auch der erforderliche Ersatz von Stromspeichern oder Wechselrichtern.

- Der **Sachwert** bemisst den Preis der Anlage vor allem für Versicherungszwecke, wobei Alter/Laufzeit und Zustand einbezogen werden.
- Der **Restwert** bemisst den Preis für eine Veräußerung der Anlage und wird meist als Zeitwert aufgefasst. Einbezogen werden die Restnutzungsdauer und die betreffende Gewinnerwartung.
- Der **Buchwert** ergibt sich aus der Verrechnung der Anschaffungskosten mit den Abschreibungen, im Regelfall über die Gesamtnutzungsdauer von 20 Jahren: Ohne eventuelle Sonderabschreibungen sind jährlich 5 % abzusetzen.

Der Unterschied zwischen Verkaufspreis und Buchwert ist ein gegebenenfalls steuerpflichtiger Buchgewinn. Damit ist der Buchwert nach der üblichen Laufzeit null. Wird die Anlage dann noch weiterbetrieben, kann sie also einen Verkaufs- oder Barwert haben. Dieser ist im Einzelfall zu bestimmen. Die Betrachtung der möglichen Wertsteigerung einer Immobilie durch die Nachrüstung einer PV-Anlage berücksichtigt nicht nur den reinen Substanzwert, sondern auch die erzielbaren Erträge und die potenzielle Wertsteigerung durch Energieeinsparungen und ökologische Aspekte.

- **Ertragswertsteigerung:** Durch die Einspeisung von selbst erzeugtem Strom in das öffentliche Netz kann die Immobilie eine zusätzliche Einnahmequelle generieren. Diese Erträge können den Ertragswert der Immobilie positiv beeinflussen.
- Die Integration einer PV-Anlage führt i. d. R. zu einer **Reduzierung der Energiekosten**. Energieeffiziente Immobilien sind attraktiver und können einen höheren Marktwert haben.
- In Zeiten zunehmenden Umweltbewusstseins gewinnt der **ökologische Wert** einer Photovoltaikanlage an Bedeutung. Dies kann bei einem Verkauf positiv wahrgenommen werden und den Marktwert der Immobilie beeinflussen.
- Investitionen in erneuerbare Energien können die **Attraktivität** einer Immobilie langfristig steigern und somit für **Wertstabilität** sorgen, besonders vor dem Hintergrund steigender Energiepreise und eines wachsenden Umweltbewusstseins.

Fazit

Ein Wertermittlungsgutachten sollte die oben genannten Faktoren angemessen berücksichtigen und transparent dokumentieren, wie die Installation einer PV-Anlage den Gesamtwert der Immobilie beeinflusst. Dabei ist die Zusammenarbeit mit einem qualifizierten Gutachter oder Sachverständigen ratsam, um eine objektive und fundierte Wertermittlung zu gewährleisten.

14.6 Stromgestehungskosten

Die Stromgestehungskosten sind ein entscheidender Faktor bei der Bewertung von Energieerzeugungstechnologien und spielen eine zentrale Rolle in der Debatte über die Nachhaltigkeit und Wirtschaftlichkeit verschiedener Stromquellen, seien es konventionelle wie fossile Brennstoffe oder »Erneuerbare« wie Solar- und Windenergie. Die Stromgestehungskosten repräsentieren die Gesamtkosten, die mit der Erzeugung einer Kilowattstunde (kWh) elektrischer Energie verbunden sind. Diese Kosten beinhalten die Investitionen, Betriebs- und Wartungsausgaben und andere relevante Faktoren über die Lebensdauer der Anlage.

Die Analyse der Stromgestehungskosten ermöglicht einen Vergleich zwischen verschiedenen Energiequellen. Dabei werden nicht nur die reinen Kostenelemente berücksichtigt, sondern auch externe Faktoren wie Umweltauswirkungen, politische Einflüsse und technologische Entwicklungen. Sie umfassen alle Kosten für die Erzeugung von Strom während der Laufzeit einer Anlage und werden üblicherweise auf die in der Laufzeit gewonnene Energie bezogen (€/kWh). Werden sie auf die einzelnen Jahre der Laufzeit bezogen, zeigen sie die Kostenentwicklung. In jedem Fall einzurechnen sind Kosten für

- Errichtung und Wartung sowie Rückbau und Entsorgung der Photovoltaikanlage,
- Steuern, Gebühren, Versicherungsprämien sowie Bankzinsen im Fall von Krediten sowie
- Miete für Stromzähleranlagen.

Gegenzurechnen sind:

- Fördermittel für die Errichtung der PV-Anlage
- Vergütungen für Einspeisungen und sonstige Nutzungen

Die kostengünstige Massenfertigung von Solarmodulen vor allem in den letzten Jahren lassen die Gesamtkosten sinken (Kost u. a. 2021). Stromgestehungskosten werden schon mit kleineren Anlagen (< 30 kWp) deutlich unter 0,15 Euro/kWh, mit größeren Anlagen unter 0,10 Euro/kWh gedrückt, für die nächsten Jahre rechnen Fachleute mit 0,05 bis 0,10 Euro/kWh.

Strom aus Sonnenlicht oder Windkraft ist aufgrund der starken Preissteigerungen bei Erdgas und Erdöl nicht mehr grundsätzlich die teuerste Art der Stromversorgung. Der Vorteil wird mittel- bis langfristig noch größer, doch sind Preisentwicklungen aufgrund der sich verändernden Weltwirtschaftslage schwer abschätzbar. Für ein Wohnungsunternehmen sind die Stromgestehungskosten – außer für eigene Vergleichsberechnungen – hauptsächlich für Mieterstromangebote wesentlich, denn hier ist der staatliche Förderbetrag am geringsten.

Fazit

Die Stromgestehungskosten erfassen nicht nur ökonomische Aspekte, sondern erfordern eine ganzheitliche Betrachtung, um die langfristige Nachhaltigkeit und Wettbewerbsfähigkeit verschiedener Energieerzeugungstechnologien einzuschätzen.

14.7 Mieterstrom und Kostenumlagen

Die Thematik des Mieterstroms und der Möglichkeit der Kostenumlage aus Photovoltaikanlagen hat in den letzten Jahren zunehmend an Bedeutung gewonnen und spielt eine zentrale Rolle im Kontext der Energiewende und der dezentralen Energieversorgung. Mieterstromprojekte ermöglichen es Mietenden, direkt von vor Ort erzeugtem Solarstrom zu profitieren, was nicht nur ökologisch sinnvoll ist, sondern auch das Bewusstsein für erneuerbare Energien stärkt.

Die Frage der Umlagefähigkeit von Kosten ist ein entscheidender Aspekt. Überall da, wo die Kosten für den Mieterstrom gemäß dem Erneuerbare-Energien-Gesetz (EEG) abgerechnet werden, ist die Klärung der Umlagefähigkeit für Vermietende und Mietende eine schwierige Frage. Es geht um rechtlich verbindliche und wirtschaftliche Überlegungen und Erfordernisse, um im Rahmen der Auslegungsfreiheit beispielsweise von grünen Mietverträgen transparente und für beide Seiten faire Lösungen zu finden. Im Einzelfall ist zu prüfen, ob der Strom aus einer PV-Anlage auf oder an dem Gebäude zur teilweisen Versorgung der Haushalte genutzt werden kann. Dieser Ansatz erscheint naheliegend, ist aber nicht ganz so simpel:

- Die betreffenden Gebäude müssen zu mindestens 40% Wohnzwecken dienen, mehrere Gebäude etwa einer Wohnanlage können zur Berechnung und Besteuerung zusammengefasst werden. Erläuterungen und Auslegungshilfen sind der Clearingstelle zu entnehmen (Clearingstelle 2018).
- Die Höchstgrenze der Nennleistung einer solchen Anlage wurde mittlerweile auf 1 MWp angehoben.
- Bezuschusst wird jedoch nur Strom, der nicht in einem Stromspeicher zwischengespeichert wird, was kontraproduktiv ist, wenn man sich vergegenwärtigt, dass nicht jeder Haushalt zufällig gerade Strom benötigt, wenn die Sonne scheint.

- Die staatliche Vergütung ist sehr gering und das von den Haushalten verlangte Entgelt darf höchstens 75% des örtlichen Grundversorgungstarifs betragen. Ein Mieterstromvertrag darf nicht Voraussetzung für den Abschluss des Mietvertrags sein (§ 42a Abs. 2 EnWG).
- Da die erzeugte Strommenge im Regelfall nicht ausreicht, benötigt jeder Haushalt wie bisher auch einen Vertrag über Stromlieferungen eines herkömmlichen Anbieters. Ersatzweise kann der Vermieter als Stromanbieter auftreten, was aber im Einzelfall aus wirtschaftlichen, rechtlichen, zeitlichen oder sonstigen Gründen nicht möglich sein mag.
- Die Mieterstromversorgung erfordert zumeist die völlige Umrüstung der Stromzähleranlage, da Einspeisung, Eigenverbrauch und zusätzliche Stromlieferungen Dritter zu messen und abzurechnen sind.
- Nicht zu vernachlässigen ist der Aufwand für die Planung und Umsetzung der Anlage sowie die regelmäßigen Abrechnungen, die ein Wohnungsunternehmen leisten muss: Möglicherweise ist es einfacher, eine Anlage zu mieten und die Erträge aus Volleinspeisung zu beanspruchen.

Sollten der kaufmännische Ansatz oder die örtlichen baulichen Bedingungen eine Versorgung der einzelnen Haushalte als nicht rentabel erscheinen lassen, kann gegebenenfalls der Bedarf an Hausstrom und für Ladeeinrichtungen für Fahrzeuge abgedeckt werden. Die staatliche Förderung ist gering. Dafür entfallen Netzentgelte sowie einige Steuern und Abgaben.

Wie wirtschaftlich der Ansatz ist, wird also davon bestimmt, wie viele Haushalte zur Teilnahme bewegt werden können. Auch in Vergleichsberechnungen unter Berücksichtigung von Anlagengrößen und der Anzahl der teilnehmenden Haushalte zeigt sich, dass Wirtschaftlichkeit nur schwer erreicht werden kann (Kelm u. a. 2019).

Die künftige Gesetzgebung und Rechtsprechung werden sich ohnehin mit der rechtlichen Einordnung von PV-Anlagen zu befassen haben, die als fester Bestandteil eines Gebäudes ganz oder überwiegend den Eigenbedarf der dortigen Haushalte decken:

- Ist die PV-Anlage in solchen Fällen künftig wie eine Heizungsanlage einzuordnen, bedarf es mittelfristig also einer der Heizkostenverordnung vergleichbaren Regelung für verbrauchsabhängige Abrechnungen?
- In welchem Umfang wird die Errichtung einer Anlage als Modernisierung regelmäßig auf die Miete umlegbar sein?

Antworten darauf wird es vermutlich im Zusammenhang mit künftigen Regelungen zur Modernisierungsumlage geben. Hier wiederum besteht ein Zusammenhang mit den derzeitigen Bestrebungen nach einer Sanierungspflicht für Bestandsbauten im europäischen Rahmen, die dann gegebenenfalls in deutsches Recht umzusetzen ist.

Auch die Abrechnung von Strom, der im Rahmen eines Mieterstrommodells verwertet und gegebenenfalls durch zugekauften Strom von Drittanbietern ergänzt werden muss, erscheint regelungsbedürftig. Eine Abrechnung nach Haushalt und Verbrauch ist zweifellos erforderlich.

- Soll aber künftig der Stromverbrauch wie der Wärmeverbrauch nach der Wohnfläche abgerechnet werden?
- Wie kann die Unternehmereigenschaft eines vermietenden Eigentümers als Stromversorger seiner Mieter im Fall kleiner Bestände mit möglichst geringem Aufwand umgesetzt werden?
- Wird es künftig möglich sein, einen Sockelbetrag für die Errichtung der PV-Anlage auf alle Mieter umzulegen, auch wenn nicht alle den Mieterstrom nutzen wollen? Hier liegt der Vergleich zur Rechtsprechung in Sachen Aufzugsanlagen und Erdgeschosswohnungen nahe.

Ohnehin sind die Grenzen des bürgerlichen Rechts zu beachten: Die Umlage der Anschaffungskosten ist derzeit nur möglich, wenn der Strom nur der Versorgung der Haushalte im Gebäude dient und nicht gegen Entgelt in das öffentliche Netz eingespeist wird (§§ 555b Abs. 1 und 2, 559 Abs. 1 BGB). Auch hat dies Grenzen (§ 559 BGB). Die Miete kann aufgrund »geänderter Beschaffenheit und Ausstattung« nur bis zur örtlichen Vergleichsmiete erhöht werden (§ 558 BGB). Ähnliches ist für die Betriebskosten geregelt (§ 560 BGB). Von den gesetzlichen Regelungen abweichende Mieterhöhungen zulasten der Mietenden sind ausgeschlossen (§ 557 Abs. 4 BGB).

Mietende können den Stromanbieter frei wählen: Auch wenn der Mieterstrom absehbar günstiger angeboten werden kann als bei örtlich verfügbaren oder erfahrungsgemäß genutzten Anbietern, ist nicht garantiert, dass die Mieterinnen und Mieter wechseln. Dies wird vor allem unterbleiben, wenn sie

1. nicht von einer langen Mietdauer ausgehen,
2. ihre Ausgaben für Strom im Verhältnis zu den Lebenshaltungskosten als nicht erheblich oder
3. die Versorgungssicherheit bei einer Mischlösung als nicht gegeben ansehen.

Ohnehin erfordert die Inanspruchnahme von Mieterstrom weiterhin einen Vertrag mit einem anderen Stromanbieter, denn eine Vollversorgung wird aus den erwähnten Gründen zumeist nicht möglich sein. Das Angebot von Mieterstrom erfordert gerade in Mehrfamilienhäusern zudem eine neue Zähleranlage, die sowohl den Mieterstrom als auch Drittlieferungen von Strom sowie Einspeisungen erfassen muss, zudem wie üblich den Hausstrom, aber auch insbesondere den Stromverbrauch an Ladevorrichtungen (E-Mobilität).

Eine Anlage muss so ausgelegt sein, dass auch ein erwartbarer mittel- bis langfristiger Mehrbedarf zumindest überwiegend gedeckt werden kann. Das ist nur bei entsprechenden baulichen Gegebenheiten möglich. Mieterstrom-Modelle lassen sich ohnehin nicht in jedem Mietwohnungsbestand wirtschaftlich umsetzen (Umpfenbach u. a. 2022). Einflussgrößen sind die Zahl der Wohnungen im Gebäude oder der Wohnanlage im Verhältnis zu den bebaubaren Dach- oder Nebenflächen sowie der Strombedarf (und die Wechselbereitschaft) der betreffenden Haushalte, wobei der an sich gute Ansatz bisher vor allem durch

- die vergleichsweisen geringen Vergütungen,
- den hohen Aufwand für Planung und Kundengewinnung sowie
- hohe Zusatzkosten beispielsweise durch Anschlusspunkte und Messvorrichtungen u. a.

gehemmt wird.

Eine in Berlin durchgeführte Untersuchung erlaubt verschiedene Schlüsse für die Wirtschaftlichkeit von PV-Anlagen in Wohnungsbeständen städtischer Siedlungsräume:

- Für die Eigentümer rechnen sich Mieterstrom-Modelle nicht, wenn die Gebäude weniger als 15 Wohnungen haben, wobei es nach anderen Berechnungen auch durchaus mehr sein können, wenn es sich um Hochhäuser handelt oder wenn die Beteiligung der Haushalte zu gering ist.
- PV-Anlagen in Mehrfamilienhäusern können sich rechnen bei Kopplung mit Wärmepumpen, Stromspeichern oder Ladevorrichtungen für Fahrzeuge sowie zur Deckung des Hausstrombedarfs.
- Für die Mietenden können sich Mieterstrom-Modelle rechnen. Dies ist aber abhängig vom jeweiligen Verbrauchsverhalten, den bisherigen Vertragsbedingungen für die Stromversorgung sowie dem planbaren Zeitrahmen: Wer davon ausgeht, nur kurze Zeit an einem Wohnort zu bleiben, wird sich kaum auf zusätzliche vertragliche Bindungen einlassen wollen.

Erfahrungen aus Österreich, den Niederlanden und Spanien zeigen, dass es zu empfehlen ist, die Haushalte bei der Planung und Nutzung stark zu beteiligen – bis hin zur bedarfsgerechten Verteilung der Stromnutzung über den Tag. Eine weitere Möglichkeit ist die Beauftragung eines Dienstleisters (Contracting), der die PV-Anlage errichtet und betreibt und dann den Strom den örtlichen Haushalten gegen Entgelt zuleitet. Im ersten Fall mögen für Eigentümer und Mietende die Anfangskosten und der Abstimmungsaufwand abschreckend wirken, im zweiten Fall die eventuell fehlende Kostenkontrolle. Eine maßgefertigte Lösung darf nicht mit Knebelverträgen für die Betreffenden verbunden sein. Vielmehr muss es möglich bleiben, dass sowohl der Eigentümer als auch einzelne Haushalte Marktzugang behalten und gegebenenfalls den Stromversorger wechseln können. Nach wie vor gilt der Grundsatz der freien Wahl des Stromanbieters.

Egal ob es um künftige gesetzliche Verpflichtungen für Eigentümer zur Aus- und Nachrüstung ihrer Bestände geht oder die Beteiligung von Mietenden: Eine Mieterhöhung oder ähnliche Mehrbelastungen wegen des Einsatzes von »Erneuerbaren« dürften in der jetzigen Wohnungsmarkt- und Wirtschaftslage kaum der richtige Anreiz sein.

Rechenbeispiel

Nachfolgend wird ein Ansatz für ein Mehrfamilienhaus gezeigt (Abb. 31). Dabei wurde Volleinspeisung gewählt. Genutzt wurden die oben beschriebenen Eckwerte und Faustregeln. Es wird aber vorsichtshalber nur mit einem Gesamtwirkungsgrad von 15% gerechnet. Um eine Vorstellung von der Zinsbelastung zu geben, ist auch der Tilgungsplan abgebildet (Abb. 32). Zum Vergleich ist die Gegenrechnung für eine anderweitige Verwendung der aufzuwendenden Eigenmittel im selben Zeitraum aufgeführt (Abb. 33).

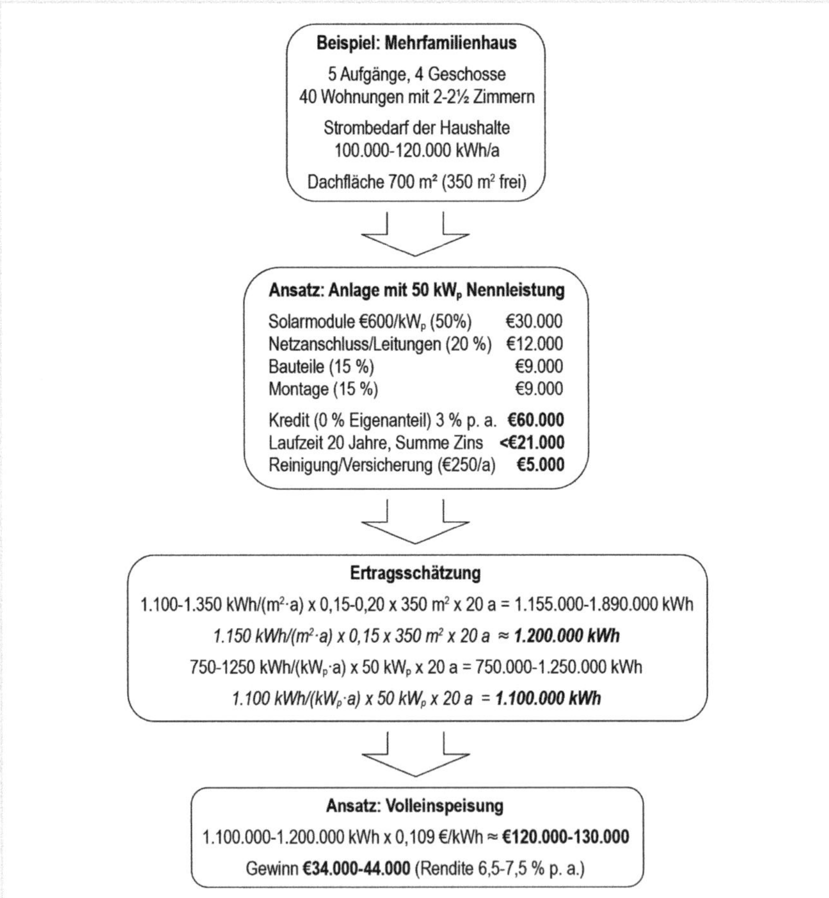

Abb. 31: Rechenansatz für eine PV-Anlage auf einem Mehrfamilienhaus (Darstellung: Dr. Mario H. Kraus)

Beispiel: Verzinsung und Tilgung eines Kredits (Annuitätsprinzip)

K = 60.000,– € (0 % Eigenanteil) p_K = 3 % A = 4.032,94 € t = 20 a

Abweichungen durch Rundungen in der mittleren Spalte

Jahr	Schuldsumme Jahresanfang	Zins	Tilgung	Schuldsumme Jahresende
1	60.000,--	1.800,--	2.232,94	57.767,06
2	57.767,06	1.733,01	2.299,93	55.467,13
3	55.467,13	1.664,01	2.368,93	53.098,20
4	53.098,20	1.592,95	2.439,99	50.658,21
5	50.658,21	1.519,75	2.513,19	48.145,02
6	48.145,02	1.444,35	2.588,59	45.556,43
7	45.556,43	1.366,69	2.666,25	42.890,18
8	42.890,18	1.286,71	2.746,23	40.143,95
9	40.143,95	1.204,32	2.828,62	37.315,33
10	37.315,33	1.119,46	2.913,48	34.401,85
11	34.401,85	1.032,06	3.000,88	31.400,97
12	31.400,97	942,03	3.090,91	28.310,06
13	28.310,06	849,30	3.183,64	25.126,42
14	25.126,42	753,79	3.279,15	21.847,27
15	21.847,27	655,42	3.377,52	18.469,75
16	18.469,75	554,09	3.478,85	14.990,90
17	14.990,90	449,73	3.583,21	11.407,69
18	11.407,69	342,23	3.690,71	7.716,98
19	7.716,98	231,51	3.801,43	3.915,55
20	3.915,55	117,47	3.915,47	0,08
Σ		**20.658,88 (+ 0,08)**	**59.999,92 (- 0,08)**	

Abb. 32: Tilgungsplan für das Rechenbeispiel (Darstellung: Dr. Mario H. Kraus)

Beispiel: Anderweitige Verwendung (Opportunitätskalkül)

p_e = 7,5 % p. a. t = 20 a

Jahr	Übertrag	Zins	Kosten	Σ	Ertrag	Σ
1	0,--	1.800,--	250,--	2.050,--	153,75	2.203,75
2	2.203,75	1.733,01	250,--	4.186,76	314,01	4.500,77
3	4.500,77	1.664,01	250,--	6.414,78	481,11	6.895,89
4	6.895,89	1.592,95	250,--	8.738,84	655,41	9.394,25
5	9.394,25	1.519,75	250,--	11.164,--	837,30	12.001,30
6	12.001,30	1.444,35	250,--	13.695,65	1.027,17	14.722,82
7	14.722,82	1.366,69	250,--	16.339,51	1.225,46	17.564,97
8	17.564,97	1.286,71	250,--	19.101,68	1.432,63	20.534,31
9	20.534,31	1.204,32	250,--	21.988,63	1.649,15	23.637,78
10	23.637,78	1.119,46	250,--	25.007,24	1.875,54	26.882,78
11	26.882,78	1.032,06	250,--	28.164,84	2.112,36	30.277,20
12	30.277,20	942,03	250,--	31.469,23	2.360,19	33.829,42
13	33.829,42	849,30	250,--	34.928,72	2.619,65	37.548,37
14	37.548,37	753,79	250,--	38.552,16	2.891,41	41.443,57
15	41.443,57	655,42	250,--	42.348,99	3.176,17	45.525,16
16	45.525,16	554,09	250,--	46.329,25	3.474,69	49.803,94
17	49.803,94	449,73	250,--	50.503,67	3.787,78	54.291,45
18	54.291,45	342,23	250,--	54.883,65	4.116,27	58.999,92
19	58.999,92	231,51	250,--	59.481,43	4.461,11	63.942,54
20	63.942,54	117,47	250,--	64.310,01	4.823,25	69.133,26
Σ		**20.658,88**	**5.000,--**		**43.474,41**	**(+ 0,03)**

Abb. 33: Vergleichsrechnung für eine beliebige Kapitalanlage mit den Werten des Rechenbeispiels (Darstellung: Dr. Mario H. Kraus)

Was noch vor wenigen Jahren in der Niedrigzinszeit als gute Rendite galt, ist heute im Wesentlichen ein Ausgleich der Inflationsrate, jedoch ist eine langfristige Gewinnerwartung hier durchaus berechtigt. Wer plant, mehrere Liegenschaften nachzurüsten, und die derzeitigen Preisschwankungen auszunutzen weiß, kann zudem die Gewinnspanne steigern. Entscheidend ist letztlich das Verhältnis von Gesamtkosten, Umfang der verfügbaren Eigenmittel und des Zinssatzes für Fremdmittel, damit also die Bewertung des Kreditrisikos durch die Bank. Zur vergleichenden Einschätzung von Zinsbelastungen erscheint hier auch die Zinsbelastung für verschiedene Darlehensbeträge und Zinssätze nach dem banküblichen Annuitätskalkül (lat. annus, Jahr): Bei jährlich gleichbleibendem Zahlbetrag mindert sich der Zinsaufwand von Jahr zu Jahr, während die Tilgung steigt, ein ungünstiger Zins kann jedoch die Zinssumme über die Gesamtlaufzeit in die Größenordnung des Darlehensbetrages bringen (Abb. 34). Wenn mit den Stromeinsparungen einer PV-Anlage zahlenmäßig geworben wird, ist das wie schon erwähnt mit Vorsicht zu genießen und taugt nur als Schätzwert für Eigenheime.

$$K_F = (A - K_F \cdot p_K) \cdot \sum_{i=1}^{20} (1+p_K)^{i-1} = \frac{A}{p_K} \cdot ((1+p_K)^{20} - 1)$$

$$A = K_F \cdot p_K \cdot \left(1 + \frac{1}{(1+p_K)^{20} - 1}\right) \qquad Z = 20 \cdot A - K_F \qquad t = 20\,a$$

K_F (€)		**p_K = 3 %**	**p_K = 4 %**	**p_K = 5 %**	**p_K = 6 %**	**p_K = 7 %**
10.000	A (€)	672,15	735,82	802,43	871,85	943,93
	Z (€)	3.443,14	4.716,35	6.048,52	7.436,91	8.878,59
20.000	A (€)	1.344,31	1.471,64	1.604,85	1.743,69	1.887,86
	Z (€)	6.886,28	9.432,70	12.097,03	14.873,82	17.757,17
30.000	A (€)	2.016,47	2.207,45	2.407,28	2.615,54	2.831,79
	Z (€)	10.329,42	14.149,05	18.145,55	22.310,73	26.635,76
40.000	A (€)	2.688,63	2.943,27	3.209,70	3.487,38	3.775,72
	Z (€)	13.772,57	18.865,40	24.194,07	29.747,65	35.514,34
50.000	A (€)	3.360,79	3.679,09	4.012,13	4.359,23	4.719,65
	Z (€)	17.215,71	23.581,75	30.242,59	37.184,56	44.392,93

Abb. 34: Annuitätskalkül für verschiedene Darlehensbeträge und Zinssätze: A ist die jeweilige (jährliche) Annuität, Z die Zinssumme über die gesamte Laufzeit, KF der Darlehensbetrag (Fremdkapital), p_K der vereinbarte Zinssatz (Darstellung: Dr. Mario H. Kraus)

15 Umsetzung des Vorhabens

Ablaufplan

Die erfolgreiche und zuverlässige Nutzung von Photovoltaikanlagen erfordert nicht nur eine effiziente Planung und Installation, sondern auch einen klaren Ablaufplan für den Betrieb sowie bewährte Strategien im Umgang mit möglichen Betriebsstörungen. In diesem Zusammenhang spielen Faktoren wie Wartung, Überwachung und schnelle Reaktionszeiten eine entscheidende Rolle. Der Ablaufplan definiert die regelmäßigen Inspektions- und Wartungsaktivitäten, um sicherzustellen, dass die PV-Anlage optimal funktioniert. Gleichzeitig ist es wichtig, vorbereitet zu sein, falls es zu Betriebsstörungen kommt, sei es aufgrund von technischen Defekten, Umwelteinflüssen oder anderen unvorhergesehenen Ereignissen. Es geht nicht nur darum, Strom zu erzeugen, sondern auch sicherzustellen, dass die Anlage über ihre gesamte Lebensdauer hinweg optimal arbeitet. Der Umgang mit Betriebsstörungen wird als integraler Bestandteil dieses Prozesses betrachtet, um Ausfallzeiten zu minimieren und die langfristige Rentabilität der Investition zu gewährleisten.

Beispielhaft ergibt sich für die Errichtung einer PV-Anlage zusammengefasst folgender Ablaufplan, den man auch als Checkliste verwenden kann:

DIGITALE EXTRAS

- Zielklärung und Entscheidungsfindung
- Rechenansatz für die betreffende(n) Liegenschaft(en) mit Ertragsabschätzung
- Angebotseinholung bei Fachbetrieben sowie Sichtung, Vergleich, Auswahl und Beauftragung eines Unternehmens
- Feinplanung mit der ausgewählten Solarfirma, Erstellung der Planungsunterlagen
- Angebotseinholung für Darlehen, Auswahl eines Angebots, Verhandlungen mit dem ausgewählten Kreditinstitut, gegebenenfalls Beantragung von Fördermitteln des jeweiligen Bundeslandes
- Errichtung der Anlage durch einen beauftragten Fachbetrieb
- Einweisung des Betreibers durch den Fachbetrieb, Übergabe der erforderlichen Unterlagen
- Anmeldung der Anlage beim Netzbetreiber durch den beauftragten Fachbetrieb, Anbindung an das Stromnetz und Einbau der Zähleranlage durch den Netzbetreiber (je nach Anlagengröße nach Netzverträglichkeitsprüfung und Erfüllung von Auflagen)
- Anmeldung der Anlage bei der Bundesnetzagentur (Marktstammdatenregister) durch den beauftragten Fachbetrieb oder den Betreiber der Anlage, frühestens am Tag der Inbetriebnahme, spätestens einen Monat später
- Anmeldung der Anlage bei der Gewerbeaufsicht und beim Finanzamt durch den Betreiber der Anlage
- Abschluss einer Photovoltaik-Versicherung durch den Betreiber der Anlage
- Abnahme und Inbetriebnahme durch den Netzbetreiber in Gegenwart des Betreibers der Anlage und des beauftragten Fachbetriebs

- Durchführung der turnusmäßigen Wartungen (üblich: jährlich oder zweijährlich) und Reinigungen (mindestens jährlich) durch den beauftragten Fachbetrieb
- Abrechnung der Einnahmen mit Netzbetreiber, Steuererklärung und gegebenenfalls Steuerzahlungen durch den Betreiber der Anlage
- Entsorgung nach Ablauf der Förderzeit, gegebenenfalls Veräußerung oder Weiterbetrieb ausschließlich zum Eigenverbrauch

Sämtliche Rechnungen, Handbücher, Bescheinigungen, Protokolle und sonstigen Schriftstücke sind aufzubewahren, um im Schadensfall die Erfüllung aller Pflichten nachzuweisen, bei Änderungen im Steuerrecht in eine günstigere Betriebsform wechseln zu können oder klare Verhältnisse für den Fall einer Veräußerung zu gewährleisten.

15.1 Störfälle und Risikofaktoren

Die effiziente Nutzung von Photovoltaikanlagen trägt nicht nur zur nachhaltigen Energieerzeugung bei, sondern erfordert auch ein Verständnis für die möglichen Störfälle und Risikofaktoren, die den reibungslosen Betrieb beeinträchtigen können. Diese Faktoren können von technischen Ausfällen bis hin zu Umwelteinflüssen reichen und haben direkte Auswirkungen auf die Leistung und Lebensdauer der Anlage.

Entscheidend sind die Identifizierung, Überwachung und Bewältigung von Störfällen und Risiken, um die Zuverlässigkeit und Effizienz von Photovoltaikanlagen zu gewährleisten. Dabei sollte betont werden, dass eine Herangehensweise, die sowohl präventive als auch reaktive Maßnahmen umfasst, dazu beiträgt, die Risiken zu minimieren und die langfristige Funktionalität der PV-Anlage sicherzustellen. Störfälle und Risikofaktoren sind somit nicht nur Hürden, sondern auch Chancen zur Optimierung und Weiterentwicklung der Photovoltaiktechnologie. Auch die allerbeste Planung kann Störfälle nicht verhindern. Deshalb sind nachfolgend einige mögliche Schwierigkeiten und Störfälle beim Betrieb von PV-Anlagen sowie Hinweise zur Behebung aufgelistet.

DIGITALE EXTRAS

Umstand/Ereignis	Folge/Störung	Maßnahme/Rechtsgrundlage
1. Fehler/Mängel an Bauteilen	Anlage kann nicht betrieben werden oder arbeitet leistungsgemindert.	Fehlersuche und Nachbesserung durch Elektrofirma, Austausch von Teilen, Geltendmachen von Ersatzansprüchen (BGB)
2. Fehlplanung der Anlage	Anlage kann nicht betrieben werden oder erfüllt ihre Zwecke nicht.	Prüfung des Ansatzes, Nachverhandlung mit Elektrofirma oder Neubeauftragung, eventuell Geltendmachen von Ersatzansprüchen (BGB)

DIGITALE EXTRAS

Umstand/Ereignis	Folge/Störung	Maßnahme/Rechtsgrundlage
3. Fehler/Mängel beim Aufbau der Anlage	Anlage kann nicht betrieben werden oder arbeitet leistungsgemindert.	Fehlersuche und Nachbesserung durch Elektrofirma, Austausch von Teilen, eventuell Geltendmachen von Ersatzansprüchen (BGB)
4. Lieferengpässe, Preissteigerungen, Verzögerungen	Anlage kann nicht betrieben oder gewartet werden.	Nachverhandlung mit Elektrofirma, Antrag auf Fristverlängerung bei baurechtlichen Bindungen (BGB, Landesbaugesetze/Verwaltungsrecht)
5. Betriebsaufgabe der Elektrofirma (Wartungsverträge)	Anlage kann nicht gewartet werden.	Neubeauftragung (BGB)
6. Leistungsminderung durch Abnutzung/ Verschleiß	Anlage arbeitet leistungsgemindert.	Berücksichtigung beim kaufmännischen Ansatz, Austausch von Bauteilen entsprechend Gewährleistung, Geltendmachen von Ersatzansprüchen (BGB)
7. Verschmutzung (Staub), Bewuchs (Moos)	Anlage arbeitet leistungsgemindert.	Suche nach Ursachen bei Häufung, Beauftragung zusätzlicher Reinigung (BGB)
8. Schäden durch Tiere (Nagetiere, Vögel)	Anlage ist beschädigt.	Instandsetzung der Anlage, Nachrüsten von Sicherungsmaßnahmen, Erbitten von Gegenmaßnahmen bei den örtlichen Fachbehörden, Geltendmachen des Versicherungsschadens (BGB, Verwaltungsrecht)
9. Wetterschäden (Sturm, Hagel, Blitzschlag)	Anlage ist beschädigt oder zerstört.	Geltendmachen des Versicherungsschadens, Instandsetzung der Anlage, Austausch von Bauteilen, gegebenenfalls Anpassung der Versicherungs-/ Wartungsverträge (BGB)
10. Überhitzung/ Überlastung (Brand)	Anlage ist beschädigt oder zerstört.	Suche nach Ursachen (Standort, Größe der Anlage), Geltendmachen von Ersatzansprüchen und/oder des Versicherungsschadens, Instandsetzung der Anlage (BGB)
11. Änderung des Bedarfs	Anlage erfüllt ihre (künftigen) Zwecke nicht.	Überarbeitung des kaufmännischen Ansatzes, Neuplanung, Beauftragung einer Elektrofirma, Erweiterung oder Ersetzung der Anlage (BGB)
12. Ausfall durch Vorsatz/Straftat (Diebstahl, Zerstörung)	Anlage ist beschädigt oder zerstört.	Strafanzeige, Geltendmachen des Versicherungsschadens, Instandsetzung der Anlage, Austausch von Bauteilen (StGB, BGB)

DIGITALE EXTRAS

Umstand/Ereignis	Folge/Störung	Maßnahme/Rechtsgrundlage
13. Schäden am Gebäude (Brand, Hochwasser, Erdrutsch)	Anlage ist beschädigt oder zerstört.	Geltendmachen des Versicherungsschadens, gegebenenfalls Anträge auf staatliche Unterstützung bei Schäden am gesamten Gebäude (BGB, Verwaltungsrecht)
14. Veränderungen am Gebäude (Aufstockung)	Anlage muss zeitweilig abgebaut, eingelagert und neu errichtet werden.	Überarbeitung des kaufmännischen Ansatzes, Neuplanung, Beauftragung einer Elektrofirma, Wiederaufbau oder Erweiterung der Anlage (BGB)
15. Verschattung durch benachbarte Neubauten	Anlage arbeitet leistungsgemindert, gegebenenfalls nicht mehr kostendeckend.	Versuch einer einvernehmlichen Regelung, Überarbeitung des kaufmännischen Ansatzes, gegebenenfalls Neuplanung und Umsetzung der Anlage (BGB, Landesbauordnung)
16. Veräußerung oder Vererbung der Liegenschaft	Entscheidung über Weiterbetrieb der Anlage	Gutachterliches Verfahren zur Wertermittlung, Veräußerung der Anlage einzeln oder als Teil des Gebäudes (BGB)
17. Streit mit Netzbetreiber über Anschluss oder Abrechnungen	Störung des Ablaufs, Ausfall von Erträgen	Versuch einer einvernehmlichen Beilegung, Anrufung der Clearingstelle (BGB, EEG)
18. Rechtsänderungen (Förderung, Auflagen für Nachrüstungen)	Anlage arbeitet nicht mehr kostendeckend.	Überarbeitung des kaufmännischen Ansatzes, Wahl eines anderen Betriebsmodells, Erfüllung der Auflagen oder Veräußerung der Anlage, Geltendmachen von Bestandsschutz (BGB, EEG, Verwaltungsrecht)
19. Abregelung/Abschaltung wegen Netzüberlastung	Anlage arbeitet (zeitweilig) nicht mehr kostendeckend.	Überarbeitung des kaufmännischen Ansatzes, Neuplanung bei Häufung von Ausfällen, Geltendmachen von Ersatzansprüchen (BGB, EEG, Verwaltungsrecht)
20. Naturereignisse großen Ausmaßes	Anlage arbeitet leistungsgemindert und nicht mehr kostendeckend.	Gegenmaßnahmen sind nur bedingt möglich und abhängig von der gesamten Schadenslage.

Tab. 5: Schadens- und Störfälle (Checkliste)

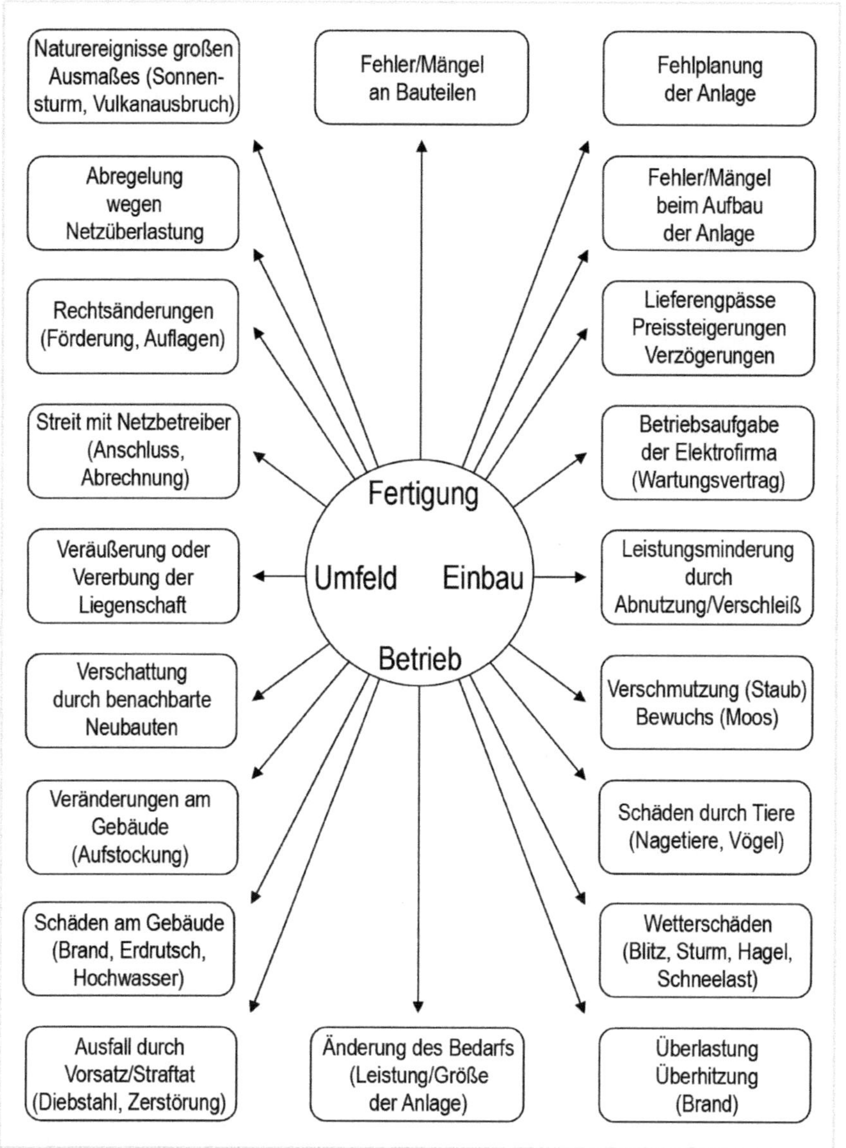

Abb. 35: Möglichkeiten für Betriebsstörungen (Darstellung: Dr. Mario H. Kraus)

15.2 Nachrüstung von Ladeeinrichtungen

Die zunehmende Verbreitung von Elektrofahrzeugen hat die Bedeutung der Nachrüstung von Ladeeinrichtungen in Häusern mit vorhandenen Photovoltaikanlagen in den Fokus gerückt. Diese Entwicklung verdeutlicht nicht nur die steigende Nachfrage nach nachhaltigen Fortbewegungsmitteln, sondern auch die Notwendigkeit, eine effiziente Ladeinfrastruktur zu schaffen. Hausbesitzer mit PV-Anlagen haben nicht nur die Möglichkeit, ihren eigenen Strom zu erzeugen, sondern auch die Elektromobilität zu fördern. Die nachträgliche Integration von Ladestationen in bestehende PV-Systeme ermöglicht eine umfassende Nutzung erneuerbarer Energiequellen und trägt dazu bei, den ökologischen Fußabdruck weiter zu reduzieren.

Die Nachrüstung von Ladeeinrichtungen in Häusern mit vorhandenen PV-Anlagen erweist sich als sinnvoller Schritt in Richtung einer nachhaltigen und zukunftsorientierten Energieinfrastruktur. Durch diese Maßnahme wird nicht nur die individuelle Elektromobilität gefördert, sondern es entsteht auch eine synergetische Verbindung zwischen erneuerbarer Energieerzeugung und nachhaltiger Fortbewegung. Die Nachrüstung von Ladeeinrichtungen treibt also nicht nur die individuelle Elektromobilität voran, sondern liefert auch einen Beitrag zur Stabilisierung des Stromnetzes und zur Förderung einer dezentralisierten Energieversorgung. Es ist ein wichtiger Schritt hin zu einer umweltfreundlichen und nachhaltigen Verbindung von regenerativer Energieerzeugung und Elektromobilität im Wohnbereich.

Der Übergang zur Elektromobilität hat zu einer Anpassung der Rechtslage in Sachen Stromversorgung von Mehrfamilienhäusern geführt. So dient die Hausstromversorgung nicht zur Aufladung von Fahrzeugen, sondern kurzzeitigen Zwecken im Zusammenhang mit der Nutzung der Gebäude. Das Aufladen von Geräten und Fahrzeugen gehört nicht dazu und kann die üblichen Nutzungen blockieren. Ladeeinrichtungen und Batterien können sich während des Ladevorgangs erhitzen und Brände verursachen – durch eine sachgemäße Installation sollte dieses Risiko allerdings ausgeschlossen sein. Auch ist die Umlage der Kosten nicht geregelt, Einrichtungen zur getrennten Verbrauchsmessung zusätzlich zu den schon vorhandenen für die Stromversorgung der Wohnungen sind möglich, von Vermieterseite aber nicht zwingend vorzuhalten. Nach derzeitiger Rechtslage sind die Eigentümer von Eigentumswohnungen oder Wohnanlagen verpflichtet, den Einbau von Ladevorrichtungen (Stichwort Wallbox) zu dulden (§ 20 WEG):

> **Wohnungseigentumsgesetz (§ 20) (Stand Januar 2024)**
> (2) Jeder Wohnungseigentümer kann angemessene bauliche Veränderungen verlangen, die
> 1. dem Gebrauch durch Menschen mit Behinderungen,
> 2. dem Laden elektrisch betriebener Fahrzeuge,
> 3. dem Einbruchsschutz und
> 4. dem Anschluss an ein Telekommunikationsnetz mit sehr hoher Kapazität
> dienen. Über die Durchführung ist im Rahmen ordnungsmäßiger Verwaltung zu beschließen.

> (4) Bauliche Veränderungen, die die Wohnanlage grundlegend umgestalten oder einen Wohnungseigentümer ohne sein Einverständnis gegenüber anderen unbillig benachteiligen, dürfen nicht beschlossen und gestattet werden; sie können auch nicht verlangt werden.

Entscheidungsfindungen können sich in Einzelfällen schwierig gestalten, wenn die Eigentümer nicht selbst in der Wohnanlage wohnen. Maßgeblich sind Geschick und Kenntnis der Hausverwaltung. Hilfreich kann der Hinweis auf die Wertsteigerung der Liegenschaft sein. Schwierigkeiten können sich daraus ergeben, dass die Rechtsgrundlage eigentlich auf Ladevorrichtungen für (vierrädrige) Fahrzeuge zielt, die Nachrüstung also an dem Stellplatz erfolgen sollte, der zur jeweiligen Wohnung gehört. Geht es um Ladevorrichtungen für Fahrräder oder Roller, sollten die Betreffenden mit der Hausverwaltung einvernehmlich eine zeitnahe, örtliche und sinnvolle Lösung finden. Auch in Mietverhältnissen gibt es einen Anspruch auf Nachrüstung (§ 554 BGB):

> **Bürgerliches Gesetzbuch (§ 554) (Stand Januar 2024)**
> (1) Der Mieter kann verlangen, dass ihm der Vermieter bauliche Veränderungen der Mietsache erlaubt, die dem Gebrauch durch Menschen mit Behinderungen, dem Laden elektrisch betriebener Fahrzeuge oder dem Einbruchsschutz dienen. Der Anspruch besteht nicht, wenn die bauliche Veränderung dem Vermieter auch unter Würdigung der Interessen des Mieters nicht zugemutet werden kann. Der Mieter kann sich im Zusammenhang mit der baulichen Veränderung zur Leistung einer besonderen Sicherheit verpflichten …

Die oben zitierte Passage umfasst wohlgemerkt keine Kostenregelung. Der Hausverwaltung ist es somit vorbehaltlich der Zustimmung durch die Eigentümerversammlung möglich,

- die Nachrüstung zu veranlassen und die Kosten auf die einzelnen Nutzenden umzulegen,
- den Nutzenden die Nachrüstung auf eigene Kosten zu gestatten und dabei sowohl den Nachweis einer fachgerechten Ausführung sowie eine Kaution für den Rückbau zu verlangen sowie
- sich um eventuell verfügbare Fördermittel für die Nachrüstung der gesamten Wohnanlage zu bemühen.

Mietende sollten ihr Anliegen wohlbegründet schriftlich der Hausverwaltung mitteilen. Der Bedarf sollte beschrieben werden (Art des Fahrzeugs, Leistungsaufnahme, Dauer der Ladezeit, Kosten für Nachrüstung und Nutzung, Liste von Anbietern, Diebstahlschutz, Vorschlag zum Ort der Nachrüstung, sofern nicht am angemieteten Stellplatz vorgesehen), wobei die derzeitige Kostenentwicklung eine mittelfristige Schätzung erschwert. Haben mehrere Mietende Bedarf an einer Nachrüstung, kann es sinnvoll sein, dass diese sich vorab verständigen und sich gemeinsam an die Hausverwaltung wenden. Dies wiederum kann dazu führen, dass sie im Fall einer Nachrüstung auf eigene Kosten untereinander rechtliche Vereinbarungen für die Aufteilung von Kosten, den Rückbau oder die Beendigung einzelner Mietverhältnisse zu treffen haben. Hier wird im Regelfall eine Veranlassung durch die Hausverwaltung mit anschließender Umlage auf die Nutzenden die bessere Lösung sein, zumal »wilde« Einbauten eine Wertminderung der Liegenschaft bewirken können.

Fazit

Durch die Nachrüstung von Ladeeinrichtungen wird die dezentrale Energieversorgung gestärkt, da immer mehr Haushalte zu kleinen Energieerzeugern werden. Dies fördert die Resilienz des Gesamtsystems und trägt zu einer nachhaltigen, umweltfreundlichen Lebensweise bei. Die Nachrüstung von Ladeeinrichtungen ist eine sinnvolle Maßnahme, um die Vorteile erneuerbarer Energien im Bereich der Elektromobilität optimal zu nutzen.

15.3 Balkonkraftwerke

Balkonkraftwerke repräsentieren eine innovative Form der dezentralen Energieerzeugung und verdeutlichen, wie erneuerbare Energien Einzug in den urbanen Raum halten. Diese kleinen Photovoltaikanlagen ermöglichen es, auch begrenzte Flächen wie Balkone effizient für die Stromproduktion zu nutzen. Inmitten des urbanen Dschungels, in dem begrenzter Raum oft als Herausforderung für erneuerbare Energiequellen gilt, zeigen Balkonkraftwerke, dass innovative Lösungen eine nachhaltige Zukunft auch in städtischen Umgebungen ermöglichen können. Der Nutzen von Photovoltaik-Balkonkraftwerken hängt von verschiedenen Faktoren ab und kann je nach individueller Situation unterschiedlich bewertet werden. Was sind die Vorteile?

- Photovoltaik-Balkonkraftwerke ermöglichen es Einzelpersonen, ihren eigenen Strom dezentral zu erzeugen und zu nutzen. Dies kann zu einer Verringerung der Abhängigkeit von zentralen Energieversorgern beitragen.
- Der erzeugte Solarstrom kann direkt vor Ort genutzt werden, um den Eigenverbrauch zu erhöhen und den Bedarf an Netzstrom zu reduzieren.
- Kleine Photovoltaikanlagen auf dem Balkon können das Bewusstsein für erneuerbare Energien und den persönlichen Energieverbrauch fördern.
- Balkonkraftwerke sind in der Regel einfach zu installieren und erfordern keine aufwendigen Baumaßnahmen.

Welche Herausforderungen gibt es?

- Balkone bieten im Vergleich zu Dachflächen nur begrenzten Raum für die Installation von Photovoltaik-Modulen. Die erzeugte Energiemenge ist daher oft begrenzt.

- Die Ausrichtung des Balkons und die Neigung der Balkonbrüstung spielen eine entscheidende Rolle für die Effizienz der Solaranlage. Ein optimaler Ertrag erfordert eine nach Süden ausgerichtete und leicht geneigte Fläche.
- Je nach Region und Gebäude können Genehmigungen und Vorschriften für die Installation von Photovoltaikanlagen auf Balkonen erforderlich sein.

Die Amortisationszeit und Wirtschaftlichkeit können je nach Investitionskosten, Energiepreisen und staatlichen Förderungen variieren. In einigen Bundesländern wird die Anschaffung gefördert, in Berlin zurzeit mit 500 Euro. Um Missverständnisse und Enttäuschungen bei den Beteiligten zu vermeiden, folgen hier abschließend einige Hinweise:

- Anders als gelegentlich in der Werbung behauptet, sind die Anlagen nicht wirklich »steckerfertig«. Genauer ausgedrückt ist der Anschluss an eine übliche Steckdose nicht gestattet – ein Fachbetrieb muss eine besondere, einspeisungsgeeignete Steckdose anbringen. Zudem kann sich die Zähleranlage als nicht geeignet herausstellen, was eine weitere kostspielige Nachrüstung auf einen Zweirichtungszähler erfordert.
- Diese Anlagen sind nicht »genehmigungsfrei«: Der Vermieter muss in jedem Fall vor der Anbringung um Erlaubnis gefragt werden. Die Anlagen sind wie die großen Anlagen auch beim Netzbetreiber und der Bundesnetzagentur (Marktstammdatenregister) anzumelden.
- Abgesehen davon, dass nicht jede Wohnung über einen Balkon verfügt, erhält ein Balkon weniger Sonneneinstrahlung als ein Dach (eventuell nur drei bis sechs Stunden täglich). Der zu erwartende Ertrag ist also von vornherein gering. Zudem ist mit den höchsten Stromerträgen zu den Zeiten des Jahres zu rechnen, zu denen ein Haushalt den geringsten Strombedarf hat. Die Verwendung eines Stromspeichers ist in der Wohnung aber schon aus Sicherheitsgründen ausgeschlossen.
- Der Balkon muss für die Nachrüstung geeignet sein, eine Verschattung benachbarter Balkone und Fenster durch die PH-Module kann zu Ansprüchen der betroffenen Nachbarn auf Mietminderung führen. Auch sollten die betreffenden Haushalte einen Plan haben, was sie bei einem Umzug mit der Anlage anfangen.
- Da nach heutigen Preisen mit nicht mehr als 100 bis 200 Euro jährlicher Einsparung zu rechnen ist, lässt sich ein Gesamtaufwand von 1.000 bis 2.000 Euro für die Anschaffung (und spätere Entsorgung) der Anlage sowie die Nachrüstungen an Stromkreis und Zähleranlage kaum rechtfertigen: Ressourcenschonender wäre die Prüfung des eigenen Verbrauchsverhaltens und die Einsparung der betreffenden Strommenge.

Sinnvoller erscheint es, die Entwicklung kleiner, netzunabhängiger Solarstationen abzuwarten: Solche Kleingeräte gewinnen mit je nach Ausführung ausfaltbaren Solarmodulen Strom, den sie dann speichern (Powerbank). Teilweise enthalten sie einen Scheinwerfer und/oder ein Radio und dienen zum Aufladen diverser Kleingeräte (auch

Tablet/Laptops) sowie als Notstromversorgung und zum Empfang von Behördennachrichten bei Stromausfällen. Sie kosten deutlich weniger als ein »Balkonkraftwerk« und können je nach Sonneneinstrahlung auf Fensterbänken, Balkonen und Terrassen aufgestellt werden.

Fazit

Der Nutzen von Photovoltaik-Balkonkraftwerken hängt stark von den individuellen Gegebenheiten ab. In städtischen Umgebungen, in denen Dachflächen begrenzt sind, können sie eine sinnvolle Ergänzung der dezentralen Energieerzeugung sein. Für eine optimale Leistung ist jedoch eine sorgfältige Planung unter Berücksichtigung der örtlichen Gegebenheiten erforderlich. Es ist wichtig, die Wirtschaftlichkeit im Verhältnis zu den Installationskosten und den zu erwartenden Energieeinsparungen zu prüfen.

15.4 Erfahrungsbericht

Wie so oft, scheinen die Dinge in der Theorie einfach zu sein. Um der reinen Theorie dieses Buches etwas entgegenzusetzen, folgt hier ein Fallbeispiel aus der eigenen Familie. Es ist der Erfahrungsbericht der Familie meines Bruders, die sich für die Anschaffung einer Photovoltaikanlage entschieden hat. Er erzählt, wie es ihnen dabei im »echten« Leben ergangen ist. Vielleicht kann er auch Sie dazu motivieren, diesen Weg zu gehen und durchzuhalten, auch wenn Unwägbarkeiten auf Sie zukommen oder Hindernisse zu überwinden sind.

August 2023: Bestellung eines E-Autos und Suche nach Lademöglichkeiten

Frau F. bestellt im August 2023 ein E-Auto, anvisierter Liefertermin ist der Dezember 2023. Nun stellt sich die Frage, wie sie möglichst schnell und unkompliziert eine Wallbox an ihrem Haus installieren kann, da das Auto überwiegend über die häusliche Stromversorgung geladen werden soll.

Als erste Informationsquelle wird das Internet befragt. Eine prominent platzierte, vom Marktführer in Deutschland gesponserte Anzeige wirbt mit einer Komplettlösung: die Wallbox mit dem Strom der eigenen Photovoltaikanlage speisen und somit das Autos mit dem eigenen Strom kostengünstig laden. Um unabhängig vom Zeitpunkt der Stromerzeugung zu sein, wird ein Speicher mitgeplant.

Dieses Angebot klingt interessant und verlockend, umso mehr, als in der Anzeige in Aussicht gestellt wird, dass die Anschaffung der Anlage bis zur Inbetriebnahme kostenlos sei und die Montage innerhalb von sechs bis acht Wochen erfolgen würde. Zeit ist ein entscheidender Faktor. Von Freunden und Bekannten wurde schließlich immer wieder berichtet, dass die Installation einer Wallbox »gefühlt ewig« gedauert hätte.

Es ist ein Freitagnachmittag, Mitte August 2023. Frau F. füllt einen Fragebogen aus, den das Unternehmen auf seiner Website veröffentlicht hat mit Fragen zum Bundesland, der Dachform, des genauen Standorts etc. Innerhalb einer Stunde wird sie von einem Mitarbeiter telefonisch kontaktiert. Nach ein paar weiteren Fragen zum geplanten Projekt wird eine Videoberatung für den folgenden Montag angeboten. Etwas überrumpelt, aber ob der kundenorientierten Gesprächsführung und Zeitnähe des angebotenen Termins überzeugt, sagt Frau F. zu. So weit ist alles kostenlos und unverbindlich.

Die Videoberatung ist informativ und überzeugend und vermittelt den Eindruck, dass die Anschaffung einer PV-Anlage »ein Kinderspiel« sei. Eine Miet- und eine Kaufoption werden angeboten, die Verdoppelung der Einspeiseprämie des Staates in Aussicht gestellt sowie ein »virtuelles Kraftwerk« vorgestellt. Und es wird darauf hingewiesen, dass im Herbst eine weitere staatliche Förderung kommen werde, die die gemeinsame Anschaffung einer Wallbox, einer PV-Anlage sowie eines Speichers finanziell unterstützen werde – wenn die Antragstellenden ein E-Auto besitzen bzw. bereits bestellt haben. Bedingungen, die Frau F. erfüllt. Mit dieser Förderung würde die Kaufoption klar favorisiert werden.

Ein innerhalb einer Woche stattfindender Vor-Ort-Termin mit einem lokalen Handwerker wird vereinbart, um die technische Umsetzbarkeit der geplanten Anlage zu prüfen, ein weiterer Termin für die konkrete Angebotserstellung unter Berücksichtigung der Rückmeldung des Handwerkers.

Das erste Angebot bzw. die allgemeinen Informationen zum Leistungsumfang klingen fast zu gut, um wahr zu sein. Frau F. und ihr Mann Herr O. stellen das Angebot diversen Freunden und Bekannten vor, die bereits Erfahrung in diesem Bereich haben, um eine Rückmeldung zur Plausibilität des Angebots zu erhalten. Das Feedback ist durchweg gut: Das Angebot wird als äußerst günstig und sehr überzeugend bewertet.

September 2023: Vermeintliche Konkretisierung der Auftragserteilung

Der Vor-Ort-Termin findet pünktlich statt – es entsteht ein durchaus seriöser und kompetenter Eindruck. Auch der Termin mit der Angebotserstellung findet pünktlich statt. Die ursprüngliche technische Umsetzung wird dabei aufgrund der örtlichen Gegebenheiten angepasst. Die Leistung der Anlage halbiert sich, die Überschussproduktion reduziert sich auf null, der anvisierte Grad an Autarkie fällt deutlich geringer aus. Damit fällt der Bedarf der Familie F.-O. nicht in das vom Unternehmen angebotene »Raster«, das Unternehmen verliert rasch sein Interesse, beantwortet keine Anfragen mehr, ist nicht mehr erreichbar.

Die Illusion einer schnellen, unkomplizierten Komplettlösung ist geplatzt, wertvolle Zeit für die Lösung des ursprünglichen Anliegens einer effektiven und kostengünstigen Lademöglichkeit für das bestellte E-Auto, das im Dezember geliefert werden soll, ist verstrichen. Als sich die ersten Schwierigkeiten bei der technischen Umsetzung der von Familie F.-O. gewünschten Lösung abzeichneten, kontaktierte die Familie bereits einen lokalen Anbieter von PV-Anlagen. Auch dieser kam sehr schnell zu einem Vor-Ort-Termin. Innerhalb einer Woche liegt ein konkretes Angebot vor, das allerdings nicht mit den Leistungen und Kosten des deutschlandweit agierenden größeren Unternehmens konkurrieren kann. Bei Familie F.-O. breitet sich aufgrund der Stagnation der Projektumsetzung zunehmend Frust aus.

26. September 2023: Der Tag der Antragstellung für die staatliche Förderung
Laut Medienberichten soll die Möglichkeit der Antragstellung im Laufe des Vormittags im Portal der KfW freigeschaltet werden. Sowohl Frau F. als auch Herr O. versuchen den ganzen Tag, einen Antrag zu stellen. Vergeblich, aufgrund der hohen Antragsdichte ist das Antragsportal völlig überlastet. Die Frustration bei Familie F.-O. steigt weiter, sie überlegt sogar, das geplante Projekt aufzugeben und stattdessen »einfach nur« eine Wallbox zu installieren.

Welch freudige Überraschung, als tags darauf die Benachrichtigung eintrifft, dass der Förderantrag trotz Überlastung durchgegangen und mit einem positiven Bescheid zu rechnen sei. Eine weitere E-Mail im Laufe der Woche bestätigt die Förderzulage offiziell.

Oktober 2023: Alternative Suche nach einem Anbieter von PV-Anlagen
Mit der Förderzusage macht sich Familie F.-O. auf die erneute Suche nach einem geeigneten Anbieter. Wieder füllt Frau F. in einem Vergleichsportal im Internet einen Fragebogen aus, passende regional ansässige Firmen versprechen auf ihren Portalen, Kontakt aufzunehmen. Einer der regionalen Anbieter meldet sich tatsächlich bei Herrn O. aufgrund der Anfrage im Internet. Der vereinbarte Termin findet pünktlich statt, die Gegebenheiten vor Ort werden sofort mithilfe einer Drohnenkamera aufgenommen und dokumentiert, der Leistungsumfang des Anbieters wird kompetent erläutert. Mittlerweile wissen Frau F. und Herr O. ja auch, welche Fragen sie zu stellen haben. Eine Woche später legt der regionale Anbieter ein umfassendes Angebot mit einer Komplettlösung vor, das sowohl vom Leistungsumfang als auch von der Kostengestaltung durchaus konkurrenzfähig zum Erstangebot des deutschlandweit agierenden Unternehmens ist. Der Mitarbeiter des Unternehmens, der gleichzeitig auch der Bauleiter des Projekts sein wird, erscheint zur Unterzeichnung des Angebots und bringt zum Vertragsabschluss sogar eine Flasche Wein mit.

In den darauffolgenden Wochen werden die Installationstermine bekannt gegeben: Die Montage der Solarpaneele soll bereits zwei Wochen nach Vertragsunterzeichnung erfolgen, die Inbetriebnahme der gesamten Anlage ist für Mitte Dezember geplant, die komplette Installation und Inbetriebnahme der Anlage wird also innerhalb der vereinbarten sechs Wochen ab Vertragsabschluss erfolgen.

Die ausschlaggebenden Gründe für die Vergabe des Auftrags waren:

- kompetente und vertrauenswürdige Beratung
- Einhaltung und Verbindlichkeit von Terminen
- Erreichbarkeit des Beraters
- auf die individuellen Wünsche und Bedürfnisse des Kunden abgestimmte Realisierung des Projekts
- Flexibilität der Finanzierungsmöglichkeiten
- Regionalität des Unternehmens mit Vor-Ort-Kundenservice
- Verarbeitung von deutschen Qualitätsprodukten
- Erweiterbarkeit/Aufstockungsmöglichkeit der Anlage bei späterem Wechsel des momentanen Heizungssystems

Was hat Familie F.-O. zum Thema Solarenergie gelernt?

Die Erfahrung der Familie zeigt: Große deutschlandweit agierende Anbieter haben »schablonenartige« Vorgehensweisen. Die Bedingungen des Anbieters müssen schnell mit den Bedürfnissen der Suchenden übereinstimmen, sonst wird der Dialog einfach abgebrochen. Nach Abschluss wurde der Familie klar, dass sie durch jedes Gespräch mit einem Anbieter neue relevante Informationen und Erkenntnisse gewonnen hatte, die für die finale Entscheidung wichtig waren.

Ebenfalls war immer wieder von den Anbietern zu hören: »die gesamte Umsetzung soll einfach sein«, »wir kümmern uns um alles«, »die Anlage wird schlüsselfertig bereitgestellt«, »ihr bezahlt erst bei Inbetriebnahme«. Die suggerierte Einfachheit und die möglichst schnelle Umsetzung hört sich sehr überzeugend an und verleitet dazu, gleich zuzuschlagen. Es ist aber zu empfehlen, nicht gleich das erste Angebot anzunehmen, sondern sich erst schlauzumachen und zu vergleichen.

Die Technik und damit mögliche Paketlösungen entwickeln sich sehr schnell. Das Thema ist komplex und technisch durchaus anspruchsvoll. Die Familie wünschte sich mehr Beratung im Detail und Information zu Technik, Anbieter, Kapazitätsplanung, Simulation zur Amortisation, Lieferzeiten, Inbetriebnahme Zeitpunkt, Ausbaustufen für eine später geplante Wärmepumpe, satt der bisher genutzten Ölheizung etc. Auch hier sind viele ausführliche Informationen nötig, um die richtigen Entscheidungen treffen zu können. Also empfiehlt es sich, sich bei mehreren Anbietern auch fachlich-technisch beraten zu lassen. Hilfreich sind dabei auch Fachliteratur, Internetseiten und Broschüren, um die Informationen der Firmen besser und schneller einordnen zu können.

Eine Photovoltaikanlage mit Wallbox und Speicher muss über einen langen Zeitraum funktionieren. Laufzeiten sind hier durchaus 10 bis 25 Jahre. Die Familie entschied sich für einen regional ansässigen Anbieter, der schnell vor Ort sein kann, wenn mal nicht gleich alles so funktioniert, wie es soll. Familie F.-O. freut sich auch über die gelieferte Technik, die ausnahmslos in Deutschland produziert wird. Das soll nicht heißen, dass andere, z. B. fernöstliche Produkte nicht gleich gut sind.

Zahlen, Daten und Fakten

Die Anlage:

- Ausbaumöglichkeit durch modulares Speichersystem auf die ca. 13–15 KWp Energiebedarf einer Wärmepumpe nach Austausch der Ölheizung bis 2026
- eine Kostal-Wallbox Enector, Ladeleistung 11 KW
- eine Photovoltaik-Anlage mit 10,08 KWp
- 24 mal 420-Wp-Solarmodule AE Solar Meteor Glas/Glas N-Type, TOPCon, bifazial, Fulllblack-Design:
  - Halbzellen
  - 1.721 mm · 1.133mm · 30 mm (ca. 48,3 m^2)
  - Nennleistung 420Wp/Solarmodul
  - Wirkungsgrad 21,54
  - Gewicht 26,0 kg
- deutscher Garantiegeber, 30 Jahre
- ein FENECON-Home-11,0-Speichersystem inkl. Wechselrichter und Notstrom
- dreiphasiges DC, AC- oder Hybrid-Stromspeichersystem
- FEMS-Anschlussbox inkl. FEMS-Energiemanagement

Die Anmeldung:

- Anmeldung: Marktstammdatenregister und Netzbetreiber (durch Anbieter übernommen)
- Anmeldung und Registrierung: Übergabe der EVU-Unterlagen, Prüfprotokolle, Korrespondenz und der Installationsstromlaufpläne

Kosten und Amortisation:

- Gesamtkosten mit Inbetriebnahme ca. 31.500 Euro
- KfW-Förderprogramm 442 für 9.600 Euro gesichert
- Amortisationsberechnung: ca. 11 Jahre
- Einspeisevergütung: gesetzlich zurzeit 0,16 Euro/KWh
- Umsetzungszeitraum von der Idee bis zur Inbetriebnahme: ca. 8 Wochen

16 Anhang

16.1 Übersicht über gesetzliche Grundlagen und Verordnungen

Gesetz oder Verordnung	Hinweise
Erneuerbare-Energien-Gesetz	Es ist empfehlenswert, sich regelmäßig bei offiziellen Stellen wie dem Bundesministerium für Wirtschaft und Energie (BMWi) oder der Bundesnetzagentur über aktuelle Entwicklungen und geplante Änderungen im Bereich des EEG zu informieren. Darüber hinaus können auch Fachverbände und Rechtsanwälte mit Expertise im Energierecht eine wertvolle Informationsquelle sein.
Messstellenbetriebsgesetz (MsbG)	Da mit häufigen Änderungen dieses Gesetzes zu rechnen ist, empfiehlt es sich bei der Planung einer PV-Anlage, den jeweils neuesten Stand und insbesondere die Hinweise zur Umsetzung bei der Bundesnetzagentur, der Clearingstelle und dem zuständigen Netzbetreiber zu erfragen.
Marktstammdatenregisterverordnung (MaStRV)	Es ist wichtig zu beachten, dass sich die genauen Anforderungen und Pflichten im Zusammenhang mit der Marktstammdatenregisterverordnung ändern können. Daher ist es ratsam, die offiziellen Informationen des Bundesamts für Wirtschaft und Ausfuhrkontrolle (BAFA) oder anderer zuständiger Stellen zu heranzuziehen und gegebenenfalls rechtlichen Rat einzuholen.
Gebäudeenergiegesetz (GEG)	Am 1.1.2024 ist das neue Gebäudeenergiegesetz in Kraft getreten. Generell muss jede neu eingebaute Heizung zu 65 Prozent mit erneuerbaren Energien betrieben werden.
Umsatzsteuer-Anwendungserlass (UStAE)	Die aktuellsten Informationen sind auf der offiziellen Website der deutschen Finanzverwaltung oder durch Rücksprache mit einem Steuerberater zu erhalten.
Besondere Bedingungen für die Versicherung von PV-Anlagen (BPV 2016), Musterbedingungen des GDV	Es ist wichtig zu beachten, dass sich Versicherungsbedingungen ändern können. Daher immer die aktuellsten Versionen benutzen.
Wärmeplanungsgesetz	Das Wärmeplanungsgesetz ist die Grundlage für klimafreundliches Heizen. Am 1.1.2024 ist es zeitgleich mit dem Gebäudeenergiegesetz in Kraft getreten.

16.2 Literaturempfehlungen

16.2.1 »Deutschland 2050«

»Sommer, das wird nicht mehr die Jahreszeit sein,
auf die man sich den ganzen Winter freut.«
Toralf Staud

Die Fähigkeit von Nick Reimer und Toralf Staud, das Ausmaß der Auswirkungen des Klimawandels in ihrem Buch darzustellen, für Mitteleuropa und vor allem sehr plakativ für Deutschland, ist fantastisch. Es bringt die Problematik des Klimawandels und die Folgen der Erderwärmung direkt vor unsere Haustür und macht es so zu unserem ureigensten Problem. Das zu ignorieren oder abzustreiten fällt schwer. Die Verdeutlichung der Folgen des Klimawandels in einem lokalen und regionalen Kontext wird den Menschen helfen, die Dringlichkeit der Situation zu verstehen und die Auswirkungen auf ihr tägliches Leben zu erfassen. Die Beschreibung der potenziellen Veränderungen in Bezug auf Wetter und Klima, sowohl im Falle der Einhaltung als auch der Verfehlung der globalen Erderwärmungsziele, basiert auf umfassender wissenschaftlicher Forschung und Datenanalyse. Die Verbindung von globalen Ergebnissen mit lokalen Auswirkungen sollte den Menschen in Mitteleuropa klarmachen, wie dringlich es ist, sich mit dem Klimawandel grundsätzlich zu befassen.

»Deutschland 2050« zeigt eindrucksvoll, dass es einen erheblichen Unterschied darstellt, ob wir ein 1,5-Grad-Ziel, 2-Grad-Ziel oder schlechtere Ergebnisse bekommen werden. Selbst geringfügige Unterschiede in den Zielen führen zu dramatischen Unterschieden in den Auswirkungen des Klimawandels. Das Werk unterstreicht eindrucksvoll die Dringlichkeit aller Maßnahmen, die zu ergreifen sind, um eine Reduzierung der Treibhausgasemissionen zu erzielen. Nur so besteht noch eine geringe Chance, die bereits stattfindenden Veränderungen zumindest abzubremsen und zu bewältigen.

Bücher wie dieses tragen dazu bei, das Bewusstsein zu schärfen und die Debatte über den Klimawandel und die notwendigen Maßnahmen voranzutreiben. Sie bieten eine wertvolle Ressource, um den Menschen die Realität des Klimawandels näherzubringen und Handlungen auf individueller, gesellschaftlicher und politischer Ebene zu fördern.

16.2.2 »Sylvicultura oeconomica«

»Wo Schaden aus unterbliebener Arbeit kommt, da wächst der Menschen Armuth und Dürftigkeit. Es lässet sich auch der Anbau des Holzes nicht so schleunig wie der Acker-Bau tractiren; … Wird derhalben die größte Kunst, Wissenschaft, Fleiß, und Einrichtung hiesiger Lande darinnen beruhen, wie eine sothane Conservation und Anbau des Holzes anzustellen, daß es eine continuirliche beständige und nachhaltende Nutzung gebe, weiln es eine unentbehrliche Sache ist, ohne welche das Land in seinem Esse nicht bleiben mag«

Hans Carl von Carlowitz, 1713

Das Konzept der Nachhaltigkeit, wie es von Hans Carl von Carlowitz im 18. Jahrhundert, genauer 1713, in seinem Werk »Sylvicultura oeconomica« eingeführt wurde, hat in der modernen Welt eine entscheidende Dimension erlangt. Das war zu Lebzeiten von Johann Sebastian Bach und vor Wolfgang Amadeus Mozart. Es ist das zentrale Prinzip, das in verschiedenen Bereichen, einschließlich Umweltmanagement, Wirtschaft und Gesellschaft, ganzheitlich Anwendung findet.

Carlowitz erkannte, dass nachhaltiges Wirtschaften bedeutet, Ressourcen so zu nutzen, dass sie nicht erschöpft werden und in Zukunft weiterhin verfügbar sind. Sein Verständnis von Nachhaltigkeit ging jedoch über rein ökologische Aspekte hinaus und bezog auch die soziale Dimension, die wirtschaftliche Effizienz und die Verantwortung gegenüber zukünftigen Generationen mit ein. Die Idee, dass ein nachhaltiges Unternehmen nicht nur auf Profit abzielt, sondern auch die sozialen und ökologischen Auswirkungen seiner Aktivitäten als unabdingbare Grundlagen für unternehmerischen Erfolg berücksichtigt, ist ein Schlüsselprinzip der modernen Nachhaltigkeitsbewegung. Unternehmen und Gesellschaften weltweit streben danach, nachhaltige Praktiken in ihre Betriebsabläufe zu integrieren, um die Bedürfnisse der heutigen Generationen zu erfüllen, ohne damit zukünftige Generationen zu gefährden. Carlowitz' Vision von Nachhaltigkeit hat sich zu einem Leitprinzip entwickelt, das in vielen Bereichen zunehmend von zentraler Bedeutung ist, und sie erinnert uns daran, dass wir in unseren Bemühungen, die Welt zu gestalten, Rücksicht auf soziale, ökonomische und ökologische Faktoren nehmen müssen, um langfristig erfolgreich zu sein.

16.2.3 »Die Grenzen des Wachstums« (»The Limits to Growth«)

»Auf einer begrenzten Erde ist grenzenloses Wachstum nicht möglich.
Wir werden diese Grenzen erreichen.
Wir müssen und können dagegen etwas tun.«
Club of Rome 1972

Der Bericht des »Club of Rome« von 1972, mit dem Titel »Die Grenzen des Wachstums« markierte einen Meilenstein in der Geschichte der Umweltbewegung und der Nachhaltigkeitsdebatte. Er wies auf die begrenzten Ressourcen unseres Planeten und die Gefahren des ungebremsten wirtschaftlichen Wachstums hin. Die Forschungsarbeit wendete Computersimulationen an, um die langfristigen Auswirkungen von Umweltzerstörung, Überbevölkerung und Ressourcenerschöpfung zu modellieren.

In den Jahren nach dieser Studie hat der »Club of Rome« sein Engagement für diese essenziellen Themen aufrechterhalten und weitere Berichte veröffentlicht, die die Auswirkungen des globalen Wachstums und der Umweltzerstörung weiter untersuchten. Die nachfolgenden Berichte wie »Die neuen Grenzen des Wachstums«, »Das 30-Jahre-Update«, »40-Jahre-Prognose bis 2052«, und »1 Prozent ist genug« sind maßgeblicher Teil der dauerhaften Forschungsarbeit, die zum einen die Prognosen der älteren Berichte und Simulationen auf ihren Übereinstimmungsgehalt mit der tatsächlich eingetroffenen Wirklichkeit überprüfen und zum anderen darauf basierend neue Kernaussagen zur Zukunft treffen. Da die neuen Prognosen, gestützt auf die empirische Überprüfung gesichert mit sehr hoher Wahrscheinlichkeit eintreffen werden, sind es keine Warnungen vor etwaigen Horrorszenarien, sondern ernst zu nehmende Handlungsdirektiven für das Überleben auf diesem Planeten.

Der aktuelle Bericht »Earth4all«, der 50 Jahre nach dem ersten Bericht erschienen ist, unterstreicht sehr eindringlich die globalen Herausforderungen, denen wir gegenüberstehen. Die vorgeschlagenen Maßnahmen, darunter die Überwindung der Armut, die Verringerung der Ungleichheit, die Förderung der Gleichstellung von Frauen und Männern, die Beendigung des Patriarchats sowie eine nachhaltige globale Nahrungsmittel- und Energieproduktion ohne klimaschädliche Gase, sind die wichtigsten Handlungsfelder, um die existenzielle Krise anzugehen und soziale Stabilität zu gewährleisten. Die Verbindung zwischen Umweltzerstörung und sozialen Spannungen ist eines der wichtigsten und leider eines der meistignorierten Themen der Welt. Ein Ungleichgewicht in der Verteilung von Ressourcen und Chancen führt unweigerlich zu Unzufriedenheit und damit zu sozialen Konflikten, die mit zunehmender Wahrscheinlichkeit in globale kriegerische Auseinandersetzungen münden werden. Das erfordert eine ganzheitliche Herangehensweise an die Bewältigung dieser Herausforderungen.

Der »Club of Rome« mahnt, liefert wertvolle Einblicke in diese komplexen Zusammenhänge und erinnert die Welt daran, dass nachhaltiges Handeln nicht nur ökologische, sondern auch soziale Dimensionen erfasst, um die Lebensqualität für alle Menschen zu verbessern und den Planeten zu schützen. Im aktuellen Bericht warnt der »Club of Rome« nicht nur vor einer Klimakrise, sondern auch vor sozialen Spannungen als Folge von Umweltzerstörung und ungleich verteilten Einkommen. In Ländern, in denen die Zufriedenheit der Bevölkerung sinke, sieht Jorgen Randers, einer der Verfasser seit 1972, die Gefahr von einem »regionalen sozialen Kollaps«, also vom Zusammenbruch ganzer Gesellschaften. Randers nennt Afghanistan und Somalia als typische Beispiele. Doch er warnt vor sozialen Spannungen in allen Ländern, in denen das gefühlte Wohlergehen der Menschen zurückgeht. Auch in den USA hält er das beispielsweise für möglich.

16.2.4 »Wege zum Gleichgewicht« (»Earth in Balance«)

»Wir Menschen haben es mit einem globalen Notfall zu tun.
Die Erde hat jetzt Fieber. Und das Fieber steigt.«
Al Gore

Al Gore, der ehemalige US-Vizepräsident, hat sich in den letzten Jahrzehnten weltweit als einer der prominentesten Umweltaktivisten und Befürworter des Klimaschutzes einen Namen gemacht. Sein Engagement für Umweltfragen und sein Bemühen, die Menschen für die Herausforderungen des Klimawandels zu sensibilisieren, sind außergewöhnlich für einen ehemaligen Politiker. Sein Werk, insbesondere das Buch von 1993, zeigt sein tiefes Verständnis für die weitreichenden Umweltauswirkungen unseres Verhaltens und die Notwendigkeit eines radikalen Umdenkens in Bezug auf unsere Beziehung zur Natur. Tatsächlich sind der Treibhauseffekt, das Ozonloch und die Zerstörung der Regenwälder nur einige der offensichtlichen Beweise für die Umweltauswirkungen unserer Handlungen. Al Gore plädiert dafür, dass die Umweltprobleme nicht auf isolierte politische Entscheidungen oder Geschäftspraktiken zurückzuführen sind, sondern auf tiefgreifende kulturelle und strukturelle Faktoren in der Gesellschaft. Er betont die Notwendigkeit, dass Politiker, Wirtschaftsführer und die Gesellschaft insgesamt Verantwortung übernehmen und langfristige und nachhaltige Entscheidungen zu treffen haben.

Auf sehr erstaunliche Weise liefert er so selbst als ehemaliger Vizepräsident der Vereinigten Staaten von Amerika bereits 1993 einen sehr ehrlichen und glaubhaften Beleg für die alles überragende Bedeutung der kollektiven Verantwortung der Wirtschafts- und Politikeliten. Zwar gab es schon damals die ersten Konzeptionen zur CSR (Corporate Social Responsibility), aber den Buchstaben »G« als einer der drei Säulen von ESG

(Environmental, Social Governance) gibt es erst seit 2004.[50] Er ist in der Nachfolge für den allgemeinen Begriff von »Nachhaltigkeit« nach Carl von Carlowitz zu sehen.

Al Gore skizziert eine Strategie zur Bewältigung dieser Umweltprobleme, einschließlich der Stabilisierung des Bevölkerungswachstums, der weltweiten Implementierung umweltfreundlicher Technologien und der Umwelterziehung. Diese Ideen sind relevanter den je und weisen auf die zwingende Notwendigkeit hin, sowohl auf individueller als auch auf institutioneller Ebene umweltfreundliche Maßnahmen zu ergreifen, um die ökologische Stabilität und die Lebensqualität auf unserem Planeten für kommende Generationen zu bewahren. Al Gores Einsatz für den Umweltschutz und seine Bemühungen, die Öffentlichkeit über die Bedrohungen des Klimawandels aufzuklären, haben eine maßgebliche Rolle bei der Förderung des Umweltbewusstseins und der Notwendigkeit von Maßnahmen für den Klimaschutz gespielt und seine Aussagen sind aktueller denn je.

16.2.5 »Cradle to Cradle«

»Wir sehen eine Welt des Überflusses, nicht der Grenzen. Während viel über die Reduzierung des menschlichen ökologischen Fußabdrucks gesprochen wird, bieten wir eine andere Vision an. Was wäre, wenn Menschen Produkte und Systeme entwerfen würden, die eine Fülle menschlicher Kreativität, Kultur und Produktivität feiern? Die so intelligent und sicher sind, dass unsere Spezies einen ökologischen Fußabdruck hinterlässt, an dem wir uns erfreuen und nicht beklagen können?«

Michael Braungart

Das Buch »Cradle to Cradle« von Michael Braungart und William McDonough ist ein 2002 veröffentlichtes Handbuch, das ein dauerhaftes und nicht mehr auf Wachstum basierendes Wirtschaftssystem darstellt. Es geht um die Kreislaufwirtschaft und deren Auswirkungen auf unsere Branche.

Braungart und McDonough zeigen die innovative Perspektive von »Circular Economy«[51] und berichten von »Best Practices«, die in der Bau- und Immobilienbranche und somit auch in der Wohnungswirtschaft wegweisend sind. Es handelt sich um eine Studie, in der auf sehr anschauliche Weise ein grundsätzliches Gegenkonzept zu

---

50 Der Begriff und das Konzept der ESG-Kriterien wurden 2004 erstmalig von der »Global Compact Initiative« der Vereinten Nationen eingeführt. Ziel war, Analysten wie Anlegern ein Set an Normen an die Hand zu geben, die auf den »Six Principles for Responsible Investment« (PRI) der Vereinten Nationen basieren, siehehttps://www.values-academy.de/was-ist-esg/, zugegriffen am 01.11.2023.

51 https://www.europarl.europa.eu/news/de/headlines/economy/20151201STO05603/kreislaufwirtschaft-definition-und-vorteile zugegriffen am 01.11.2023

einem linearen, ausschließlich auf Wachstum basierenden Wirtschaftskonzept skizziert wird.

Das Gegenteil zur Kreislaufwirtschaft wird zumeist »Linearwirtschaft« oder auch »Wegwerfwirtschaft« genannt. Diese sind das derzeit vorherrschende Prinzip der industriellen Produktion. Dabei wird ein Großteil der eingesetzten Rohstoffe nach der jeweiligen Nutzungsdauer der Produkte deponiert oder verbrannt. Nur ein geringer Anteil wird einer Wiederverwendung zugeführt.

Die Autoren geben eine Antwort auf die Frage, was notwendig ist, um nachhaltig zu produzieren und zu konsumieren. Es geht um die Abkehr vom ungehemmten Wachstum und die Zuwendung zu den Prinzipien der »Circular Economy«, die ausschließlich durch einen sich reproduzierenden geschlossenen Wirtschaftskreislauf in der Lage sein wird, die aktuellen Probleme zu lösen. Die Kreislaufwirtschaft ist ein regeneratives System, in dem Ressourceneinsatz und Abfallproduktion, Emissionen und Energieverschwendung durch das Verlangsamen, Verringern und Schließen von Energie- und Materialkreisläufen minimiert werden; dies kann durch langlebige Konstruktion, Instandhaltung, Reparatur, Wiederverwendung, Remanufacturing, Refurbishing und Recycling erzielt werden. Alle im Buch genannten Beispiele aus der Wirtschaft lassen sich prinzipiell problemlos auf alle Bereiche unseres Wirtschaftszweiges der Bau- und Immobilienwirtschaft anwenden. Die beschriebenen Szenarien, in denen sich in der mittelbaren Zukunft auf der einen Seite ausschließlich Verbrauchsgüter, die vollständig biologisch abgebaut werden müssen, und auf der anderen Seite Stoffe, die sich in nahezu geschlossenen Stoffströmen zu 100% wiederverwenden lassen, gegenüberstehen, sind konsequent, logisch und alternativlos.

16.2.6 »Nachhaltigkeit in der Wohnungs- und Immobilienwirtschaft«

»Es ist die Verantwortung der Einäugigen unter den Blinden,
Bauen neu zu denken und dauerhaft neue intelligente Technologien,
Bauteile, Materialien und digital vernetzte Arbeitsweisen als integrale,
parallel stattfindende Prozesse einzusetzen.«
Thomas A. J. Oebbecke

Thomas A. J. Oebbecke setzt sich in seinem Buch ganzheitlich mit den drängenden Fragen im Zusammenhang mit der Transformation des Wohnungsbausektors auseinander. Das Buch bietet eine umfassende Sichtweise, die im Kern die ökonomische, ökologische und soziale Verantwortung in den Vordergrund stellt. Der Gebäudesektor und damit die Wohnungswirtschaft spielt in vielen Ländern, einschließlich Deutschland, eine entscheidende Rolle im Kampf gegen den Klimawandel. Er ist für einen erheblichen Teil der Treibhausgasemissionen verantwortlich, in Deutschland für ca. 40 %, insbesondere für CO_2-Emissionen. Die Herausforderung besteht darin, den Gebäudesektor klimaneutral zu gestalten, um die Klimaziele zu erreichen.

So beleuchtet das Buch nicht nur die historische Dimension der Klimadebatte, sondern es bietet konkrete, ganzheitliche Lösungsvorschläge an. Diese reichen vom Einsatz von Brückentechnologien, der Orientierung an »Best Practice«-Beispielen, den Chancen von Regulierung bis hin zum Kraftschluss grüner Verträge über den Lebenszyklus einer Immobilie.

Der Autor stellt dabei die energetische Sanierung von bestehenden Gebäuden genauso ins Zentrum wie die umfassende Verbesserung von Wärmedämmung, den Einsatz energieeffizienter Heiz- und Kühlsysteme, die Nutzung erneuerbarer Energiequellen und die Notwendigkeit, bei Neubauten nachhaltige und energieeffiziente Bauweisen zu fördern. Dies schließt den Einsatz umweltfreundlicher Baumaterialien und den Entwurf von Gebäuden ein, die den Energiebedarf minimieren.

Um die notwendigen Veränderungen im Gebäudesektor zu erreichen, fordert er analog zu Al Gore die grundsätzliche Übernahme von Verantwortung der Politik- und Wirtschaftsführer. Deutschland als eine der führenden Wirtschaftsnationen sollte eine Vorbildfunktion einnehmen. Zusammen mit allen auf der Hand liegenden dringenden Aufgaben wie Atomausstieg, Verkehrs- und Immobilienwende, E-Mobilität als Brücke zur Wasserstoff-Technologie, Klimaneutralität bis 2045 etc. darf Deutschland als Gesellschaft nicht müde werden, ganzheitlich und dauerhaft Aufklärung, Ausbildung und adäquaten globalen Informationstransfer über die Vorteile nachhaltiger und energieeffizienter Gebäude einzufordern. Dies schließt alle an einer Immobilie Beteiligten mit ein, Wohnende, Bauende, Eigentümerinnen und Eigentümer sowie Entscheidende.

Das Werk beschreibt die Schaffung von Anreizen, um die Umstellung auf nachhaltige Immobilien zu fördern. Es untersucht den Sinn und Unsinn von Zertifizierungssystemen im Dialog zwischen notwendigen anzuwendenden Standards und begrüßenswerten Leitfäden. Es schließt den Spannungsbogen, der mit der Hubschrauberperspektive beginnt und landet ganz unten bei einfachen »Do-it-yourself«-Maßnahmen. So liefert das Buch Praxisbeispiele, Tipps und Tricks, um selbst Expertise in Umwelt- und Energiefragen für die eigene Liegenschaft oder Wohnung zu erhalten und somit auch Verantwortung im eigenen Bereich zu übernehmen.

16.2.7 »ESG in der Immobilienwirtschaft«

»Die Offenlegungspflichten werden in den kommenden Jahren schrittweise um neue ESG-Kriterien und Vorgaben erweitert. Kreditinstitute sollten sich daher jetzt bereits auf die erhöhten Anforderungen einstellen, um diese akkurat und fristgerecht erfüllen zu können.«

Christoph Schellhas, PwC

Die Autoren Thomas Veith, Christiane Conrads und Florian Hackelberg haben 2021 zusammen mit 14 Expertinnen und Experten aus verschiedenen Bereichen, darunter Ökonomen, Rechtsanwälte, Investoren, Asset Manager, Architekten und Ingenieure ein Praxishandbuch erarbeitet, das das Thema Nachhaltigkeit in der Immobilienwirtschaft zum ersten Mal umfassend behandelt.

Das Thema Nachhaltigkeit gewinnt in vielen Sektoren, einschließlich der Immobilienwirtschaft, zunehmend an Bedeutung, da die Auswirkungen des Klimawandels und die sozialen und ökologischen Herausforderungen stärker in den Fokus rücken. Es wird am Prinzip »Environmental Social Governance« integral betrachtet. Anhand der kurz zuvor in Kraft getretenen Taxonomie und Offenlegungsverordnung (2019/2088) sowie anderer Regularien seitens der EU beleuchtet es die vielschichtigen Auswirkungen auf die Immobilienwirtschaft.

Das Buch nimmt die komplexen Themen rund um Environmental, Social und Governance (ESG) und deren Bedeutung für Neubau, Sanierung, Immobilienmanagement, Investment-Prozesse und Immobilienbewertungen in den Fokus. Es hilft, nationale und europäische regulatorische Anforderungen zu verstehen und die Auswirkungen auf den Immobilienmarkt zu analysieren. Die Tatsache, dass die Nachhaltigkeit im Immobilienbereich noch in einem frühen Stadium ist und es an Standards und Praxisbeispielen mangelt, unterstreicht die Notwendigkeit, die Themen ganzheitlich zu adressieren. Das Praxishandbuch bietet Orientierung in einer sich schnell entwickelnden und komplexen Umgebung, in der regelmäßig neue Anforderungen und Vorschriften eingeführt werden. Durch ihren Beitrag zur Wissensmehrung und zur Aufklärung über die Bedeutung der ESG-Transformation in der Immobilienwirtschaft sowie die Förderung von Nachhaltigkeit in der Immobilienbranche wird nicht nur Transparenz bezüglich ökologischer und sozialer Herausforderungen geschaffen, sondern es eröffnet auch Möglichkeiten zur Entwicklung umweltfreundlicherer, effizienterer Gebäude und Immobilienmärkte. Das Praxishandbuch trägt zur Entstehung von Best Practices und zur Schaffung einer nachhaltigeren und zukunftsfähigen Immobilienbranche bei.

16.2.8 Aktuelle Fakten zur Photovoltaik in Deutschland

»Mich haben immer schon Probleme gereizt, die für unlösbar gehalten wurden.«
Prof. Dr. Adolf Goetzberger, Gründer des Fraunhofer-Instituts
für Solare Energiesysteme (ISE)

An dieser Stelle verweise ich auf den sich fortschreibenden wissenschaftlich fundierten Lagebericht des Fraunhofer Instituts. Das Team um Herrn Dr. Harry Wirth, Bereichsleiter Photovoltaik-Module und -Kraftwerke des Fraunhofer-Instituts für Solare Energiesysteme (ISE) am Standort Freiburg, erforscht und aktualisiert dauerhaft die gesamte wissenschaftliche Lage rund um das Thema Photovoltaik in der Bundesrepublik Deutschland und die Forschungsergebnisse weltweit. Das ISE ist das größte Forschungsinstitut für Solarenergie in Europa. Die aktuellen Berichte sind abrufbar unter www.pv-fakten.de. Der aktuelle Bericht, auf den sich auch viele meiner eigenen Aussagen in diesem Buch stützen, stammt vom 27.09.2023.

Deutschland befindet sich im Übergang vom fossil-nuklearen Energiezeitalter hin zu einer nachhaltigen Zukunft, in der Photovoltaik (PV) eine Schlüsselrolle spielt. Die Zusammenstellung von aktuellen Fakten, Zahlen und Erkenntnissen des Fraunhofer Instituts dient dazu, eine umfassende Bewertung des Photovoltaik-Ausbaus in Deutschland zu ermöglichen und dadurch konstruktiv und sachlich zum weiteren und intensiven Ausbau zu motivieren.

Schlusswort

»Ja, es gibt Menschen, die die Sonne nur anschauen,
um Flecken darauf zu finden.«
Johannes Paul I

Mein Lebensweg hat mir gezeigt, dass der notwendige Wandel der Gesellschaft im Angesicht der Klimakrise in der kurzen verbleibenden Zeit nur dadurch zu erreichen ist, dass die entscheidenden Themen von allen Seiten angegangen werden. Es müssen kreative Zirkel gebildet und in vielschichtigen Gruppen und Teams zusammengearbeitet werden, um die Triebkräfte der Gesellschaft im Ringschluss zielorientiert und effizient auf unsere Immobilien- und Wohnungswirtschaft auszurichten.

Die entscheidende Komponente für den Erfolg – hinsichtlich der Geschwindigkeit und der Ganzheitlichkeit des Wandels – ist nicht nur, die Themen zu initiieren und zu treiben, sondern auch zu erkennen, dass die Sonne die Lösung aller Probleme sein wird. Außerdem müssen die technischen Möglichkeiten, die wir bereits heute haben, genutzt werden – gern auch mal gegen die die scheinbar wirtschaftliche Vernunft.

Ich denke, dass dieses Buch aufzeigen konnte, worum es am vordringlichsten beim Nutzen der Sonnenkraft geht und wie man mit einer entsprechenden Neuausrichtung erfolgversprechend handeln kann. Insofern ist das Buch nicht nur ein Ratgeber. Es ist eine Agenda und ein Handlungsleitfaden, in dem die sich die Lösungsansätze und Möglichkeiten zum positiven Umgang mit der Kraft der Sonne nicht nur ablesen, sondern ganz konkret realisieren lassen.

Aber was mein Buch natürlich nicht leisten kann, ist in die Verantwortung zu gehen, um jetzt, hier und heute den wesentlichen Aspekt von Nachhaltigkeit – und die Nutzung der Sonnenkraft ist nichts anderes – effizient zu initiieren, zu treiben und umzusetzen. Das müssen Sie tun!

Sie, die Sie die Möglichkeit haben, mit Mut und Zuversicht über klimagerechte und innovative Wege zu entscheiden und Ihre neuen Visionen und Missionen in neue, nachhaltigere Komfortzonen für Sie, uns alle und den ganzen Planeten zu verwandeln.

Thomas Oebbecke
Architekt

17 Quellen und Kontakte

17.1 Literatur

acatech/Leopoldina/Akademieunion (Hrsg.) (2023): Wie wird Deutschland klimaneutral? Halle.

Andrae, A. S. G. & Edler, T. (2015): On Global Usage of Communication Technology: Trends to 2030. Challenges 6, S. 117–157.

Aretz, A. u. a. (2022): Evaluation of the energy saving potential through systematic data collection of the electricity comsumption and heating system operation in the building sector. ECEEE Summer Study Proceedings. Stockholm.

Aretz, A. & Ouanes, N. (2023): Smart-Meter-Rollout: Die Energiewende datensparsam voranbringen. IÖW-Impulse 5. IÖW. Berlin.

Bevilacqua, C. u. a. (Hrsg.) (2020): New Metropolitan Perspectives. Cham.

Bisello, A. u. a. (Hrsg.) (2021): Smart and Sustainable Planning for Cities and Regions. Cham.

Bodanis, D. (2005): Electric Universe. London.

Bundesamt für Bevölkerungsschutz und Katastrophenhilfe (Hrsg.) (2019): Notstromversorgung in Unternehmen und Behörden. Bonn.

Bundesministerium für Wirtschaft und Klimaschutz BMWK (2022): Zahlen und Fakten. Energiedaten. Berlin.

Cisco (2020): Cisco Annual Internet Report 2018–2023. San José.

Clearingstelle EEG/KWKG (2018): Hinweis 2017/46. Berlin.

Concilio, G. u. a. (Hrsg.) (2021): The Data Shake. Opportunities and Obstacles for Urban Policy Making. Cham.

Dossow, P. u. a. (2021): Entwicklungsrahmen der Haushaltsstrompreise in Deutschland. Forschungsgesellschaft für Energiewirtschaft. München.

Dupré, O. u. a. (2017): Thermal Behavior of Photovoltaic Devices. Physics and Engineering. Cham.

Elbaset, A. A. & Hassan, M. S. (2017): Design and Power Quality Improvement of Photovoltaic Power Systems. Cham.

Eltamaly, A. M. & Abdelaziz, A. Y. (2020): Modern Maximum Power Point Tracking Techniques for Photovoltaic Energy Systems. Cham.

Elbaset, A. A. u. a. (2019): Performance Analysis of Photovoltaic Systems with Energy Storage Systems. Cham.

Gandhi, O. (2021): Reactive Power Support Using Photovoltaic Systems. Techno-Economic Analysis and Implementation Algorithms. Cham.

GDV/VDE (2017): Photovoltaikanlagen. Publikation der deutschen Versicherer zur Schadensverhütung. Köln.

Haegel, N. u. a. (2019): Terawatt-scale photovoltaics: Transform global energy. Science 364, S. 836–838, DOI: 10.1126/science.aaw.1845.

Hengstler, J. u. a. (2021): Aktualisierung und Bewertung der Ökobilanzen von Windenergie- und Photovoltaikanlagen unter Berücksichtigung aktueller Technologieentwicklungen. Dessau-Roßlau.

Jurczyk, K. u. a. (2022): Datenanalysen und Künstliche Intelligenz im Stromnetz. Kassel.

Kelm, T. u. a. (2019): Vorbereitung und Begleitung bei der Erstellung eines Erfahrungsberichts gemäß § 97 EEG. Teilbericht Mieterstrom. Zentrum für Sonnenenergie- und Wasserstoff-Forschung Baden-Württemberg. Stuttgart.

Kind, J. (2021): Photovoltaikanlage und Blockheizkraftwerk. Akademische Arbeitsgemeinschaft. Mannheim.

Kost, C. u. a. (2021): Stromgestehungskosten Erneuerbare Energien. Fraunhofer-Institut für Solare Energiesysteme ISE. Freiburg.

Kraus, M. H. (2021): Notfallvorsorge für die Wohnungswirtschaft. Wiesbaden.

de Lange, M. & de Waal, M. (Hrsg.) (2019): The Hackable City. Singapore.

Linnemann, M. (2021): Energiewirtschaft für (Quer-)Einsteiger. Einmaleins der Stromwirtschaft. Wiesbaden.

Maslaton, M. (2021): Handbuch des Rechts der Photovoltaik. Leipzig.

Mellit, A. & Benghanem, M. (Hrsg.) (2020): A Practical Guide for Advanced Methods in Solar Photovoltaic Systems. Cham.

Mertens, K. (2022): Photovoltaik. Lehrbuch zu Grundlagen, Technologie und Praxis. München.

Metzger, J. u. a. (2020): Analyse der Stromeinspeisung ausgeförderter Photovoltaikanlagen und Optionen einer rechtlichen Ausgestaltung des Weiterbetriebs. Dessau-Roßlau.

Mir-Artigues, P. & del Rio, P. (2016): The Economics and Policy of Solar Photovoltaic Generation. Cham.

Mohanty, P. u. a. (Hrsg.) (2016): Solar Photovoltaic System Applications. A Guidebook for Off-Grid Electrification. Cham.

Müller, A. R. D. u. a. (2023): Datenanalysen und Künstliche Intelligenz im Stromverteilnetz. Berlin.

Palacios, S. u. a. (2020): Photovoltaik-Pflicht mit Verpachtungskataster. Umweltbundesamt. Berlin.

Pavlovic, T. (Hrsg.) (2020): The Sun and Photovoltaic Technologies. Cham.

Precup, R.-E. u. a. (Hrsg.) (2019): Solar Photovoltaic Power Plants. Advanced Control and Optimization Techniques. Singapore.

Prognos, Öko-Institut, Wuppertal-Institut (2021): Klimaneutrales Deutschland 2045. Berlin/Wuppertal.

Prognos (2022): Strompreisprognose. Berlin

Quaschnig, V. (2021): Erneuerbare Energien und Klimaschutz. München

Rabiul Islam, M. u. a. (Hrsg.) (2016): Advances in Solar Photovoltaic Power Plants. Berlin/Heidelberg.

Reichenbach, G. u. a. (2008): Risiken und Herausforderungen für die öffentliche Sicherheit in Deutschland. Grünbuch. Zukunftsforum Öffentliche Sicherheit. Berlin.

Reinsel, D. u. a. (2018): DataAge 2025. The Digitization of the World. From Edge to Core. International Data Corporation. Framingham.

Reulecke, J. (Hrsg.) (1997): Geschichte des Wohnens. Band 3. 1800–1918. Stuttgart.

Ritter, D. u. a. (2021): Wirtschaftlichkeit von Photovoltaik-Dachanlagen. Umweltbundesamt. Dessau-Roßlau.

Rodriguez Gallegos, C. D. (2021): Modelling and Optimization of Photovoltaic Cells, Modules, and Systems. Singapore.

Schröder, W. (Hrsg.) (2023): Ausführungshandbuch für Photovoltaik-Anlagen. Merching.

Schulz, D. u. a. (2015): Autarke Notstromversorgung der Bevölkerung. Bundesamt für Bevölkerungsschutz und Katastrophenhilfe. Bonn.

Shi, W. u. a. (Hrsg.) (2021): Urban Informatics. Singapore.

Stolten, P. u. a. (2022): Neue Ziele auf alten Wegen? Strategien für eine treibhausgasneutrale Energieversorgung bis zum Jahr 2045. Forschungszentrum Jülich. Jülich.

Trentmann, F. (2019/2016): Herrschaft der Dinge (Empire of Things). München.

Triebel, M. A. u. a. (2022): Modellierung sektorintegrierter Energieversorgung im Quartier. Berlin.

UBA Umweltbundesamt (2023): Monatsbericht zur Entwicklung der erneuerbaren Stromerzeugung und Leistung in Deutschland (13.01.2023). Dessau-Roßlau.

Umpfenbach, K. u. a. (2022): StromNachbarn. Reformoptionen für einen beschleunigten Ausbau von Photovoltaik-Anlagen auf Mehrfamilienhäusern in Berlin. Ecologic Institut. Berlin.

UN/DESA United Nations, Department of Economic and Social Affairs (2022): World Population Prospects. New York.

Wagner, A. (2019): Photovoltaik Engineering. Wiesbaden.

Webber, M. E. (2019): Power Trip. New York.

Wirth, A. (2022): Aktuelle Fakten zur Photovoltaik in Deutschland. Fraunhofer ISE. Freiburg.

Wittlinger, J. K. (2020): Photovoltaikanlagen im Steuerrecht. München.

Zenke, I. u. a. (Hrsg.) (2021): Energiepreise. Von der Kalkulation bis zur Abrechnung von Preisen für Strom, Gas, Fernwärme, Wasser und CO_2. Berlin/Boston.

Zhang, C. u. a. (Hrsg.) (2021): Semiconductor Photovoltaic Cells. Singapore.

17.2 Behörden, Forschungseinrichtungen, Verbände

Aus wettbewerbsrechtlichen Gründen wird hier nicht auf Seiten von Fachfirmen, Maklerportale und sonstige unternehmerische Angebote verwiesen; es wäre für die Zwecke eines Druckwerks ohnehin kaum möglich, eine vollständige Übersicht zu erstellen und die gelisteten Einträge auf Aktualität und Seriosität zu prüfen.

Agentur für Erneuerbare Energien e. V. (AEE), EUREF-Campus 16, 10829 Berlin, https://www.foederal-erneuerbar.de, https://unendlich-viel-energie.de, www.forum-synergiewende.de, https://www.waermewende.de, https://energie-update.de (Kommunikationsagentur der Wirtschaft)

Arbeitsgemeinschaft Energiebilanzen (AGEB), Reinhardtstraße 32, 10117 Berlin (Mitte), https://ag-energiebilanzen.de

Bundesamt für Bevölkerungsschutz und Katastrophenhilfe (BBK), Provinzialstraße 93, 53127 Bonn, https://www.bbk.bund.de (Übersicht über Notfallpläne der Bundesländer für längerdauernde Stromausfälle)

Bundesamt für Sicherheit in der Informationstechnik (BSI), Godesberger Allee 185–189, 53175 Bonn, https://www.bsi.bund.de

Bundesinstitut für Bau-, Stadt- und Raumforschung (BBSR) im Bundesamt für Bauwesen und Raumordnung (BBR), Deichmanns Aue 31–37, 53179 Bonn, https://www.bbsr.bund.de (»Zukunft Bau« – Forschung u. a. zum Klimaschutz im Städtebau)

Bundesministerium der Finanzen, Wilhelmstraße 97, 10117 Berlin (Mitte), https://www.bundesfinanzministerium.de

Bundesministerium für Umwelt, Naturschutz, nukleare Sicherheit und Verbraucherschutz (BMUV), Stresemannstraße 128–130, 10117 Berlin (Mitte), https://www.bmuv.de

Bundesministerium für Wirtschaft und Klimaschutz (BMWK), Villemombler Straße 76, 53123 Bonn, https://www.bmwk.de (siehe auchhttps://www.erneuerbare-energien.de)

Bundesnetzagentur (BNetzA), Tulpenfeld 4, 53113 Bonn, https://www.bundesnetzagentur.de (Überwachung des Marktes, Eingriff bei Verstößen, Veröffentlichung der Anlagenstammdaten und Fördersätze …)

Bundesverband der Energie- und Wasserwirtschaft e. V. (BDEW), Reinhardtstraße 32, 10117 Berlin (Mitte), https://www.bdew.de

Bundesverband Energiespeicher-Systeme e. V. (BVES), Oranienburger Straße 15, 10178 Berlin (Mitte), https://www.bves.de

Bundesverband Erneuerbare Energie e. V. (BEE), EUREF-Campus 16, 10829 Berlin, https://www.bee-ev.de

Bundesverband Solarwirtschaft e. V. (BSW), EUREF-Campus 16, 10829 Berlin, https://www.solarwirtschaft.de (Marktübersicht einschließlich Preisentwicklung)

Clearingstelle EEG/KWKG, RELAW GmbH Gesellschaft für angewandtes Recht der Erneuerbaren Energien, Charlottenstraße 65, 10117 Berlin (Mitte), https://www.clearingstelle-eeg-kwkg.de

Deutsche Energie-Agentur (dena), Chausseestraße 128 A, 10115 Berlin (Mitte), https://www.dena.de

Deutsche Gesellschaft für Sonnenenergie e. V. (DGS), EUREF-Campus 16, 10829 Berlin, https://www.dgs.de

Deutscher Wetterdienst (DWD), Frankfurter Straße 135, 63067 Offenbach, https://www.dwd.de

European Council for an Energy Efficient Economy (eceee), Sveavägen 98, 11350 Stockholm, Schweden, https://www.eceee.org

European Energy Exchange (EEX), Augustusplatz 9, 04109 Leipzig, https://www.eex.com (Energiebörse)

Forschungsforum Öffentliche Sicherheit, Freie Universität Berlin, Carl-Heinrich-Becker-Weg 6–10, 12165 Berlin (Steglitz), https://www.sicherheit-forschung.de (Forschung über Gefährdungen von Siedlungsgebieten)

Forschungsgesellschaft für Energiewirtschaft (FfE), Am Blütenanger 71, 80995 München, https://www.ffe.de

Forschungsverbund Erneuerbare Energien (FVEE), Anna-Louisa-Karsch-Straße 2, 10178 Berlin (Mitte), https://www.fvee.de

Fraunhofer-Institut für Solare Energiesysteme (ISE), Heidenhofstraße 2, 79110 Freiburg, https://www.ise.fraunhofer.de

Fraunhofer-Institut für Energiewirtschaft und Energiesystemtechnik (IEE), Joseph-Beuys-Straße 8, 34117 Kassel, https://www.iee.fraunhofer.de

Helmholtz-Zentrum Potsdam, Geoforschungszentrum, Helmholtzstraße 6/7, 14467 Potsdam, https://www.gfz-potsdam.de

Helmholtz-Zentrum Berlin für Materialien und Energie, Hahn-Meitner-Platz 1, 14109 Berlin (Zehlendorf), https://www.helmholtz-berlin.de

Institut für Energie- und Klimaforschung (IEK), Forschungszentrum Jülich GmbH, Wilhelm-Johnen-Straße, 52428 Jülich, https://www.fz-juelich.de/de/iek

Institut für Energie- und Umweltforschung Heidelberg gGmbH (ifeu), Wilckensstraße 3, 69120 Heidelberg, https://www.ifeu.de

Institut für Klimaschutz, Energie und Mobilität e. V., An-Institut der Universität Greifswald, Magazinstraße 15–16, 10179 Berlin (Mitte), https://www.ikem.de

Institut für Ökologische Wirtschaftsforschung e. V. (IÖW), Potsdamer Straße 105, 10785 Berlin, https://www.ioew.de

International Renewable Energy Agency (IRENA), Masdar City, P. O. Box 236, Abu Dhabi, United Arab Emirates, https://www.irena.org

Kreditanstalt für Wiederaufbau (KfW), Palmengartenstraße 5–9, 60325 Frankfurt/Main, https://www.kfw.de

Statistisches Bundesamt, Gustav-Stresemann-Ring 11, 65189 Wiesbaden, https://www.destatis.de

Umweltbundesamt (UBA), Wörlitzer Platz 1, 06844 Dessau-Roßlau, https://www.umweltbundesamt.de

Verband der Elektrotechnik, Elektronik, Informationstechnik e. V. (VDE), Merianstraße 28, 63069 Offenbach am Main, https://www.vde.com

Verbraucherzentrale Bundesverband e. V. (VZBV), Rudi-Dutschke-Straße 17, 10969 Berlin (Kreuzberg), https://www.vzbv.de

Wuppertal Institut für Klima, Umwelt, Energie gGmbH, Döppersberg 19, 42103 Wuppertal, https://wupperinst.org

Zentrum für Sonnenenergie- und Wasserstoff-Forschung Baden-Württemberg, Industriestraße 6, 70565 Stuttgart (Vaihingen), https://www.zsw-bw.de

17.3 Datenportale

BDEW-Portal mit Übersicht der Netze und Netzbetreiber, https://vnbdigital.de

Climate Data Center (CDC), https://cdc.dwd.de/portal (Datenportal des Deutschen Wetterdienstes)

Deutsches Klimavorsorgeportal, https://www.klivoportal.de (Datenportal des Bundesministeriums für Umwelt, Naturschutz, nukleare Sicherheit und Verbraucherschutz)

SMARD, https://www.smard.de (Datenportal der Bundesnetzagentur)

Photovoltaic Geographical Information System (PVGIS), EU Science Hub, https://re.jrc.ec.europa.eu/pvg_tools/en (Datenportal der Europäischen Kommission)

National Solar Radiation Database, National Renewable Energy Laboratory, U. S. Department of Energy, https://nsrdb.nrel.gov

National Center for Atmospheric Research, National Science Foundation/University Corporation for Atmospheric Research (USA), https://climatedataguide.ucar.edu

17.4 Branchendienste

Alfons W. Gentner Verlag GmbH & Co. KG, Forststraße 131, 70193 Stuttgart, https://www.pveurope.eu

Haufe-Lexware GmbH & Co. KG, Munzinger Straße 9, 79111 Freiburg, https://www.haufe.de

Solarthemen Media GmbH, Bültestraße 70 B, 32584 Löhne, https://www.solarserver.de

Danksagung

Nachdem ich mir 2020 eine Auszeit genommen habe, um zusammen mit meiner Partnerin beim Deutschen Institut für Nachhaltige Immobilienwirtschaft (DIFNI) und bei unserer SUSTAIN|ABILITY team GmbH & Co. KG (sat), Simone Lakenbrink, Europa im Campingbus kennenzulernen, wurden wir beide durch die zunehmenden Anfragen zu ESG und Nachhaltigkeit zu digitalen Nomaden. Eine erstaunliche, aber folgerichtige Entwicklung.

In dieser Zeit »im Mobil« verfassten Simone und ich jeweils ein Kapitel als Co-Autoren für das erste Praxishandbuch »ESG in der Immobilienwirtschaft« für den gesamten Immobilien- und Investitionszyklus, das im Haufe Verlag erschienen ist. Diese Entwicklung war so nicht vorhersehbar, aber richtungsweisend. Nach der Veröffentlichung des Praxishandbuchs entstand Ende 2021 die Idee, ein erstes Werk über Nachhaltigkeit in der Wohnungs- und Immobilienwirtschaft zu verfassen. Ein für mich sehr großer Schritt, aus dem dann ein ganzes Jahr in Nordspanien wurde.

In diesem sehr heißen spanischen Sommer 2022 kam der Ruf als Chief Sustainable Officer (CSO) bei INTERBODEN, wo mich die Eindrücke als Bauherr und Nachhaltigkeitsbeauftragter und das Schicksal eines werten externen Kollegen in Berlin, Herrn Dr. Mario H. Kraus, dazu bewogen, dieses Buchprojekt anzunehmen, anzugehen und zu vollenden. Ohne die profunde und exzellente Grundlagenarbeit von meinem geschätzten Kollegen Herrn Dr. Mario H. Kraus, Naturwissenschaftler, Mediator und Publizist, dem ich dieses Werk widme, gäbe es dieses Buch in dieser Form nicht. Sehr geehrter Herr Dr. Kraus, herzlichen Dank!

Wie es der Zufall im Leben so will, haben sich zwei Brüder, deren Lebenswege und berufliche Welten unterschiedlicher nicht sein könnten, ohne es zu wissen, zeitgleich mit dem Thema Photovoltaik auseinandergesetzt. Der eine in seinem ganzen Leben als Architekt und dem Versuch, die Komplexität und Tragweite der Nutzung der Sonnenkraft in diesem Buch in Worte zu fassen. Der andere mit seiner beruflichen Mission, Nachhaltigkeit dauerhaft für die Anwendbarkeit unserer integralen technologischen und prozessualen Welt sicher zu machen. Zusammen mit seiner Lebenspartnerin, meiner Lieblingsschwägerin, hat er sich als pragmatisch analytischer Häuslebauer und Hobbyhandwerker in einem kleinen idyllischen Dorf in Oberbayern praktisch mit der Kraft der Sonne auseinandergesetzt. Das Beispiel von »Herrn O. und Frau F.« im Kapitel 14.4 zeigt auf hervorragende Weise, wie man mit klaren finanziellen Korridoren, maßgeschneidert auf das eigene Heim und mit dem intelligenten Einsatz aller aktuell existierenden Fördermittel schnell, integral und effizient einen eigenen signifikanten Beitrag zum Klimaschutz umsetzen kann. Durch die Wahrnehmung der eigenen Verantwortung sind beide Vorbilder für unser Gesellschaft im Wandel. Mein lieber Bruder Markus, liebste Alexandra, ich danke euch beiden von ganzem Herzen.

Und das Leben hat noch weitere Überraschungen auf Lager. Mein größter Dank gilt meiner in der Heimat wiedergefundenen Schulkameradin, einem sehr schönen und talentierten Menschen. Nicht nur dafür, dass sie mich mit Liebenswürdigkeit und Geduld freiwillig erträgt, mir nachsehend zur Seite steht und an das glaubt, was ich mache, sondern vor allem dafür, dass sie bei diesem Buchprojekt meine Lektorin war. Sie sah milde über mein als/wie und viele andere Schwächen hinweg und verhalf mir völlig uneigennützig singend und lachend zu einem vernünftigen Deutsch. Meine liebste Verena, danke!

Es gibt natürlich noch eine Instanz, ohne die dieses Buch nicht möglich wäre, welche in ihrer akribischen Arbeit und mit einem liebenswürdigen Blick für das Detail dem Buch mit ihrem Lektorat den letzten Schliff gegeben hat. Liebe Frau Thum, ich danke Ihnen von ganzem Herzen.

Thomas A. J. Oebbecke

Stichwortverzeichnis

Der Autor

Ökologie und Soziales waren während der Studien von Thomas Oebbecke an der Fachhochschule Bielefeld in Minden und am Mies-van-der-Rohe-Lehrstuhl am Illinois Institute of Technology (iiT) in Chicago in den frühen 1990er-Jahren sowie bei seinen Lehrtätigkeiten an beiden Institutionen treibende Kraft.

Nach Rückkehr aus den Vereinigten Staaten in den frühen 2000er-Jahren stellte Thomas Oebbecke als Architekt – zunächst bei KSP Engel und Zimmermann in Frankfurt am Main und später in der Partnerschaft mit Prof. Hilmar Wiethüchter und dem gemeinsamen Büro OWP Architekten – wirtschaftliche Prinzipien ins Zentrum.

Die durch Thomas Oebbecke entworfenen und durch OWP entstandenen Projekte »International Financial Center Beijing« (IFC) und das Zivile Luftfahrtmuseum in Peking waren bereits seinerzeit »grüne Gebäude«, wobei das IFC eines der ersten LEED-zertifizierten Gebäude in der Volksrepublik China war und dort Maßstäbe setzte.

Bei den weiteren Stationen seiner Laufbahn ging es Thomas Oebbecke darum, jenseits der Architektur die Ganzheitlichkeit der Immobilienbranche zu erfassen, und so integrierte er ab 2006 bei der URS Deutschland GmbH und danach bei der ARCADIS Germany GmbH Themen rund um Nachhaltigkeit konsequent in deren ganzheitliche und integrale Beratungs- und Dienstleistungen.

Bei den wichtigsten Transaktionen, wie beispielsweise dem Verkauf des Potsdamer Platzes (URS) erhob Thomas Oebbecke »grüne« Themen zum »Deal Breaker« einer technischen Due Diligence (TDD) und legte mit dem »Green Chapter« beim Verkauf der Deutsche-Bank-Türme in Frankfurt (ARCADIS) die Grundlage für einen neuen Bewertungsstandard in der Immobilienbranche.

In den Jahren 2008 bis 2011 war Thomas Oebbecke in der Gründungs- und Einführungsphase sowie in der Systementwicklung des Deutschen Gütesiegels für Nachhaltiges Bauen (DGNB) zunächst Pilot-Auditor und später Auditor, Arbeitsgruppenleiter für Bestand und Betrieb und als DGNB-Fachausschussmitglied für die Prozessqualitäten eine der treibenden Kräfte zur Marktakzeptanz des DGNB.

Als geschäftsführender Gesellschafter der »Sustainability Team GbR« stellte er 2011 konsequent Nachhaltigkeit ins Zentrum seiner ganzheitlichen Energie- und Nachhaltigkeitsberatung. Den gebauten Nachweis lieferte Thomas Oebbecke 2012 bei der Sanierung seines Hauses bei Frankfurt, das mit dem Preis des bundesweiten IWO Energie Champion ausgezeichnet wurde. Den Kern der Sanierung bildete eine integrale haustechnische Hybridlösung im Sinne einer lang angelegten Instandhaltungsstrategie – dieses Vorgehen ließ die Branche aufhorchen.

Um für das Erreichen der Klimaziele eine notwendige kritische Masse zu erzeugen und die deutsche Immobilienbranche zu nachhaltigem Denken und Wirken zu führen, gründete Thomas Oebbecke zusammen mit Simone Lakenbrink 2012 das Deutsche Institut für Nachhaltige Immobilienwirtschaft (DIFNI). Mit der exklusiven Lizenz für BREEAM für die DACH-Region und der direkten Marktführerschaft bei der Zertifizierung von Bestandsgebäuden und deren Betrieb sorgten die beiden damit für die signifikante Belebung des Themas Nachhaltigkeitszertifizierung im deutschsprachigen Immobilienmarkt.

Als er erkannte, dass ein Start-up zu klein ist, um die anvisierten Ziele für Nachhaltigkeit in der Immobilienbranche zu erreichen, ging Thomas Oebbecke konsequent den nächsten Schritt und organisierte die Übernahme von BREEAM durch die TÜV SÜD Industrie Service GmbH in München. Während der dreijährigen Integrationsphase von BREEAM in den TÜV SÜD, mit seiner Berufung zum Institutsleiter und durch die durch ihn initiierte Neueinführung von BREEAM-Systemen für Neubau in Deutschland und Österreich sowie die erfolgreiche Akquisition anderer Zertifizierungslabel und Zertifizierungsangebote hat er konsequent seine Expertise um Nachhaltigkeit erweitert. Mit der finalen ganzheitlichen Umsetzung eines rein digital organisierten Zertifizierungsprozesses aller Beteiligter im Einklang mit den Anforderungen einer Akkreditierung nach DIN ISO 17069 setzte er erneut Branchenmaßstäbe in diesem Bereich.

Mit der Institutionalisierung der Gebäudezertifizierung bei TÜV SÜD war die Mission »BREEAM« für Thomas Oebbecke erfolgreich beendet und neben den Kapitel- und Buchprojekten nahm er als geschäftsführender Gesellschafter der sat GmbH & Co. KG ausgesuchte strategische Mandate an, um führenden Wirtschaftsunternehmen dabei zu helfen, ihren Weg zur Dekarbonisierung bis zum Jahr 2050 zu finden.

Aufgrund des positiven Wandels der Einstellung zu Nachhaltigkeit der Gesellschaft, aber vor allem auch der Bau- und Immobilienbranche treibt Thomas Oebbecke seit 2023 in Unternehmerverantwortung bei der Interboden AG in seiner Rolle als »Chief Sustainable Officer (CSO)« in der Immobilienwirtschaft das Thema Nachhaltigkeit als Querschnittsfunktion aller Unternehmens- und Geschäftsbereiche sowohl nach innen als auch nach außen. Er hilft dem Unternehmen so, seiner ganzheitlichen ökologischen, sozialen und wirtschaftlichen Verantwortung gerecht zu werden.

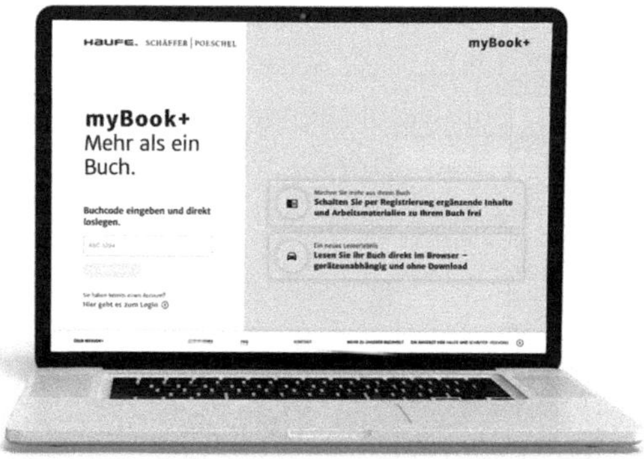

Ihre Online-Inhalte zum Buch: Exklusiv für Buchkäuferinnen und Buchkäufer!

- **https://mybookplus.de**
- Buchcode: **IBU-59415**